海外中国研究丛书

刘东 主编

[德] 薛凤 著

吴秀杰 白岚玲 译

工开万物

17世纪中国的知识与技术

THE CRAFTING OF THE 10,000 THINGS

Knowledge and Technology in Seventeenth-Century China

江苏人民出版社

图书在版编目（CIP）数据

工开万物：17世纪中国的知识与技术/（德）薛凤著；吴秀杰，白岚玲译. --南京：江苏人民出版社，2015.9（2020.11重印）
（凤凰文库·海外中国研究系列）
书名原文：The Crafting of the 10,000 Things. Knowledge and Technology in Seventeenth-Century China
ISBN 978-7-214-16600-5

Ⅰ.①工… Ⅱ.①薛… ②吴… ③白… Ⅲ.①科学技术—技术史—研究—中国—17世纪 Ⅳ.①N092

中国版本图书馆CIP数据核字（2015）第227628号

书名	工开万物:17世纪中国的知识与技术
著者	[德]薛　凤
译者	吴秀杰　白岚玲
责任编辑	史雪莲
装帧设计	陈　婕
出版发行	江苏人民出版社
出版社地址	南京市湖南路1号A楼,邮编:210009
出版社网址	http://www.jspph.com
照排	江苏凤凰制版有限公司
印刷	江苏凤凰扬州鑫华印刷有限公司
开本	652毫米×960毫米　1/16
印张	23　插页4
字数	300千字
版次	2015年11月第1版　2020年11月第3次印刷
标准书号	ISBN 978-7-214-16600-5
定价	69.00元

（江苏人民出版社图书凡印装错误可向承印厂调换）

序“海外中国研究丛书”

中国曾经遗忘过世界，但世界却并未因此而遗忘中国。令人嗟讶的是，20世纪60年代以后，就在中国越来越闭锁的同时，世界各国的中国研究却得到了越来越富于成果的发展。而到了中国门户重开的今天，这种发展就把国内学界逼到了如此的窘境：我们不仅必须放眼海外去认识世界，还必须放眼海外来重新认识中国；不仅必须向国内读者迻译海外的西学，还必须向他们系统地介绍海外的中学。

这个系列不可避免地会加深我们150年以来一直怀有的危机感和失落感，因为单是它的学术水准也足以提醒我们，中国文明在现时代所面对的绝不再是某个粗蛮不文的、很快就将被自己同化的、马背上的战胜者，而是一个高度发展了的、必将对自己的根本价值取向大大触动的文明。可正因为这样，借别人的眼光去获得自知之明，又正是摆在我们面前的紧迫历史使命，因为只要不跳出自家的文化圈子去透过强烈的反差反观自身，中华文明就找不到进入其现代形态的入口。

当然,既是本着这样的目的,我们就不能只从各家学说中筛选那些我们可以或者乐于接受的东西,否则我们的"筛子"本身就可能使读者失去选择、挑剔和批判的广阔天地。我们的译介毕竟还只是初步的尝试,而我们所努力去做的,毕竟也只是和读者一起去反复思索这些奉献给大家的东西。

刘　东

致　谢

本书的中文版翻译得到了德国马普科学史研究所的资助，特此致谢。

目　录

导 论

让我们来设想一下17世纪中国的皮影戏剧场的情形和氛围：夕阳西下，天色渐暗。在一个偏僻小镇上，窄巷里传出了热闹的铙钹锣鼓声，引得过往行人不由自主地停下脚步。从桑蚕纸制作的戏幕后面，金黄色的光芒投射出来，带着一种诱惑魔力。当晚上演的是一个家喻户晓的故事：《打严嵩》。明代的嘉靖皇帝（明世宗，生卒年为1507—1567，在位时间为1522—1566）对人世生活感到厌倦，一心要寻找长生不老之药。他疏于敬天祭祖，将国家治理事务悉数交给首辅宰相严嵩（1480—1567）。由于缺少制衡力量，严嵩将朝廷变成了腐败的大本营。在这出戏里，饰演严嵩的戏偶被画成了奸臣脸谱。故事是这样的：严嵩准备篡夺皇位，甚至让一位匠人给他制作了"九龙冠"。当观众们预感到混乱将临、不由得心惊肉跳之际，一位忠心而正直的清官（御史）出现了，剧情在这里达到高潮。御史先是抓捕了制作"九龙冠"的匠人，在指控严嵩谋反时要他作证人。在后面两场戏中，御史与奸相严嵩百般周旋，引他落入事先设计好的陷阱，并对他进行羞辱和嘲讽。在观众赞赏的掌声中，这场皮影戏以一个令人愉快的结局而收尾：以正胜邪，正直的忠臣以独特的方式惩罚了权势炙手可热的奸相。①

皮影戏依托极其丰富的历史素材以及传统的民间故事,有大量的观众基础。在前现代的中国社会,皮影戏担负着在各不同阶层中传播见闻消息、沟通理念和价值观的角色。② 手艺人对戏剧发展有着重要贡献:戏剧场景中的树木、寺庙、房屋,这些皮影板是他们雕刻的;给皮影戏偶脸以及衣服勾画敷彩,也是他们完成的。匠人之手决定了皮影戏的造型,让那个时代的物质基础和文化价值都能够展现在桑蚕纸的戏幕上。但是,正如我们在剧情中所看到的,匠人的贡献很少能走进舞台的核心。那个时代尊崇学术理想,匠人们被贬低到无足轻重的位置。他们不光在皮影戏这样的口承文化中没有分量,他们在各种书面文献中遭受的轻视更是有过之而无不及。无论在戏台上,还是在社会生活与国家的政治舞台上,读书人都被当成主角,正是他们的机智谋略才让世界恢复了原有秩序。皮影戏塑造一些具有象征意义的人物形象,来向不同观众展示世界应该如何,那些角色和主题才是关键所在。通过搬演这些人物形象和主题,表演舞台让中国文明史这出华美大戏中的天道、人道和自然之道得以固化,这里的叙事展示着主导这一时代的理想和关怀,以及它们所达到的文化成就。

也有一位读书人在自己的文字成果中巧妙地梳理了这些时代关怀,这人便是生活在中国南方的一个小官员宋应星(1587—1666?)。一桩政治丑闻曾经让他感到极度愤慨,这促使他下决心将自己的想法写下来并付梓。产生这一想法应该是在 1637 年早春前后。随后两年,宋应星经常光顾刻书作坊,不断地让刻工们将自己的言辞一字字、一行行地刻写进纤尘不染的枣木书版中。终于,刻工们的手将六部引人注目的书稿变成了能存留于纸上的历史记忆。这六部作品是:一部关于音韵学的《画音归正》;一部诗歌集《思怜诗》;一部政论集《野议》;一部关于讨论“天”

① 传统剧目《打严嵩》(又称《开山府》)。对严嵩进行讽刺、抨击的戏曲故事在明朝末年已经广为流行。

② Dolby(1978).

这一概念的文章《谈天》；一部从“气”出发来解释从声音到彗星等各种自然现象的文章《论气》；还有篇幅最大、详细记录18个领域实践知识的著作，即《天工开物》①。《天工开物》一书涵盖的领域是：(1)“乃粒”(食的供给)；(2)“乃服”(衣的供给)；(3)“彰施”(给纺织品印染色彩，以表明地位区分)；(4)“精粹”(谷物加工，其字面含义为提取谷物籽粒中的精华，即精细加工)；(5)“作咸”(食盐的获取)；(6)“甘嗜”(制糖)；(7)“陶埏”(陶瓷制作)；(8)“冶铸”(金属的熔化和浇铸)；(9)“舟车”(车船制作)；(10)“锤锻”(金属制品的打造)；(11)“燔石”(石灰、煤炭等的煅烧技术)；(12)“膏液”(榨油以及制烛)；(13)“杀青”(造纸)；(14)“五金”(金属矿石的开采和冶炼)；(15)“佳兵”(兵器制造)；(16)“丹青”(制作朱砂和墨)；(17)“麴糵”(制作酵母与酒曲、酿酒)；(18)“珠玉”(珍珠、宝石的获取和加工)。宋应星的著作将匠艺推上舞台前沿。他的生活和工作以及那些敦促他行动的理念和理想，正是本书要讨论的核心话题。

我在这项研究中要将宋应星留下来的文字遗产放回到其原初的关联背景当中，为此我以皮影戏为喻来表征和具象化17世纪的中国。那个世界里的人们从“理”“气”“阴阳”或者“五行”这些概念入手，来理解那些会被我们认为属于“科学”和“技术”范畴之内的事物；学者们在入手思考天赋、技能、求知、制物等问题时，规避欧洲现代思想中自然-文化之间的分野。在生成关于自然现象以及物质效用的知识时，中国文化关注的是知识和行动(“知”与“行”)，是对事物的探究(“格物”)，是开发物性、成就世事(“开物成务”)。置身在戏台上的宋应星，在思考这出戏的主题：国家与社会，统治与管理，治与乱，知识与真理。宋应星在自己的著作中界定了不同的人和事该担当的角色，他谈及的对象有皇帝、读书人、匠人、天、人、匠艺工作以及学术活动。他对于宇宙的进程以及该进程与人

① 宋应星的《画音归正》一书已失传。《天工开物》一书版本众多，各版本情况请见本书附录。其余四种著作曾经被收入题名为《野议・论气・谈天・思怜诗》的合集中，由上海人民出版社1976年出版。本书作者曾经将1976年版宋应星著作四种与明代的原刻本(现藏于南昌市的江西省博物馆当中)进行过对比校勘。

之行动之间的关系,提出了一种极端的观点。

宋应星生活在明朝末年。在物质奢华、思想精深这层薄薄的纱帘后面,大明王朝这个曾经运作精良的社会正处在风雨飘摇的前夜,看得见的混乱与衰落正一步步向它走来。秩序和道德价值的崩塌,社会的不安定和腐败是这个时代的噩梦。后来出现在《打严嵩》里的情形,展示的恰好是衰败的肇始。从那时到宋应星以自己的著作登上历史舞台(1637年前后)之时,大约有七十年的时间。由于嘉靖皇帝的放任,严嵩完全无所顾忌。在他于1567年殆亡之际,这个国家几乎已经被彻底摧毁。宋应星个人的命运与严嵩的奸佞、明代的衰亡直接交织在一起(宋应星的祖父曾经受到严嵩的排挤,详见第一章关于宋应星的家世)。宋氏家族的地位,正好在嘉靖怠政、严嵩专权这一时期达到峰巅,并从此和这个王朝一同步入衰落之途。生活在王朝崩毁之际的宋应星,在自己的著作中阐释了一套非常复杂的、让世界重返"治"之状态的纲领,他赋予那些我们称之为"技术的"和"科学的"问题以重要意义。

宋应星留下的文字著述给我们提供了一个非同寻常的契机,让我们由此去探讨17世纪中国读书人了解自然进程和物质效用的方式方法:这是一个难得的机会,让我们去揭示"科学"和"技术"对那个时代来说到底意味着什么。通过分析宋应星如何将这些问题纳入书面文化当中,我们可以从中看到:在这位满怀激情地讨论文献知识以及可观察的实践活动的学者精英那里,实践知识和技术是一种知识对象。这一精英世界在思考的问题是:心智研究的效力性以及在知识获取中"在体经验"(bodily experience)的角色如何。如果我们仔细分析宋应星如何形成论点、如何表述事实和进行举证、如何使用"共有性"和"个别性"来论说问题,我们便可以从中窥见那个时代的中国人在自然和文化研究中探索理性、真理和信念的方式方法。这些关于工艺和技术的作品目的何在,它们给前现代中国的文化带来哪些影响,它们在前现代中国文化中有怎样的角色,劳作的形式和组织结构如何,匠艺知识与学术求知之间的关系,自然、人的位置、天的位置,所有这些问题交织在一起构成的复杂纽结,正是本书要讨论的内容。

近年来科学史分析上的一个重大进展,便是去揭示某些能够影响科学与技术知识产生的非结构化的“文化性”和“历史性”因素。本书的研究借鉴这一方法,通过聚焦一个人(宋应星)的生活和著作来分析哪些“文化性”和“历史性”因素影响了科学与技术知识在中国的形成。科学史领域在研究近现代早期的文化(大多是关于西欧地区)时关注的,是那些曾经促进产生不同科学与技术领域的诸因素之间的组合形式。这些研究以令人耳目一新的方式,集中于探究如下问题:男人与女人探究自然和物品时所涉的众多范围、知识在修辞学上和认识论上的嵌入情形、这些因素如何进入到“科学革命”当中。[①] 其中尤为重要的因素是:哪些东西被人们划归为具有实践性、哪些被划归为具有理论性,以及为什么会产生如此的划分;人们给自身划定了怎样的角色;哪些事物被接受为“事实”(fact),而哪些却会被视为“信念”(belief);这些认可或者不认可立足于哪些关于自然和物质生成的基本思想之上。这一新型研究采用多种多样的方法,包括一些来自科学社会学、科学与技术研究、哲学、文献学、艺术、历史和文化研究的方法。最近的一个趋势是,将“历史行动者”(historical actors)这一范畴凸显出来。比如,在《有心智力量的手:文艺复兴晚期至工业革命早期的探索与发明》(*The Mindful Hand: Inquiry and Invention from the Late Renaissance to Early Industrialization*)一书的导论篇中,本书的三位主编丽莎·罗伯兹(Lissa Roberts)、彼得·迪尔(Peter Dear)、西蒙·谢弗(Simon Shaffer)对当时人们使用的一些语汇进行了辨析,这些语汇包括理论(theory)、实践(practice)、独创性(ingenuity)、经济(economy)、探索(inquiry)。他们拒绝划出“知识产出与某些范畴如科学之间”的界线,并重申他们的观点:像“科学”“技术”这样的概念实际上严重地阻碍了我们去了解历史上

---

① 对这一研究领域的总体概况,请参见 Smith(2004:18).

的知识产出。[①] 他们将"科学"和"技术"这种在科学史上原本为排他性概念转换为整全性概念的做法,使这两个概念摆脱了先前的各种限制——此前科学史在定义这两个概念时,将其限定在18世纪以后欧洲的"科学革命"这一范围内。这一思考方法的源头,可以追溯到一些研究前现代中国和非西方文化的历史学家的思想当中:一种一度显得另类的论点却在整个学科领域中显示出其有效性。[②] 这些研究使人们有可能在更大范围内来看待"科学"和"技术"的真面目,即它们是嵌入在文化和历史当中的、关于自然与事物的知识生成。

这一新型研究的重要后果之一,便是让西欧的"科学革命叙事"发生转换:正如帕梅拉・H. 史密斯(Pamela H. Smith)指出的那样:(科学史)从一个理论更迭的连贯故事,转变为"科学和技术作为文化活动"是一种复杂的、高度动态的构成。[③] 的确,以跨文化视角来透视知识生产的做法,既潜藏着伟大的机遇,同时也是巨大的挑战。我们从中获得的一个机遇是:对于知识生成过程中的多样性和变化,这些发展在不同时间点、不同地点、对某一个人所带来的巨大潜力等问题时,我们的问题敏感性会大为增加。我们面对的挑战是:必须将这种日益壮大的意识发展到极致,用它来揭开那些显而易见的,以及深藏不露的各种成见——毕竟,没有哪一位历史学家能够真正做到不为成见所左右。

我在自己的科学史研究中,将宋应星的著作当作一个检验性的个案来对待。他的著作中体量最大的一部,即记录工艺技术知识的《天工开物》早已被各路学者进行了不同的曲解,以便使其符合人们关于中国科学技术思想发展轨迹的不同设想。那些奉19世纪欧洲科学革命标准为圭臬的学者,力图在中国历史中找到可堪与欧洲对等的个案,找到欧洲的镜像。因此,各种历史叙事对宋应星的解读莫衷一是。在一些学者眼

---

① Roberts & Schaffer & Dear(2007:xix);关于文化研究进入科学史领域的总体概况,请参见Dear(1995).

② Sivin(1982).

③ Smith(2004:18).

里，这本著作之存在，是中国人有志于工艺知识、技术和实用手段的一个有力证明；另外一些学者则认为，宋应星之后没有学者沿着他的路数、用他开创的包罗万象的方法来了解工艺知识（事实的确如此），这恰好足以说明中国人在思想层面上对实用事物和技术缺少兴趣；或者，他们将这本书看作一个文明的标志，而这一文明中的发明和创造能力都正在趋于衰落。我在这本书里无意于去逐一辨析这些分析方法中的各类错谬之处，这些研究都意指自身时代的核心关怀，也是自身时代的产物，因而它们也是重要的。关于宋应星这个人，他的著作得以出现、受到评判的整体环境，那个环境中科学与技术的总体景观情况如何，这些研究也提供了非常重要的知识。

对《天工开物》的各种解读本身也是一个非常引人入胜、非常重要的题目，我将在《余响篇》一章中专门谈及这一问题。本书的主体部分则要凸显知识产出的原初过程。宋应星在他的著文撰述中，致力于将他对社会、政治和哲学的考虑综合在一起，而他对工艺知识的记录原本就是其整体思考和撰述不可分割的组成部分。我在这里所做的，便是将《天工开物》重新归置到它原本所处的各种关联之中。在方法上，本书的研究集中于宋应星获取、评判和表征知识的方式，采用他本人对知识的分类——这也是他的同时代人所使用的分类——来评判他提出的观点和看法。这会让人看到，中国人在对自然和物质效用进行思想讨论时的原本结构、它们内在的洽合性以及它们所具备的认识世界的潜力。我将宋应星之生活和著作的剪影放置在他原本的生活舞台上，晚明的时代关怀便是投射其上的灯光，这灯光让观众在戏幕上看到一幅活生生的景象。本书也想邀请读者一同来欣赏那些历史提供给我们的关于科学技术思想的不同音调、多种多样的人物群组。

《工开万物——17 世纪中国的知识与技术》一书共分八章。每一章开篇之处的“引子”，都取自宋应星的著作。从这一简短的铺垫中，读者可以对宋应星作品中涉及的人物和环境氛围形成稍许的形象感，同时可以从中略为窥见 17 世纪中国的艺术和技艺的细节。每个“引子”都引导读者去感受明代的纹理、颜色、气味和声音,让读者置身于宋应星曾经生活在其中的那个世界当中。

本书前三章讨论的内容,是宋应星生活时代发生的、对其写作有决定性影响的事件和因素,因为我认为生成知识是一种嵌入性实践。第一章探究的是宋应星的私人生活、社会关系及其后果、家世、所受教育、政治事件以及对他的作为产生影响的历史大环境。这里毫无遮拦地展示一位学者的性格:一位为理想而全身心投入的学者;一位受到良好教育的文人,以其文人雅士的柔婉来行文书写;一位落魄失意的下层读书人,因为被一桩政治丑闻——一位行伍出身的人居然被擢升至文官显位——激怒,从而在自己的文字中发出对时政的激烈谴责之声。如果我们对当时的政治丑闻以及宋应星对时政的看法有所了解的话,就可以明白他开始著书立说的动机。这一章勾画了宋应星写作活动的大体框架,揭示了他探索知识时所具备的全方位视野,表明宋应星深为自身所处时代的混乱而感到震撼,把让世界重返"治世"看作义之所在、难容推辞之事。

那些促使宋应星产生义不容辞责任感的理想和理念,正是本书第二章要集中讨论的问题。第二章考察宋应星对知识和"治"的理念所采取的讨论方式,他如何将这些问题都描述成"气"的问题。在这一章里,通过简要梳理中国思想传统中对"气""理""阴阳"等概念的使用,我也明确指出了宋应星的选择在思想方面和社会政治方面所带来的后果,他的同代人以及后世学者对他的影响做了怎样的解读。因此,这一章所展示的是宋应星的宇宙观,他关于真理、信念、关于人-天-地之角色的概念设想。

第三章深入讨论的是,明代工艺行业及读书人活动所在的社会与政治环境发生的改变。随着城市化以及官府的干预,工艺行业出现多样化:某些曾经是辅助性的行业,如今一跃而成为主业营生;某些工艺行业如纺织,过去为女性在家庭中从事的私下活动,如今进入公共视野,成为一种男性的职业。[1] 在制度性变化和社会商业化这一大背景下,这一章

① 有关这方面的研究,请参见白馥兰(Francesca Bray)的著作,尤其是Bray(1997)。

也讨论了宋应星同代人关于工艺制造的文献记录，这些都是对宋应星思想理念的补充。我也梳理了这一时代关于经验、天赋和技艺、教育和培训等题目所进行的思想上与政治上的讨论，以及宋应星关于不同人群如匠、士、农、商的社会定位所持的观点。宋应星认为，一个人的工作在知识生成中的作用，在根本上受该人出身境况的影响：风俗和习惯、人为的因素，决定了一个人的机遇和社会角色。对这些社会性公共事务讨论的结果表明，在当时的背景下，宋应星是一位富有创新性的传统主义者；他尊崇学术技艺，更多地从才智而非道德入手来界定人才的范围；他是学者精英的代表性人物，认为工艺是探究对象、是可认知之物，却并不认可匠人这一社会群体。宋应星将"匠"和"农"归置于一处，重新划定了前现代中国文化中不同知识领域的边界线。

"物与事"(things and affairs)这一语汇在这一研究中的使用，顺延着宋应星在《天工开物》中开天物、成人事的思路。我从"物与事"入手来考察的是，如宋应星一样的17世纪中国读书人如何理解自然事物和现象、物品、劳作程序、文本资料、人、天、国家、社会与个人、精神与身体。宋应星如何处理这些问题，他在自己的著作中将"物与事"放置在什么位置上，这些都是本书的第四章到第六章要讨论的问题。

第四章聚焦的是宋应星如何展示知识的"生成"(making of)，以及在将"物"与"事"包括进书面文化当中时，他如何进行观察以及如何用观察所得进行修辞上的论证。我在这里考察了宋应星划定给理论和实践的角色以及对这些角色的应用，他如何采用常见的或者特殊的事例。通过对上述问题的考察，我描述了17世纪的中国学者如何钩沉依据和事实，他看重哪些普遍验效性以及理性。这一探讨从分析词与图的修辞论证开始，然后转向去阐释宋应星引用古代经典以及历史人物产生的效果，以及他使用的整体上的框架和风格。

在宋应星的著作中，文本阐释与经验研究的精密啮合情形也是第五章的主题：它标志出宋应星给知识生成过程中感官经验和理性推论二者所设定的极限。在这一章里，我也描写了他的系统性术语的框架，讨论了他对实验和量化结果的策略性使用,揭示了哪些考虑决定了他应用数字、着眼于过程与事物细节。对于数字和细节,宋应星都赋予它们以宇宙观层面上的意义:对他来说,这绝不仅止于让描述变得更为详尽。在焚木烧水过程中,宋应星对其中所涉因素做量化测算,以此来实证转化过程中阴-阳力量间的比例关系;宋应星也以常识和日常活动为参照,来分析"长"与"消"的原则。在这一过程当中,他发现可观察到的事实与他的普遍性原则并不洽合。这一章也让读者看到,宋应星是如何小心翼翼地调整他的框架、分析自己的观察方法,以便能将世界纳入到一个理性框架之内。

第六章的目的在于去揭示宋应星之知识表征的原本结构和实际动力。我在这里采取了以话题为切入点的方法,勾勒了宋应星对"声"(sound)和"静"(silence)的探讨,并提出了这样的看法:宋应星之所以有意于将"声"解释为可听到的"气",其目标在于去证实他关于"盈天地皆气也"的断言具有普遍验效性。这一章也梳理了传统上关于"声"和"气"的各种观点,定位了宋应星在其中的位置,并特别关注了在宋应星的"气"概念中声音所具有的物理性特征、他关于人声以及听的能力的理念:宋应星从宇宙观意义入手,在与"感应"(resonance)、"和谐"(harmony)等概念的关联中来定义"声"。

视觉材料和文学材料如何被用在修辞性论证策略上,关于这一问题近年来的最新研究成果,是我非常关注的话题,这在本书的最后两章中显得尤为突出。这些研究来自不同的学科领域如中国文学、文字学、法律、通俗文学,同时也有一些讨论文章来自自然哲学、数学和艺术等领域。在全书当中,我将宋应星的作为放置在与其他中国哲学家和文人——在他之前、与他同时代、在他之后——著作的关联中。我让自己去广泛地涉猎那些关于晚明文化不断涌现的新著作,这些研究描述了那个时代的政治、文学、哲学、商业以及社会的商品化、经济和政治的发展。在可行的情形下,我也将宋应星的著作与欧洲17世纪出现的作品进行比较,指出同一时期内这两种文化在知识获取方式上的细微差异及其相似之处,寄希望于将来这种比较也能扩展到其他文化当中。

宋应星是一位满腔热忱而无微不至的观察者,他观察体力劳动的世界;作为一位学者,他认可技术和自然现象是那些能够回答知识如何生成、对世界的理解来自何处的话题。他的著述成果,是基于他对"物与事"所做的复杂而连贯的研究之上的,其中的部分内容来自于他的观察和个人经验。中国文化将这些内容一并归入到个人经验类的文献当中,是一个人的"见闻"。这一文类也被称为"笔记",一个文人们自己喜欢使用的词汇。宋应星获取知识的方法与中国自然哲学有着密切的渊源关系,深受从宋代到晚明期间思想文化的浸染。与此同时,他的著作却也挑战了那个时代:这不仅体现在他对内容的选择上,也体现在他漠视当时的道德与伦理理想。宋应星的著作最终给中国文明这出大戏投上一束新光,而这束新光正是他的同时代人要苦心去遮蔽的。

如果我们了解那些对宋应星之作为、生活和著作构成影响的多方社会政治因素,这便能为理解宋应星著作流传的情况投上一道新光束,这会提供对这一问题的另类阐释,也能引发读者的思考。这一场景是我在本书的《余响篇》中添加的:从后续影响的角度来审视宋应星著作传世的问题。在这一章中,我将宋应星最密切的朋友和同道涂绍煃(1582?—1645?)和陈宏绪(1597—1665)当作文人文化的代表者,来描述 17 世纪对文人进行襄助所具有的重要性。这一章也更进一步解释了不同因素如何影响了后世对宋应星著作的态度——与其说是宋应星著作的"接受史",毋宁说是"不被接受史"。宋应星的社会地位低下、在对明朝效忠情绪强烈的时代里他秉持中立态度、清朝的政治迫害、不容忽略的还有一个因素即他的著作版本难以获取,所有这些因素,都在"宋应星的著作"这一出戏的历史舞台上扮演了某一角色。

求知"物与事"——在前现代的中国

如果一位 17 世纪的中国学者在自己的知识生成过程中思考实践活

动与理论思辨之关系这一问题,他会有一个悠久而精致的话语传统可资借鉴。应该赋予每一题目以怎样的价值,或者该如何富有成效地将各种题目组合到一起以利于国家、自身和世人,关于这些问题的看法众说纷纭。一个可能的锚点,便是所谓的祖先或者圣王。这些远古圣王将中华文明起源具象化,既象征着道德关怀和理论关怀,又象征着手工艺知识、技能以及人们对“物”与“事”的理解。可以说,在中国文化认同感的构建里,实践与理论同等显要。将“物”(things)与“事”(affairs)归结到中国文明源头上的做法,让许多对俗世而言非常重要的知识领域获得可信性。在确立人与天的关联时,这些知识领域被赋予重要性。中国人在哲学层面上讨论人究竟是创造还是模仿、是产出还是组装了“物”,这反映了中国文人对于检验大自然当中人的角色与天的影响如何这一问题感兴趣。① 通过追问“物”如何出现、“事”怎样兴起,他们致力于去了解知识的生成,以便对“如何能获取知识”以及“知识应该是什么”等问题有更深理解。

在中国文化早期,对这些话题的讨论曾经形成了不同思想学派,其中几个占据了压倒性优势。它们留下了大量精美的文本和思想,在以后诸个世纪里,知识精英的代表人物们将这些思想放置在不同知识形式当中,而这些知识形式都与国家和社会存在目的性关系。人被分成不同的阶层:那些了解世界的规制并实行统治的,是天潢贵胄以及后来的官僚精英(士);那些在土地上劳作,提供食物生产的,是农人(农);那些制造物品、向人们提供各种用品和器具的,是匠人(工);那些对其他人的产出进行贸易的,是商人(商)。那些写出这些文字的识文断字之人往往会声称,他们采用连贯性方法试图去发现普遍性原则和道德理由。农人可能提供了人世的必需品、军人征服了世界、匠人创造了这世界上的财富;然而,只有读书人才是能将这个世界系统化、将世界进行分类的人。他们认为,匠人、农人和商人在打造“物”、发起“事”时都不具备这种知识,他

① Puett(2001)梳理了3世纪前后的关于这一问题的各种讨论。

们仅仅依赖于自身的经验和身体技能。

这一宽泛分类——它昭示了理想化的国家形制——所包含的内在理念是:那些从理论层面认识世界的人,要与那些从实践层面认识世界的人有所区别,理论家要统治实践者。然而,中国古代经典所颂扬的理想却强调,所有类别都必不可少,各类别之间的界线可依照需要而进行协商。因此,一位学者也有可能变身为农夫:他拥有土地,应该耕种土地向人们供给食物,他有责任在农耕上投入足够多的心智力量来满足这一要求;一位学者也必须要了解商人的潜力,从而能控制商人;他应该对匠人予以支持,以便他们为国家和社会提供所需;当国家权力受到威胁之时,他也应该能精通军事战略,完成指挥军队的任务。一位学者如果要忠实地履行所有这些责任,他就必然要与大自然打交道,要获取关于大自然的知识。他应该保证物资供应,尽管他本人可能会回避在这些事务上身体力行。在道德层面上,传统和经典文献都要求读书人去管理各种工艺任务和世俗问题,保证人需供给,维持国家的运行。因此,匠人的工作也有可能是其责任中的一部分。

到了宋应星出生的16世纪晚期,这个专制国家已经让读书人成为国家中的上层精英。一个人要获得精英的身份,首先需要取得资格,而后还要获得任命。精英身份是不能继承的。加入背诵经典文章、读书和写作行列的男人在不断地增加,每一个研读修学之人都只好迫使自己的学问变得更为博大精深。这是晚明学者与知识打交道的一个特征。另外一个特征是,明王朝的国家政策强迫其官员切近地接触国家管理中的实际事务。明代延续了蒙元时期(1271—1368)实行了将近一个世纪的做法,让匠人以及工艺行业与国家绑定在一起,其紧密程度要远胜前朝。明太祖朱元璋(1328—1389,年号洪武1368—1398)设立了官营的制造业网络,将其置于中央政权和地方管理机构的掌控之下,对原材料和产品强行征税并进行管理。他还延续元代的做法,给每户颁布世袭身份,在税收上区分民户、军户和匠户(原则上所有户籍都被允许参加科举考试或者接受教育)。匠户被征召劳役代替赋税。朱元璋还将手艺工作变成读书进取中的焦点,强迫读书人去处理那些他们普遍地认为低于自己的身份、他们更愿意避开的俗务。于是,在考取获得官职任命的资格时,这要求一个人必须在文献技能和哲学问题上有非常精深的训练;但是,一旦获得任职,国家马上要求它的官员去处理所有知识领域中组织和控制的实际操作任务。大多数追求仕途的读书人在就读于私塾或者官学期间,往往与实际生活隔离,几乎从来没有时间(哪怕他们愿意这样做)去考虑水利或者农业问题,更不用说工艺制作或者体力劳作。他们所受的教育确保他们能得到仕途提升,但是却没有为他们日后完成自己的职责做任何准备。

这种模糊性也出现在其他朝代,比如宋朝(960—1279)。明代统治者加大了对读书人的压力,其方式是明确地将工艺活动变成一项国家事务,成为一种"官务"。驱动国家对手工业发生兴趣的,不仅仅是政府对物资的绝对需求或者宫廷对奢侈品的渴求:丝绸和瓷器对中国的经济和政治权力都是不可或缺的。作为贡品,它们交易的是和平与忠心。明代的文人官员在面对管控匠人这一挑战时,他们完全明确地意识到这些做法的意义。与此同时,他们也去强调学术教育是政治领导者的权威之源,这也是他们自身的利益所在。这个国家的制度体系规定,对实际工作的掌管之权基于道德和知识权威基础之上。在那些影响中国人对不同知识领域形成看法的诸多因素当中,在明代,固有的多重因素之余还要加上一些新因素:商品化以及市场力量日益增加,物质文化无处不在。身居显位的高官如邱濬(1421—1495)也在自己的著作中明确指出工艺与日俱增的重要性,也阐明了明代文人官员处理这种模糊性的一种方式:在《大学衍义补》中——这原本是写给中央和府级政府中高等官员的政治手册(刊行于1487年),邱濬提出将工艺行业的效用当作一个礼仪和控制问题来对待。① 这位礼部尚书(正二品)对于他那个时代的匠人所

① [明]邱濬:《大学衍义补》,卷143—144,台北:台湾商务印书馆,1983—1986;也参见Chu (1986).

掌握的技艺水平在不断提高这一现象提出反对意见，他建议皇帝要对工艺性程度有所规范。我们可以从中看出文人官员们如何来应对工艺技能给自己造成的威胁：这危及他们在国家中的角色以及读书人的身份认同。为了维护自身作为领导者的角色，文人官员实行掌控，接手管理者的角色，主张“知先于行”来保卫自身的领导地位。他们就是以这种方式，在政治上和社会上将匠人推向边缘。

对于近代欧洲文化的研究凸显出一个事实，“跨界组合型”人物对于欧洲 17 世纪知识文化的改变曾经起到举足轻重的作用。这些人是匠人、雕刻师、画师、药剂师、营造师以及其他职业的实践者，是站在实践工作与理论知识交叉点上的那些人。这些人经常将自己的产品当成一种知识宣言，以此为基础，他们也在自己的文字中形成并表述一种技工认识论(artisanal epistemology)。[①] 这类“跨界组合型”人物也存在于中国的艺术创造领域当中：画师、雕刻师，甚至还有更多在某些领域如宫廷建筑、园林布置等行业中的从业者。[②] 与欧洲的情形正好相反的是：中国的这些“跨界组合型”人物一旦开始加入到书面话语当中，出于社会上、政治上、思想上的原因，他们都更乐于将自身定义为学者(或者在文献中被如此定义)，哪怕他们实际上有匠人的背景。

工艺知识和经验可能是很多作者都拥有的。但是，从历史学的角度看，在书面话语中匠人形象的缺失这一情况非常瞩目。撰文著述的作者们坚持使用学者身份这一做法对 17 世纪的知识探求有哪些实际影响，以及知识探求的实际执行情况如何，这些还都有待于讨论。尤其有一点值得注意：许多这样的社会-职业身份认定(比如一个人作为一位学者，或者一位体力劳动者、手工艺人或者商人)也带着史学上的偏见，并不一

① Smith(2004：59 - 95).

②《明史》中包含了不同的木匠和营造师的传记，他们在永乐年间修建北京紫禁城期间获得高官位品级。比如[清]张廷玉等著《明史》(北京：中华书局，1991(1736))第 14 册，卷 151 列传第 39 中的刘观(1384 年进士)，第 4184—4185 页；卷 160 列传第 48 中的张鹏(1451 年进士)，第 4367—4369 页。

定能表明一个人对自身任务所持有的个人看法。不过,从总体上我们不得不接受这样的推测:前现代时期中国手工艺者留给后世的是他们的制品,而不是关于自己所作所为的文字——这一情形在中国与在许多其他文化中是相似的。这些制品展示的是哪类知识和理念?要想去破解展示在物品中的知识、去了解文化和个人理念中关于劳作的形式和构成、生产技术及其各种关联,这些都是必不可少的。如果匠人在工作上是自由的,可以自主决定他想做什么、用什么材料,那么制品的设计、形式和组合中体现出来的,便是他的知识。即便如此,他的工作也会受到一些外在因素的制约,比如原材料的可获取性、需求的本质为何。监管机构对手工艺人工作的控制程度之高,甚至可以达到让人和产品几乎完全脱钩。比如,当一个工作程序被分解为一环一环的任务时,匠人对一件产品的总体把握就会受到妨碍。虽然制品的外形仍然出自匠人之手,但是,在制品的组件和设计中体现出来的可见性因素却来自管理者的心智。艺术史学家和汉学家包华石(Martin J. Powers)在汉代(公元前206年至公元后220年)的礼器纹饰上发现了这种社会控制的痕迹。他的研究表明,礼器纹饰的复杂设计和多样形状都基于标准化和预先制定的模板单元。包华石对此的解释是:这是一种新型社会秩序的标志,官员发现了这些控制匠人知识以便来宣示国家权力的手段。①

这种控制方法,并非在所有工艺上都行之有效。不过,一旦有可能,明代文人官员就对采取分解化的技术管理措施以及道德控制乐此不疲。在关于礼仪的讨论当中,我们会发现这类想法在明代大行其道。在那个时代,像丘濬这样的文人官员会毫不含糊地将两类工艺品对立起来:一种是秉承"礼"的要求依"天时"而作的制品;另一类是那些"工巧"之物,以图案复杂、匠艺精湛为特征,它们只会让人玩物丧志渎守职责,引发起人的物欲渴求。② 这些思考明示了一种社会理想:官方与统治层要让匠

---

① Powers(2006:27-64).

② [明]邱濬:《大学衍义补》,卷122,2a-16b,12a/b;卷25,16b;卷78,7a,卷97,4a,台北:台湾商务印书馆,1983—1986。

人主要服务于实用性需求。匠人可以决定制品的形状，但是光荣应该属于那些能在全局上将各种因素组合到一起的人。可堪享受这一荣耀的人物，是那位有知识——关于制定该工作的目标和目的——的专家学者，而不是那位真正“践行”这一工作的手艺人。

自然、技艺和求知

面对理想与现实之间的巨大张力，17 世纪的中国学人展开了关于求知之源泉与方式的讨论，宋应星就是在这样的话语环境中编写了他关于俗世任务、技艺和技术成就的观点。当时，日益增加的地方官学和私塾已经造就了大量的读书人，其队伍之庞大远远超过了官僚机构的需求。这些人在寻找自身的身份认同即自己在国家和社会中的位置与任务之时，会讨论实践知识与理论探索，讨论如何将知识扩展到具体事项的诸多领域和大自然当中。尽管如此，绝大多数人还是没有放弃自己的学术热望，让自身也汇入到产出大量书籍的洪流中。与日俱增的大量新书，其范围从应试指导到日用类书，从经典释义读本到小说不一而足。这种以文求知的情况得以扩展，也得益于当时出版和印刷领域的迅速扩张。的确，晚明时期不同品级的官员、备考生员、未获功名和穷困潦倒的读书人、没有功名的普通人、富商、地主和乡绅、男人和女人，大家都在撰写、刊行、阅读自己感兴趣的书。很多此前大体上被无视的话题，如今也有读书人在编写跟它们相关的书籍。在明清时代，那些对实用性题目如劳作、自然、医药和物质材料感兴趣的人，往往在国家机构里没有任职，处于高端精英社会之外。像王艮（1483—1541），一位自学成才的盐商、王阳明（1472—1529）的追随者，或者王清任（1768—1831）等人的著述表明，广泛的社会阶层都曾经参与那个时代思想界的讨论，他们并非全部是职业读书人或者国家官员①。

---

① 参见钱超尘：《王清任研究集成》，北京：中医古籍出版社，2002；另外一个例子是编辑了《万氏家传幼科发挥》一书的医生万全（1500—1585?）；请参见 Volkmar(2007).

那个时代的社会气氛也因此变得特别活跃而充满生机,尤其在书面文化当中,人们在消费,也在产出各种获取知识的新途径。商业化和商品化是中国 17 世纪的标志性特征,人们对艺术的兴趣在增加,收藏文化在扩展,这都促使人们对物品,即制作的对象,形成新观点。数量可观的短文式研究文字出现了,它们涉及不同话题,比如钱币、铜器或者漆器制作技术。还有一些人则专门去了解世界的纷繁多彩:金鱼颜色的不同色调,或者如何嫁接培植牡丹。[①] 读书人编辑这些资料,给自己、给朋友,也为了在更大范围内传播。富裕之家有大量的私人藏书,其中也包括大量的经典著作和非同寻常的手稿、无关紧要的以及稀奇古怪的印刷物,不一而足。他们当中的一些人比如商人胡文焕(鼎盛时期大约在 1596 年前后),也让自己的私人藏书为更多人所用,从而也有力地加强了关于"物"与"事"的知识传播,而这种做法在传统上是不被当成学术性求知途径的。宋应星留下来的文字,是这一充满活力的、富有创新性文化所带来的产物。在吸引读者注意力方面,宋应星的著作不得不面对很多竞争对手。周启荣(Chow Kai -Wing)将印刷业的日渐兴起与师生纽带日渐受到抵触视为同步而行的现象,他认为科举辅助材料"大大减少了知识程度高的学生对于教师亲自指导的依赖程度"[②]。实际上,当时的学界之所以能掀起关于正确的知识来源与求知方法的讨论——这成为这一时代的标志性特征,其中一个关键性原因是,人们能够获得书面材料。构成这场学界讨论的另外一种激励是,明代官方规定将特定的经典阐释著作,即程朱学派的著作,当作科举考试的必读材料。"程朱学说"综合了若干 11 世纪学者如朱熹(1130—1200)、程颐(1033—1107)、程颢(1032—1085)、邵雍(1011—1077)的思想。有明一代,读书人越来越反对这种限制,认为这会让举子们不再热衷于去真正理解先贤大家的哲学;在这样的环境下,读书只为能在官府中获得一个职位而已,并没有以

① Siebert(2006).

② Chow(1996:126).

真正求知为目标。一场大讨论被点燃:哲学家们在追问研读书本的目的究竟为何,以及它在开启心智方面究竟应该承担怎样的角色。一个人应该研读文字还是观察自己周围的环境?哪些"物"与"事"值得去研究?人们可以从中获得哪些知识?那些热衷于在文字当中求索的人认为,彻底了解"事"与"物"的缘起,找到它们的起源和关联便可以给这些问题提供答案,因此他们对世界的多元性进行记录和分类;那些在实践上介入政治的人即文人官员们则声言,知识更应该服务于社会关怀,而非私人关怀;思想家们质疑求知内核中的态度和终极目标,比如以王阳明为首的一个颇有影响的思想家群体("心学"学派)认为,人生而有知,那些一直存在于人的心智当中的知识只有在行动中才会显现出来。①

"程朱学说"的文本是国家科举考试的必考内容,它代表了明代学术传统的一个重要参照点,因而对其表示彻底支持和彻底反对的观点都不绝于耳。在这一总体定位之余,"正统"在明代是一个摇摆不定的概念,借此学者们可以相当灵活地围绕当下话题找到个人的立场或者建立某个思想派别。随着社会上和政治上不安定状况日益严重,明代末期学者的讨论越来越多地集中在实际问题上,这些讨论被冠以"实学"或者"经世"的标记。另外一些带着同样目标的人,却选择了王阳明学说的关键词,即"知行"。对这些概念语汇的使用,也表明了这些人的理念性根基。尽管如此,这些学者中的绝大多数都坚持认为,这些不过是对于同一个真理领域的不同阐释而已。对于这一时代的许多学者而言,心与物、主体与客体相融合的必要预设条件是:对呈现在"物"中的原则必须一个个地来研究和评判。

在这种学术多样化的环境下,在宋应星这一代以及早于他的一代人当中,我们可以找到一群优秀学者,他们以"气"为主要的概念性前提来关注自然和物质效用。王廷相(1474—1544)、罗钦顺(1465—1547)、刘宗周(1578—1645)和唐鹤徵(1538—1619)都号称自己在探求世界表

---

① Cua(1982).

象之下的规则。[1] 晚于宋应星一代的博学大师如黄宗羲(1610—1695)、王夫之(1619—1692)、方以智(1611—1671)等人扩展了这些思想中的许多内容,并使之更加精细化。这些人涉猎的范围非常之广,其话题都能与隶属于科学与技术这些范畴中的话题相呼应,比如光和声、磁力和水动力。致力于科学技术史的学者们往往用很大力度来关注他们的理念,却经常忽略一个事实:他们不光拓展了研究题目,还推动了研究方法。比如,王夫之引入了一种非常精致的立论方法,明确地强调物理试验("质测")是获取知识的一项手段。[2] 方以智的《通雅》(1666)和《物理小识》(成书于1631至1634年间,刊行于1666年)在这两方面也毫不逊色。方以智研究的范围涵盖了农业、医学、数学,他把工艺看作具体事务,与诸如道德、治理、文学、文献学以及"小学"(文字、音韵、训诂)等组合在一起:所有这些都是要在人事中显露天道。其结果是对人性和物性的原则获得了解:探索能让人豁然开朗。具体之物是路径,这是物的总体原则。[3] 这种求知趋势在宋代已经开始,自明世宗在嘉靖年间(1521—1566)将大权交给严嵩以后这一趋势得以繁荣,至此走向成熟。到了17世纪中期,方以智推进了对具体事物的研究,将"通几"作为求知的首要源泉。[4]

这一时代的特征是:摒弃先前被认可的理论话语,形成知识产出的新手段。不过,上文提到的那些个案也展示出另外一种一致性因素:虽然知识获取过程中有各种理念涌现出来,实际上大多数学者还是不承认匠人是有知识的人。这些人将具象物品作为学术知识的一部分、作为认

① 葛荣晋主编:《中国实学思想史》,第10页,北京:首都师范大学出版社,1994。

② [明]王夫之:《船山全集》,第13卷《搔首文》,长沙:岳麓书社,1988;此文的英文本见Black(1989:166-167).

③ 这些词汇都出自[明]方以智:《方以智全书》,第1册,第40—41页,上海:上海古籍出版社,1988;作者采用了:[明]方以智:《物理小识》的1785年版本的影印本,台北:台湾商务印书馆,1981;关于方以智的生平,请参见Peterson(1979).

④ 方以智引用《易经·系辞上》中的一个句子:"惟深也,故能通天下之志;惟几也,故能成天下之务。"在《物理小识·自序》中他写到:"寂感之蕴,深究其所自来,是曰通几。"

识论上的知觉意识来加以讨论，巧妙地在某一个点上与他们对于哲学的、道德的、伦理的终极目标讨论关联在一起。我推测，表达人文主义目标具有带来高权威性的作用；在同一时代，目的论的修辞方式对于欧洲人探讨自然也非常重要。这二者采取的方式是同样的。不过，我还是要避免将这种推测当成一种定性式的判断。假如我们由此做这样的假设，认为中国人探究科学和技术问题的方法主要是人本主义的，那么这种武断肯定是错误的；假如我们将这一时期欧洲人对自然的热衷及其研究框架都归结为纯粹自然主义，也一样是错误的。

在我看来，如果我们将宋应星与其他表述了自己物质观念的中国文人放在一起，我们就有可能追踪到贯穿于整个17世纪文化思想界的连贯点。其中的一个要点是：宇宙论之于晚明时期的思想方法，正如科学理论（尽管有种种不足）之于我们当代所认可的关于人与自然的知识。这也就是说，晚明学者关于实践知识与理论知识的交互作用所持的态度是受特定文化制约的产物。正是这种宇宙观让宋应星去仔细观察匠人的工作、日常的任务、物质效用。这一背景让他意识到，匠人的实际工作是普遍性原则的延伸，而读书人是对此进行观察的人：自然是什么、"物"揭示了什么、"事"如何兴起。对宋应星来说，这是实践知识的所在之地，也是理论设想的目标。

如果我们以这种方式来看待《天工开物》，我们就可以看到，除了《自序》中明确的类书式分类，宋应星也为自己的同人树立了明确的标杆。对"天工"和"开物"这两个语汇的使用表明，宋应星意在将自己的文字纳入一个更大的关联当中，而非简单地记录工艺过程。他在工艺和技术的实施中，看到普遍性原则被揭示出来；它展示了一种宇宙秩序，人必须对此有所理解，才能让降临在这个时代的混乱得到平息。宋应星著作题名中的这两个语汇来自中国古代的文本经典。"天工"一词可能源于《书经》："天工人其代之。"[①]（人的责任是，完成天的事功。）第二个语汇"开

---

① 见《书经 · 皋陶谟》，第16页，天津：天津古籍书店影印，1988。

物”来自《易经》:“夫易开物成务,冒天下之道,如斯而已者也。”[①](变化开启了物品,成就了事务,涵盖了天地之间的“道”,一切都是如此。)基于这两处对于经典文献的引用,对《天工开物》这一书名的现代解读大多将其理解为这是在描写天之作为与人之作为间的关系,在这种关系中人要利用“天”提供的自然资源。宋应星采用了这一观念,他关于天、人行动权限的交叉界面所持有的理念与我们现代的设想从根本上有所不同:人不是他聚焦的核心。相反,他感兴趣的是展现在“天工”和“开物”中的知识。他相信,通过描写这十八个遴选出来的工艺领域,人们可以从中学到那些重要的宇宙规制,了解这些规制能让世界进入“治”的状态中。

“天工”这一语汇会让宋应星的同代学者马上想到一场传说中的对话:这发生在主持司法治理的皋陶与大禹之间,被记录在《书经·皋陶谟》当中,是明代官方认可的知识资源。[②] 宋应星在引用这一对话时,首要的是在告诫皇帝要表现得圣明,任用德才兼备的官员。宋代学者蔡沈(1167—1230)在他的《书经集注》中认为,《书经》阐释了人心之道。这清楚地表明,13世纪的学者是从天与人的关系这一角度来理解这一对话的。蔡沈的注疏是明代科举考试的基石。尤其到了17世纪晚期,学者引用蔡沈的阐释来强调官员和皇帝都应该承担起自己的任务,不要忘记任何一件事情,哪怕这件事初看起来是微不足道的。“天工,天之工也。人君代天理物。庶官所治,无非天事。苟一职之或旷,则天工废矣。”[③](“天工”的含义是“天之事功”。皇帝以天的名义来治理事物。由官员来管理的任何一件事务都是天的事务。如果一个人对某一责任不予负责或者忽略,那么他就破坏了天的工作。)

宋应星对“天工”这一语汇的使用,无视明代通行的“程朱学说”阐释文本中给定的道德含义。相反,他把“天”定义为一个能够提供结构性前

---

①《易经·系辞上传》第十一章,第56页,天津:天津古籍书店影印,1988;“务”指的是义务、责任和任务,但是不一定是人的活动。

② 蔡沈校注:《书经》,卷1,16a,天津:天津古籍书店影印,1988;英文本见Legge(1960,vol1:70).

③ 蔡沈校注:《书经》,卷1,16b,天津:天津古籍书店影印,1988。

提的领域，是对实际行动的指导。正如那些注疏中所阐释的那样，“君子”是使秩序生效、对国家内的万事万物进行组织和管理的人。因此，宋应星将自己的批评指向那些聚焦道德，其结果是忽视其他重要事情从而造成混乱的官员。他在使用“天工”这一语汇时，略去了原表述中很重要的一部分，“人其代之”（人要为其行动）。尽管我们可以假设，他的同时代读者自然知道整个句子，这一缩略形式还是强调了“天工”，而不是人在制物中的角色。在宋应星眼里，应用物品、探究事情的人组成了其自身的世界；然而，对于自然进程和物质效用——宇宙的真正条理——而言，人的世界还是边缘性的。对他而言，天与人之间的关系不是从分承制物中的任务和责任这一意义上来定义的。他所理解的天与人的关系是，人必须理解“天工”。正如他的《论气》一文所表明的那样，天和其他事物一样，都建立在“气”的范式上，而“气”成就了“物”与“事”。因此，在宋应星对工艺知识的探求中，人的角色唯有去敬仰宇宙的原则，在行动上与其保持一致，而不要变成它的“制造者”。在如此这般的图景中，“天”是一个自然而然的权限，是“气”的另一种展现，而“气”让世界具有一体的共性。

宋应星的思考以“气”这一概念为核心，追随着当时社会中的颠覆性思想趋势而让自己嵌入那个时代：他们认为社会的根基因为当时种种危机遭到动摇。宋应星的个案表明，对于明代政治、社会、经济变化所带来的思想上的后果，我们几乎还一无所知，尽管近几十年来这一问题得到了更多的关注。印刷行业商业化也许让大量文字得以刊行，但是只短暂存留，便又消失得踪迹全无。宋应星的文字遗产及其流传历史表明，在思想讨论明晦之间的区域中，还是有一些出版物得以存留下来。私人学者和藏书家们拿来填充书房和藏书室的著作，反映出来的不光是作者们的学术理想，还有他们的个人兴趣、社会地位、政治野心和财力状况等。从保留下来的书籍中我们可以看到，当时产出的文本数量巨大，读书人对此的反应是多样的：可以说那是一种个人反应的散乱大拼盘，并没有形成一种一体的或者线性的叙事。从这一角度看，宋应星留下的遗产是非同寻常的,它给我们一个机会去揭开一个历史时刻、去看到他对知识产出的影响。这注定了他对自身时代的知识所做的文字记录有着极端重要性,这确立了他在科学史中、在中国历史中的位置:研究宋应星和他的著作,可以揭示一段独特的知识生成历史。

第一章　家世与处境——学而优难仕

春将暮矣，游憩钤山。

——《野议》

宋应星在其政论文《野议》的序言中，以生动形象的笔触描绘了一幅友人结伴郊游的图景：1636 年暮春时节的某一天，当时正在袁州府分宜县担任县学教谕的宋应星打算与他的朋友——县令曹国祺一起去踏青。他们携上清酒和诗书，要在树荫鸟语的大自然中度过一天清静日子：唯有吟诗唱和、不受世间浊杂事务困扰。不料，他们刚出城外，便有一个跑得上气不接下气的信差送来一份来自京城的邸报，也就是官府内发布消息的文书。这两位勤勤恳恳的晚明官员，原本难得有撇开管理人事、治理国家等繁冗之事的机会来享受片刻私人交往的时光，如今这难得的休闲情绪却被"邸报"的到来搅扰。宋应星就是这样获知一位名叫陈启新的下层武官居然能"立谈而得美官"，获得京城给事中职位。这消息让宋应星感到痛心疾首，他把陈启新的升迁称为千年一遇的"奇事"（"此千秋遇合奇事也"①）。他平生立志于考取"会试"和"殿试"的功名、获得荣耀的仕途擢升，这一切如今变得毫无意义，他的理想被无情地践踏了。

---

① 宋应星：《野议・论气・谈天・思怜诗》，《野议・序》，第 3 页，上海：上海人民出版社，1976。

51岁的他,感到自己真正受到了轻慢;或者说,比这还更糟糕,那简直是一种侮辱。他带着满腔悲哀愤懑写出一篇长达万言的政论文章,采用了给皇帝谏言的风格。这篇政论文章以《野议》为题名,这也充分地表明了该文的主旨:从社会政治上对晚明统治的衰败进行思考。

《野议》刊刻于1636年5月8日。这是一份典型的抨击时政弊端的报告,它出自一位下层官员、一位几乎没有任何政治影响力之人的笔下,描写了当时的社会情形:无所用心的官员、腐败丛生的官府、贫困潦倒的种田人和道德节操全无的读书人,都昏昏然在一个奢靡浮华的社会里醉生梦死。宋应星的文章,表达了这个时代人们普遍感受到的绝望,写出了这个世界正在被人为的混乱吞噬这一残酷现实。宋应星对世事不满的表达,并非仅止于这篇文章。不久以后,他的另外一些著作也被刊印出来。从我们今天的角度看,他在这篇政论文章之后刊印的著作,完全超越了17世纪文人撰述的惯常做法:《天工开物》是一部以特别详尽的方式描写工艺和技术的文字作品。

宽泛而言,在17世纪的中国,读书人和匠人在获取知识和产出知识上采取两种不同的形式。匠人们在制物、做事时借助于经验获得知识,通过尝试和犯错误来检验知识。匠人所拥有的知识,大多是“体化知识”(embodied knowledge)或者说是“意会知识”(tacit knowledge),是无须用语言来传达的、无须以文字来记录的;中国的读书人则着力于文本研究,解读其含义、发挥其立论,就哲学、文字学、文献学或者政治领域内的诸多问题编写经典文献的注疏、集注。读书人有可能获得高等身份、社会地位以及政治影响;而那些因劳动而双手脏污的人往往都是底层小人物。去讨论制作蜡烛会有哪些危险,或者如何用黏土制作砖坯等问题,无助于一个人获得社会地位和职业前程,其顺理成章的结果便是,精英文人根本不去留意这类知识。

中国知识文化的这幅黑白对比分明的画面——读书人优哉游哉地盘桓在自己的书斋里,匠人们忙碌在烟熏火燎的作坊中,被宋应星的著作给撕得粉碎。他的书将读书人和工匠人的世界连在一起;他的书让我们看到，在17世纪的中国正如在欧洲一样，实践与理论的分野从来没有过非黑即白的分界线。① 在宋应星所处的时代和空间中，他的作为非同寻常。他试图将工艺和技术放置在中国书面文化当中，那是一种极端而复杂的尝试。要想精确地界定宋应星这一努力的特别之处，我们就必须仔细分析他的时代背景和文化背景。这一章从宋应星的生活入手，考察宋应星生活在其中的社会条件、文化条件和物质条件，介绍他在怎样的条件下完成了自己的著作。在层层推进这种分析时，我们自始至终不应该忘记如下问题：是什么影响了宋应星对知识的看法和观点？是怎样的境况引发和形成了他的兴趣？毕竟，同是这位宋应星，在政论文《野议》当中表达了一位文人学者在社会责任和道德上的高洁理想，在《天工开物》中却专业而详尽地记录了各种工艺和技术。

这一章考察宋应星的童年和家庭背景。我在他所受到的教育中寻找踪迹，来判断他如何为自己的未来作为做准备，来观察身为成年人他的典型想法。在这一领域里我要追问的是，到底是贫穷本身，抑或是他的社会交往圈里的某些人引发他去致力于那些在中国文化中没有地位的事物。我也在追问，宋应星的努力是否可能会基于外来的影响，尤其是天主教耶稣会传教士及其著作中传播的关于西方的信息。我从陈启新的擢升促使宋应星写下《野议》这一环节入手，推测他在刊刻自己著作之前的思想状态，揭示他的理想和理念。

对郊游的描写、对武官陈启新被擢升的强烈反应，引发了宋应星1636年的创作活动。对于一位现代读者来说，这两点可能都会是让人吃惊不小的：其一，在导入一个被他以激烈言辞进行抨击的政治事件时，他采用了近乎小说一般的叙事语气；其二，一位武官被擢升为高级文官，居然会让他作出如此激烈的反应。为什么宋应星在文章中将这件事与自己的郊游细节放在一起？为什么他这样的一个小官员会对一件朝廷内发生的事情如此上心？为什么当这个王朝国家正遭受北方蛮族攻击、东

① 关于这一时期欧洲知识文化的概貌，请参见 Roberts & Schaffer & Dear(2007:2-10).

南倭寇骚扰、内地农民起义造成动乱之时,对一位武官的擢升任命会让他变得如此情绪激动?如果我们去探究他采用的写作风格和手法,并将这些内容置于历史大幕之前,我们就可以挖掘出来究竟是哪些不同层面上的动机和理想才促使宋应星去关注工艺和技术。这会让我们看到,与宋应星对工艺技术知识兴趣复杂地捆绑在一起的,是他对更宽范围知识的探讨,其中包括的题目如声音的产生、气象现象、腐烂过程、社会责任和政治经济等。

像宋应星在《野议》的开篇中所采用的那种简短叙事,是17世纪文字作品中常用的开场白。比较典型的情形是,作者在酒后微醺后变得意兴阑珊、心潮澎湃,于是完成了若干感情充沛的诗歌、一篇给皇帝的谏言、一部小说或者说是某种散文。[①] 所有这些文字都可以构成一位学者著作成就的一部分:详细描述个人精神生活的著作属于一个特殊的文类,其内容包括零散的、私人的随笔记录,这一文类被称为"笔记"。由于受教育机会的增多,到了明代末年,文人的数量众多,这类文字作品也多起来。文人们对自己的命运感到越来越不满意,他们的文字当中批评性的音调越来越强。尽管国家和社会衰败日甚一日,学者们却一直在绝望的努力中履行自己的责任,无论地位高低如何、在朝还是在野。在职官员经常宣布自己拒绝入仕或者离职归隐,而那些没有得到官府聘任的学者则高调赞扬自己的遗世独立,因为这种生存状态让他们有可能在一个被他们称为堕落和腐败的世界里保持自己的道德理想。有些人通过沉浸于文学当中或者热衷于某些爱好而获得内心的宁静;另外一些人则对道德行为、正确的治世之道等予以评论,或者疾声宣扬他们认为应该去追求的价值观。

宋应星就代表了一位寻找自身社会性身份认同和思想定位的底层官员。他属于那个将自身定义为"士"的社会群体,他们代表的价值观

① 刘军、莫福山、吴雅芝:《中国古代的酒与饮酒》,第189—205页汇集和注释了各种历史上的个案,台北:台湾商务印书馆,1998;也参见Chang(1991)。

是：社会等级和政治权力都应该源于学术训练。在17世纪的中国，学者（“士”）并非如中世纪德国或者如17世纪英国和法国正在出现的专职研究者那样，指代一种职业或者一个谋生行当。在17世纪中国的思想世界当中，“士”指的是那些有着共同教育背景和抱负的人。这是自我认同的一种标牌，同时也表明了男人们（以及为数很少的女人们）的社会身份：他们在知识产出这一大框架内工作，位于官方的或者私人的机构当中。宋应星作为一位中国的读书人，他已经精通了一定的经典文献，全力以赴地进行文本研究，以便能更好地服务于他的国家：他希望通过最高水平的科举考试，然后进入公共服务领域。然而，到16世纪时，追求这一目标的人数已经远远超过官府所需要的人数。如果他们在“会试”中成绩不够出色的话，一些读书人——比如宋应星——就只能获得低等官职，而此时他们早已人过中年。他们当中的一些人会一直坚持不懈地参加科考，直到生命的终结。他们的社会保障和经济前景的处境并不明朗，大量受过教育的多余人才在寻找新的职业机会。他们有的成为代人书写的写手，有的成为小说家、教师和医生；那些获得财务自由的富人们探讨园艺、种植牡丹、饲养金鱼和禽类，他们也探究中国之外的陆地和海洋，编辑各种旅行游记；巨富们则开始搜集艺术品和工艺品，一些人开始关注自然世界，搜集关于植物与矿物的知识。许多中国学者探讨各知识领域（如自然哲学、农业、机械文化、商业和手工艺）边界上的问题，表达出来令人刮目相看的个人见解。总而言之，这些学者兴趣广泛多样，职业前程各不相同，在这些方面他们与欧洲同时代的学者并无区别；然而，他们所面对的制度框架和社会框架远不如欧洲的学者那么清晰。

在这样的大幕背景下，这位明代十八般工艺的记录者一身那个时代的典型装束走上了舞台：他身着长袖、圆领、有云纹图案的丝质长袍，头戴读书人的冠冕。他倾心投入，只用两年的时间里就完成了六部作品：1636年刊行了一篇关于文字学的《画音归正》和一篇政论文章《野议》；1637年刊行了关于工艺的《天工开物》，关于宇宙论并讨论了声音和气象学的《论气》，以及《谈天》；1638年刊行了诗歌集《思怜诗》。宋应星从一个当时还没有被人们认识到的角度出发去看待物质效用和自然现象，并因此在前现代中国的文字著作中，在 17 世纪中国人探索自然、技术、实用工艺的方式方法中留下了鲜明的记号。

明王朝与宋应星的家世

> 自有书契以来，车书一统，治平垂三百载而无间者，商家而后，于斯为盛。
>
> ——《野议·世运议》

宋应星生活在一个充满了动荡和面临很多困难挑战的时代。1587 年，当宋应星降临于人世之际，明朝已经经历一段相当长的稳定时期，开明的统治给它治下的绝大部分地区带来了二百年的繁荣。明代的开国者出身卑微，曾经一度做过和尚，因而明代的国家体系重视物力，采用一套新的赋税体系来规范农产品的供给和需求；在某些行业如丝织和瓷器领域中，官府拥有自己控制的生产体系。先皇的基业让国家长治久安，让统治者们能够逃脱人口剧增带来的负面效应，并使得国家免受外来者侵害。到 16 世纪末期，持续的繁荣与和平推进了物资商品化，稳定的外部环境给文学艺术发展提供了充分的滋养，也极大地促进了思想文化上的多元倾向。宋应星出生之时的中国，无论在物质方面还是在思想文化方面都是一个繁花簇锦的辉煌时代。

后世的历史学家们也许会把 1587 年看作一个具有标记性意义的转折时刻：繁荣开始失控，道德开始崩塌，对物欲的沉溺、对奢华品的贪求让明代的美好世界落入万劫不复的深渊。历史学家黄仁宇（Ray Huang）在他论述晚明政治史的著作《万历十五年》中特别突出了这看似无关紧要的一年。[1] 这一年发生了立储争议：神宗皇帝（生卒年 1563—1620，在位时间 1573—1620，年号万历）拒绝立其长子朱常洛（1582—

---

[1] Huang(1981).

1620)为皇太子,遭到众大臣的反对。此后,万历皇帝以不理朝政的方式来表明他的不合作。他和最高级的官员之间产生冲突,对这些政务官员提交的事务根本不予回应。这一做法让明代的程式化国家管理体系陷入瘫痪状态。决策出台完全变成了随机之事,而不再是可靠的政治程序之结果;德才兼备的人才成为隐士,他们离开了政治舞台;相反,奸佞之人——太监、贪腐的官员、道德低下的学者——则趁机掌握了权力,具有武举人背景的人如陈启新反倒能够获得高位。

国家层面上政治的逐渐失控与经济上的衰退,伴随着宋应星这代人的一生。物质上的繁荣以及社会安全感的缺失让社会撕裂,让他们的理想破灭,让他们的职业前程陷入困局。对于这种衰败的氛围,宋应星本人可能尤为敏感,因为微观层面上他的家庭史几乎与宏观层面上的王朝史同步相随。从宋氏族谱中我们可以看出,这个家族的盛衰与明王朝的命运起伏大体有着同样的节奏。与明朝的开国皇帝朱元璋一样,宋氏家族的祖先也出身于底层。这个家族来自于中国南部江西省袁州府奉新县的北乡(雅溪)村。这里有着山峦地带的地貌景色,有着温和的季风气候;这里土地丰饶,自然资源丰富,矿物资源和有机资源都不缺乏。即便一个人拥有的土地并不很多,也足以获得收益,积累财富。在明代的早年,作为种田人的宋氏先祖很好地利用了这些资源,财富的积累在日渐增加。当家财到了可以成为当地富裕地主的水平时,这个家族就开始让自己的后代走上通往仕途之路。在那个时代,但凡有田产的人家都会采取这种标准做法:让后代进入国家官职体系,以此来获得社会声誉并借助于政治影响来保证新获财富的安全。[①] 众多人都在攀爬这一充满艰难险阻的社会上升阶梯,宋氏家族也当仁不让。在明代中叶之时,宋应星的曾祖父宋景(1477—1547)已经在明世宗当政时获得了都察院左都御史(正二品)的官职。这是奉新县宋氏家族的鼎盛岁月。

然而,宋氏家族却没能保持这种令人炫目的高位。宋景的四个儿子

---

① Rowe(1990);这篇文章重点关注的是北方的情况,与南方的情况略有不同。

当中,没有一个能够考取功名或者官职。他的孙子,即宋应星的父亲宋国霖(1546—1629)也没有显示出有任何学术上的才干。他更多地沉溺于钻研军事策略,尽保证家族延续的孝道。至少在完成第二项职责时,可以说成绩斐然:他娶了三房女人,生了四个儿子。宋应星还有一位长兄宋应升(1578—1646)以及两位同父异母的弟弟宋应鼎(1582—1629)和宋应晶(1590—?)。我们能够知道的是,宋国霖也有女儿。女儿只有在搭建了重要的社会关系时,才会被写进族谱里。宋应星的几位姑姑、堂姐妹、姐妹、孙女嫁给了当地有名望的人家,有的嫁到了宋应星少年时代的馆师邓良知(1558—1638)家中,而这位当地有名的学者邓良知曾经担任广东省的布政使司参正(从三品),现在赋闲归乡。①

这就是宋应星有生之年这个家庭的政治地位和社会地位。宋应星的曾祖父宋景能够获得朝廷里的高位,这让他们对这条路抱有希望。他们期待着能继续参与国家的政治生活,让家庭财富增加,获得超过普通人的社会地位。两代人以后,这种希望变成了泡影,毕竟宋景的成功也有限而且姗姗来迟。官方的明代编年史《明实录》是正式记载朝廷和各级政府官员主要职业进阶的史书,这里的记载将宋景描述为一位忠心耿耿的官员,靠自己的勤奋努力,经过不同级别的擢升最后才得到朝廷里的官职。宋景官职生涯中的最高点是朝廷中的一个职位,官位为正二品(最高的级别为正一品)。这发生在世宗皇帝执政时期,当时宋景已经是71岁的高龄。如果我们对这一时期明代宫廷政治情况有所了解的话,就可以知道宋景的位置有多么脆弱。世宗皇帝在位的四十五年国家承平,但是皇帝本人却是一位自大而令人捉摸不透的人。实际上,每次当他心血来潮开始亲自理政时,就会情绪无常地罢免官员,甚至将他们处死。在绝大部分的时间里,他将日常的政治管理交给他的内阁首辅宰相严嵩(1480—1567),严嵩曾任吏部尚书、礼部尚书,嘉靖二十一年(1542年),

① 宋立权、宋育德:《八修新吴雅溪宋氏宗谱》,第22卷,第33,43—44页,藏于宋应星博物馆,1934;潘吉星:《宋应星评传》,第70—72,75,182—186,191—193页,南京:南京大学出版社,1990。

拜武英殿大学士，入直文渊阁，仍掌礼部事。后解部事，专直西苑；累进吏部尚书，谨身殿大学士、少傅兼太子太师，少师、华盖殿大学士。宋景与严嵩来自同一省份，按说这应该是一个用来巩固自身社会和政治地位的好机会。不过，宋景的想法和理念经常与他的同乡发生矛盾，而后者在后来的文学作品中被视为明代官场腐败和道德堕落的原型，这尤其在中国的戏曲和皮影戏《打严嵩》中得到了充分的表达。不过，宋景似乎一直坚守着自己清白的理想，拒绝加入建立政治关系网的肮脏游戏，像同僚们那样借助于亲属、同乡或者师生关系来建立"安全港"。[1] 或许他也曾经加入其中，但是几个月以后他就靠边站了。他的官位不够高、他建立的关系也太脆弱，还不足以为后代提供庇护。宋氏家族能够在国家的核心政治生活中发出声音的时间非常之短暂。

在地方上和家庭里，人们看到的却是另外一番图景。在当地的小村庄里，宋景身为高官让宋氏家族在当地出类拔萃。在宋景的家乡袁州府奉新县，自 11 世纪以来能够进入最高层官僚体系的人所占的比率都一直相当低，到了明代晚期就更为少见。[2] 本地有名望的人士看到他们在中央政府中的影响在减弱，这和窦德士(John W. Dardess)所描写的邻县太和县人的想法是一致的。[3] 能够参加进京会试、获得"进士"称号的人，在当地社会认同感的构建中举足轻重。即便在他们身后很多年，这些人曾经获得的功名还能决定其家族在当地社会中的地位。自 16 世纪末以来的地方上的各种志书当中，宋应星家族中考取了功名的人——从他的曾祖父宋景到他的兄长宋应升——都被写进人物志里面。[4] 戴思哲(Joseph Dennis)的研究让人看到，万历年间的《新昌县志》(1579，在今天

---

① Zhao(2000:141).

② 生駒晶:《明初科舉合格者の出身に關する一考察》，载于山根幸夫教授《退休纪念明代史论丛》，此处见第 48 页，东京:汲古书院，1990。

③ Dardess(1996).

④ 吕懋先、帅方蔚:《奉新县志·人物志》5a－7b，南昌:江西省博物馆收藏，1871;[清]李寅清、夏琮鼎、严升伟:《分宜县志·中国地方志集成江西府县志》第六卷:职官，文职，名知县，第 23b 页，南京:江苏古籍出版社，1996(1871)。

浙江省）中包括了当地重要人物的家族族谱，这是本地精英采用的通常办法，以此来提高宗族的声望，为彼此间持续的合作与通婚奠定基础。[①]我们完全有理由做这样的推测，当时的宋氏家族也被视为当地名流。在宋应星的兄长宋应升的笔下，他的曾祖父甚至还进一步被提升为地方英雄，他身上体现了忠诚、勤勉和高尚的道德情操等价值。在宋氏家族的族谱里，他们的祖先宋景被褒扬为一个全身心投入的、严谨的学者，一个揭露腐败和不忠的典范。[②] 地方志资料中映射出来的也是一个如此这般的形象，认为宋景给他的家族带来了无上荣誉。在当地，他和他的家族代表了一个更美好的时代：在那个时代，情操和尊严还受到人们的敬仰，好人还能够战胜坏人。人们也期待着宋景的后代们，能（对国家、地方、家族）有着类似的奉献。宋应星就是在这样的环境中长大的。

童年与教育

> 国家建官，大至于秉轴统均，平章军国，小至于宰邑百里，司铎黉宫，皆从一途出，学政顾不重哉！
>
> ——《野议·学政论》

在宋氏家族的族谱中，只有一人功名显赫大获成功，这还不足以让这个家族成为根基坚实、令人景仰的名门望族。不过，他们仍然是一个深受尊重的家族，在当地人眼里他们是精英社会中的一分子，与国家权力有所关联。这一图景也得到了宋氏族谱的证实。有关宋应星的家庭背景和童年情况，在我们所掌握的材料中宋氏族谱是唯一的资料来源。在采信族谱里记录下来的信息时，我们也必须要考虑到其内容是由谁来写下来、为什么写下来等问题。除了记录家庭成员的生平成就，族谱编修至少还有一个隐而不宣的使命——在17世纪的士绅阶层中，编修以

---

① Dennis(2001:71).

② 宋立权、宋育德：《八修新吴雅溪宋氏宗谱》第22卷，第24—25页，藏于宋应星博物馆，1934。

及重修族谱已经成为巩固和维护家族地位、搭建社会关系与政治关系的一系列手段中的一部分。宋氏族谱也是用作构建和保持家族认同感的工具之一。族谱里虽然提到宋应星这一辈生活艰难，但是没有在任何地方表明，这个家族与农业或者手工艺知识有任何关系。正好相反，数代以来这个家庭身份认同的锚点都是在学问的精进上，只有一小部分精力用于考虑军事问题方面。这一身份认同以“贫穷”为修辞性话题，在实际生活中却不会因贫穷而让自己的生活方式有所改变：对宋应星早年生活有塑造性影响的，只有读书人的理念和理想。

总体上，宋氏族谱与贺杰(Keith Hazelton)所描写的“南方型”族谱是一致的。[1] 族谱按照时间顺序来编排，有单个家庭成员的传记，但是经常只包括男性家庭成员。这些传记本身也是按照当时的常规模式来写就的，里面也包括了传主的个人生平以及在他有生之年内发生的重要事件。家庭成员可能会承担起为先人作传的责任，或者承担给刚刚过世的家族成员完成传记并补入族谱当中的任务，以便使得族谱得以及时更新。后来的编修者会抄录以前族谱中的内容，但是在某些情况下也会对其内容进行调整。其目的可能在于，或者要仿效为社会认可的某一理想状态，或者避免给家族名誉造成损害。中国社会非常强调家族名誉的重要性，因而族谱会对家族中的不肖之人有所遮掩，甚至干脆完全剔除。[2] 与明代的很多族谱一样，宋氏族谱也得到了不定期的修订。传记研究总是耗时大、花费多的工作，编修族谱更是如此，因为这些内容必须具有高度精确性。族谱编辑的历史也经常反映出时代的需求，社会的、政治的、经济的外在条件都能影响到最后的成品。在17世纪的30年代，宋应星的兄长宋应升将族谱编修到了他父亲的那一代。就宋氏族谱中宋应星的传记而言，我们很难明确指出其内容有哪些外部因素的影响或者扭曲，因为我们还无法十分准确地认定给他修传的人到底是谁。按照潘吉

---

① Hazelton(1986:150－151);Chow(1994:76－79).

② Harrel(1987:54).

星推测,宋应星的侄孙宋士元(1649—1716)可能是作者。潘吉星认为,重修族谱是在1668年,这也就意味着当时宋士元21岁,对于接手一个这么重要的家庭责任来说他非常年轻,超乎寻常。[①] 有关族谱编修者的生平和思想的信息,我们也只能从族谱中获知,因而他们的态度,以及他们可能会以怎样的方式来操控内容,在一定程度上我们还是无从知晓。族谱中涵括来自不同时间的、单个人的以及多人合作的努力,因此,族谱中宋应星传记所传达出来的信息,更多是关于他的家庭情况,而不是他本人的情况。

在明末清初时期,有志于学术的家族在自己的族谱中往往将一切与学术无关的情况都屏蔽掉。可能的例外是,他们会在某些地方简单地提到在农业管理方面的努力,因为农业方面有所作为表明他们在履行社会责任。[②] 族谱中也有另外一种强烈否认自己家族介入了商业活动的倾向,尽管在明代末年这一态度已经有所改变,因为商人开始进入精英阶层,在努力谋求官职。尽管如此,大多数读书人的家族仍然倾向于在族谱中低调处理染指商业的情况,那些跟手工艺相关的任何活动也会受到同样待遇,因为商业活动和匠艺活动仍然被看成是低等阶层从事的、不体面的活动。

如果从这个角度来看宋氏族谱,我们就可以看到,宋氏族谱的编修者即家族成员也持有那种博学精进的理想。族谱里根本没有提及匠人技艺,这与中国17世纪的一般做法是完全一致的。不过,这个家族与实际事务、农业问题、技术工作的任何关联,都在族谱中找不到任何蛛丝马迹,甚至都没有当成个人兴趣有所提及,这还是让人感到出乎意料。正如罗威廉(William T. Rowe)笔下的省级巡抚陈宏谋(1696—1771)身上生动展示的那样,这个时代的上层精英将兴修农业水利以及疏浚漕运航道等事务看作士绅阶层的责任。[③] 他们将这类知识提升为自己书案工作

① 潘吉星:《宋应星评传》,关于日期的讨论,参见第175—180页,南京:南京大学出版社,1990。

② Zhao(2001:183).

③ Rowe(2001:231-234).

中的一个题目，往往声称自己在亲身参与农业活动（关于农业和匠艺行业的社会影响，请参见本书第三章）。宋氏族谱展示出来的这个家族，其男性成员保持了一种白璧无瑕的形象：他们避免介入任何实际工作，坚持专心于书本学问；他们依靠微薄的田产度日，除了成为当地的道德表率以外没有任何其他野心。

族谱编排者选择特定信息，以便来体现一个共同的家族理想，这一共同模式也会被用于个人的传记当中。一个贯穿于一切时代、经常反复出现的主题是：书香家族及其成员虽然陷入贫困境地，却矢志不渝地读书精进。另外一个经常性主题是：前程无量的早慧天才和不同寻常的思想者。在宋氏族谱中，这两个主题都被采用了。宋应星以一位中国读书人样板而出场，他以极大的热忱投身于对仕途和学术的追求当中。自宋代以来，贫穷被读书人视为一种能够获得尊敬的生存状态。比如，11 世纪的官员、诗人和历史学家欧阳修（1007—1072）曾经毫不讳言自己出身低微，公开宣称贫穷并不能让人感到难堪，然而他自己却获取了朝廷上的高位。[①] 人们这样认为，贫穷恰恰表明了一个人具有较高的伦理标准。宋应星这一代人所经历的，是在政治衰败环境下文事活动（literacy）日益增多，读书人一直在美化这一老生常谈，声称优秀学者不可避免会生活在贫困当中，但是他们的生活却因为纯净高尚的伦理和道德而变得丰满。在 17 世纪读书人的修辞话语中，艰辛的生活条件意味着：一个家族尽管经济上艰难，却在追求读书人的理想。值得一提的是，如果族谱传记的编修者提及农业活动的话，其目的不是在说明他们生活水平低下。从事耕种土地、管理水利项目或者建造桥梁等活动都在表明，这些人在道德上有可敬之处；能够接手这些任务表明，这些人本身以及他们的家族是社会精英和政治精英中的一员，他们严肃认真地对待自己应该关照平民的责任。

宋氏族谱称，在 16 世纪 70 年代晚期，也就是在宋应星出生前不久，

① Bol（1992：72）.

宋氏家族的田产有20户佃户,大约200人,因而是中等水平的土地拥有者。按照17世纪30年代族谱修订者宋应星之长兄的说法,这个家庭后来遭遇了灾难。一场大火烧毁了家里的住宅,重修住宅让家庭陷入艰难的困境,宋应星的生母自己不得不承担仆人的工作,因为这个家庭雇不起家务帮工了。①

宋应星的长兄在强调家境艰难的同时,其总体上的描述并没有偏离一个理想化的读书世家的图景:父亲一如既往地保持着廉正的风范,母亲勤俭持家,儿子们为学业精进、获得仕途前程而勤奋努力,秉持孝道。族谱中的另外一些信息表明,宋氏家族的家境得到了一定的恢复,有能力让宋应星这一代的四个儿子全部去接受非常优良的经典学术教育。他们的叔祖宋和庆(1524—1611)为他们启蒙。宋和庆可能是一位性格正直,但相当沮丧的读书人。年轻时,他曾经在科举考试最高级别的殿试中获得"冠天下第六"的优异成绩。通常而言,这样的科举成绩足以获得朝廷命官的职位或者至少留任京师。然而,宋和庆只是被任命为浙江安吉州的同知(从六品)。也许正是这一羞辱性的低级任命,使得宋和庆的父亲宋景不断地对一手遮天的大学士严嵩以及他的儿子严世藩(?—1565)的政治活动进行抨击。② 不管怎样,宋和庆很快就解职回乡了。等到宋应星和他的兄弟们长成少年,宋氏家族就为他们聘请了私塾教师,为他们将来的前程做出了相当大的投入。像这个时代的大多数人一样,宋应星一直到36岁都留在规矩严格的私塾里研读备考,以便由此获得仕途前程。

关于宋应星,宋氏族谱里有怎样的细节描写?在他身上显示出对实际事物有任何特殊兴趣吗?族谱中的宋应星生平是关于宋应星早年生活的唯一资料源,因而我在这里会完整地引用并分析这些资料。这些文字后面隐含的信息,对于我们去理解宋应星后来的所作所为非常关键。

---

① 宋立权、宋育德:《八修新吴雅溪宋氏宗谱》,第22卷,第70页,藏于宋应星博物馆,1934。

② [清]张廷玉等著:《明史》,卷308,列传第196,第7915页,北京:中华书局,1991(1736);潘吉星:《宋应星评传》,第76页。

这些文字中对他的描写绝大部分都与这个家族的身份认同相符合，即把他描画为一个标准意义上的中国读书人。传记作者描画出一位有天分、符合读书人传统的年轻人肖像。然而，这是一幅个性化而非类型化的肖像：一位中国读书人，一位仕途前程的潜在候选人——尽管他的成就并不那么出色，对哲学上关于“气”的理论有着出色的思辨能力。

宋氏族谱中的宋应星传记也采用了当时通用的做法，对他的童年岁月一笔带过，只是简单地提到他的幼年早慧。传记中提到的其他材料，在或多或少的程度上也都是常规性的，尽管这些材料还是能给人一些想象的空间：

> 公少灵芒，眉宇逼人，数岁能韵语，及掺制艺，矫拔惊长老。幼与兄元孔公同学，馆师限每晨读生文七篇，一日公起迟，而元孔公限文已熟背。馆师责公，公脱口成咏。馆师惊问，公跪告曰：“兄背文时，星适梦觉耳，听一过便熟矣。”师由此益奇公。

((宋应星)少年时已经显示出具有多种才能的迹象，面相清秀。年纪很小时，他就能做出很美的诗歌；在写作预备科举考试的八股文时，他也显示出有过人才华，他在想法上的独立性让师长们惊讶。他总是与兄长元公(宋应升)一起就学。学馆中的老师要求他们每天读七篇以前没有读过的文章。有一天，宋应星贪睡晚起，而他的兄长已经背熟了馆师指定的文章。馆师责罚宋应星。让馆师吃惊而难以置信的是，宋应星能流畅地背诵出来全部文章。当馆师问他是怎么做到的时，他跪下回答说：“早晨兄长在背诵文章时，我恰好从梦中醒来，听见他读了一遍，就熟记在心了。”馆师从此更觉得宋应星不同寻常。)

宋应星的传记里也强调，他带着巨大的热情和敏锐的思考研读不同经典作品以及其他相关著作：

> 夙惠稍长，即肆力十三经传，于关闽濂洛书，无不抉其精液脉络之所存，古文自周秦、汉唐及龙门、《左传》、《国语》，下至诸子百家，

靡不淹贯,又能排宕渊邃以出之,盖公材大而学博也。[①]

(等到年纪稍大一些,他无一遗漏地研读周、秦、汉、唐和五代时期的著作以及北宋各学派的哲学著作,发掘它们之间的重要关系和关联,以及这些著作的原初本义。古文方面,他研读《左传》《国语》,以及诸子百家的作品。他能够追踪文章中看不见的路径和精髓,按照其内在的含义将它们进行分类和编排。他是一个有大才而又博学的人。)

透过宋氏族谱,我们可以看到这般图景:如果说宋应星的童年及其所受教育是一块大理石的话,那么这里面遍布着中国书面文化传统理想的血脉和纹理。魏斐德(Frederic E. Wakeman, Jr.)在他的著作中描述了培养像宋应星这样的少年才俊所必需的教育步骤:聪慧的孩子一般在5岁开始学习写字,在11岁时背诵《四书五经》,12岁学会作诗,之后便开始学习所谓的"八股文"文体风格,遵循严格的规则来写议论文章。[②]宋应星的传记中提到的书目都是明代教育中的必读书,不过我们从中可以发现一个不引人注意的小差异:在提到宋应星研读的北宋哲学家著作时,这里采用的排列顺序与惯常顺序有所不同。惯常的排序方式是:以时间顺序为基准,以各学派代表人物的所在地来代指该学派,由此形成的顺序是,濂、洛、关、闽,它们所指代的分别是,濂溪的周敦颐(1016—1073)、洛阳的程颐和程颢兄弟、关中的张载(1020—1077)、闽中的朱熹。宋应星的传记作者对这个顺序做了小改变,将张载放在首位。潘吉星认为,这表明宋应星特别倾心于张载的哲学。[③] 推崇张载也是明末的一个流行趋势,这一小改变是了解宋应星学术理念的重要风向标:对文献的重新排序正如一个孩子给万花筒中的颜色重新排序一样,以不同的方式将原有的因素重新组合,便可以让颜色构成的结果发生改变。宋氏族谱

---

① 宋立权、宋育德:《八修新吴雅溪宋氏宗谱》,卷17, 27, 22, 71,族谱中的部分文字也见于宋应升编辑的《方玉堂集》,第11卷,第1—6页,原件藏于奉新雅溪村。

② Wakeman(1975:23).

③ 潘吉星:《宋应星评传》,第106—107页;宋立权、宋育德:《八修新吴雅溪宋氏宗谱》,第17卷,第27a页。

以这种巧妙的方式来表明，张载的哲学理念对宋应星关于“气”的宇宙观有根本性的影响。关于张载的思想给宋应星带来的多方面影响，我将在第二章中详细讨论。

宋氏族谱还透露出另外一个重要信息，即明确地提到宋应星在写作“八股文”方面也很有天分，这是他早年接受的（重要）教育内容之一。“八股文”是一种高度形式化的文体，在行文风格上要遵循严格的结构框架；“八股文”也是一种命题作文，给定的标题往往是出自经典中的某一句话。许多晚明学者对此痛心疾首，因为到了晚明时期这种写作训练已经变得毫无生气。艾尔曼（Benjamin A. Elman）认为，八股文收尾时的语气更多的是学究风格，不能反映出作者对诗文和义理的精通。① 宋应星在自己的文章里也激烈地抨击当时对“八股文”之文体文风的强调，称之为官方教育误导性的、无用的东西，于日后并无益处。② 遭到宋应星本人蔑视的一项能力，却被族谱的编修者或者后来的修订者看成他的才华之一。宋氏族谱也将年轻的宋应星描写为一位具有超强辨别能力的人，甚至经典中最为精妙的含义他也能快速领会。这种做法，似乎是宋应星本人或者他的后人们有意为之，以便让将来的晚辈们知道：他之所以没能通过会试、获得“进士”的名号，并非因为他缺少精通经典、写作“八股文”的天分，而是因为他自己认为这种技艺是没有任何价值的。

魏裴德对科举考试的研究表明，那些禀赋聪慧、专门致力于读书、心无旁骛的学生一般会在15岁时参加童生试。初次参试的学生几乎都无法通过，少有例外。不过在其后重复参加考试的过程中，幸运的学生就可以在年仅21岁时便取得“生员”（俗称“秀才”）的资格，由此完成了通过参加科举选拔而走进仕途的第一步。绝大多数的候选人在24岁以前不能参加府试，而通过更高一级的“乡试”、获得“举人”资格时，考生的平均年龄在31岁，“举人”资格的获取是获得低等官职任命的最基本资格。

---

① Elman（2000：380－420）.

② 宋应星：《野议·进身议》，第7页。

通过最高级别的“会试”和“殿试”从而获得“进士”资格的人,平均年龄在36岁。①

如果按照这个标准来衡量的话,宋应星属于那种并非出类拔萃,但是优于平均水平的考生。1615年,他在南昌第二次参加每三年举行一次的乡试,得中第三名,获得“举人”资格,这时他28岁。他的兄长宋应升以37岁的年龄和他一起参加乡试并通过,排名第六。② 宋应星与这位长兄为同母所生,二人关系最为密切。这位长兄一生在备考会试,为的是能打开进入高级仕途的大门。宋应星的次兄宋应晶在几年以后也走上了这条路,但是没能通过考试,因为他在一篇作文中使用了本应该避讳的字。这个家庭中最小的儿子宋应鼎完成了本乡学塾的初级教育,但是拒绝参加任何形式更高级别的考试。

与他的兄弟们相比,宋应星确乎很有天分。他是家中的第三个儿子,原本并非获得受教育机会的首选人。不过,这个家庭还是在他的学术精进上进行了重磅投资,让他和兄长一起前往白鹿洞书院深造。这是中国最著名的书院之一,其历史可以无可置疑地追溯到10世纪(有人甚至声称到7世纪)。在宋应星生活的时代,学者们在那里读书和交流,了解当时思想讨论的主体脉络,构建政界关系网络。③ 在那里停留的时期,宋应星似乎在思想上受益匪浅,但是没能建立起足以有助于仕途或者学业的社会关系。他在那里巩固的都是已有的关系,主要与同乡朋友来往。他的朋友中有身为高官之子的藏书家陈宏绪(1597—1665),以及后来成为一位颇有影响的府级高官涂绍煃(1582? —1654?),他后来也资助了宋应星著作的刊刻。

白鹿洞书院的名声,在很大程度上来自于北宋的哲学家朱熹

① 参见Wakeman(1986:3,12);到了明代末年,进士的平均年龄甚至多了2—10岁;亦参见Waltner(1983:33)。

② [清]吕懋先、帅方蔚:《奉新县志》(1871),人物卷,第5a—7b页;宋立权、宋育德:《八修新吴雅溪宋氏宗谱》,第5卷,第113—114页。

③ [清]毛德琦:《白鹿书院志》,台北:成文出版社,1989(1718);邓洪波:《中国书院章程》,第144—167页,长沙:湖南大学出版社,2000。

(1130—1200)。他于1180年重新开启了这座书院。朱熹对经典的集注解读被列为明代科举考试的必考内容,作为正统的备考读本,直到1905/1906年科举考试制度废除为止。在16世纪时,白鹿洞书院已经成为一个综合性的机构,是一个集教学、收集和保存书籍、为科举考生提供备考课程准备为一体的学术机构。那里汇聚了勤奋的学生、寒酸潦倒的读书人、薪酬低下的教员。这些人心甘情愿地来到这里慕拜名人,如“心学”学派的创始人、将朱熹的强调“格物”转向到强调内心的知识追求和道德追求的王阳明。在宋应星生活的时代,王阳明的追随者们将白鹿洞书院变成这一学派的一个中心地,在那里讨论并扩展他们的尊师关于“良知”(内心的道德知识)的观点。在本书后面的章节中我还要详细论述,这些围绕着朱熹的“格物”和王阳明“知行合一”等理念的讨论对宋应星关于“天赋”(talent)的看法有很深的影响。1618年,知名的游记写作者徐霞客(1587—1641)来访白鹿洞书院,这也可能对宋应星的思考路径有所影响。但是,无论在宋应星的传记还是他本人的作品里,或者在其他历史材料中,我们都无法找到任何具体线索。①

我们知道宋应星在书院里度过一些时间,但是对于他在通过乡试获得“举人”资格后是否参加过最高级别的进京会试,我们却无法准确知道,只能进行推测。我们能确切知道的是,他的长兄宋应升六次参加会试,也许宋应星也曾经与他同行。宋应升的屡考屡败,可能是由于个人能力不足,也可能是由外部原因造成的。这一时期参加科举考试人员的人数一直在增加,轮到每个人身上的概率就陡然减少,更何况这六次会试中的每一次都赶上严重的政治危机,会试的榜单都受到各种说项和政治力量的操纵。

宋氏二兄弟(假定宋应星与他的长兄同行)第一次参加进京会试的机会是在1616年。就在这一年,北方的满洲人声称自己是女真人的后

① 徐霞客在1642年的这次旅行中编写了自己的游记。参见褚绍唐、吴应寿校注:《徐霞客游记》,第144、160页,上海:上海古籍出版社,1987;也参见Ward(2001).

裔,建立了后金政权(1616—1636),并从此公开与大明王朝分庭抗礼。来自南方省份进京赶考的考生们,路上不得不经过一片因为农民起义和外族入侵而遭受战乱浩劫的地区。这种情况发生的概率,在北方要比在南方高出很多。汤维强(James W. Tong)关于明代的起义和动乱的研究表明,宋应星的家乡在他的有生之年还没有遭受过动乱或入侵的暴力侵害。① 也许,一次这样的旅行会给宋应星带来巨大的震撼,强迫他去面对那些令人沮丧的情形。在同一年,北京的学者和官员面对的是另外一种外来的威胁。在宋应星出生的 1583 年之前不久,天主教的耶稣会得以进入明朝。现在他们试图将自己的宗教理念带进中国社会,发展了一些教徒群体和富有影响的人物成为他们的支持者。② 他们供职于明朝政府,担任天文学家、军事技术人员和数学家。1601 年,著名的传教士利玛窦(Matteo Ricci, 1552—1610)成功地成为朝廷的座上宾。1616 年,耶稣会传教士采取了富有进攻性的策略来向中国的精英阶层传教布道,并因此激怒了身居要位的中国官员和学界精英,导致他们愤然反抗。这就是后来人们所知道的中国历史上第一个反抗西方人的运动,史称"南京教案"。如果宋应星参加了这一年的会试,那么在教案期间他应该踯躅于人头攒动的北京街头。也许他能从人们的口中听到一些跟西方人有关的传言:西方人认为世界是一个球体;西方人在军事武器上的专业知识;西方人对技术事务感兴趣,比如水利工程、烧制瓷器和丝绸生产。只不过这一切在宋应星的生活和著作中都快速地一闪而过而已。

接下来的三次会试分别在 1619 年、1622 年和 1625 年。让这三次会试蒙上阴影的是,帝国的权力一步步落入宦官之手,其高峰便是宦官魏忠贤(1568—1627)一度权倾朝野。比如,1625 年朝廷完全处于一种大堤将溃的状态。杨涟(1572—1625)对魏忠贤的激烈弹劾,最终导致了魏忠

① Tong(1991:45 - 55).

② Brockey(2007:50).

贤对一大批聚集在"东林书院"名下的读书人实施迫害。[①] 宋应星在1637年刊行的著作中对这一高举道德与政府有效控制大旗的群体深表同情。

宋应星的兄长最后一次不成功的尝试，是在1631年。这一年，一位名为李自成(1606—1645)的羊倌和铁匠铺学徒组成了一支起义大军，并最终导致了明朝的灭亡。[②] 此后他们的父亲离世，守孝仪礼不允许他们参加1634年的会试。此时，整个北中国地区都能感觉到匪乱以及北方部落入侵边境带来的压力。满洲入侵者在边境上无处不在，他们建立了自己的政权，声称要对明朝取而代之。明朝激烈的朋党之争已经导致政府的大多数部门处于僵死状态。读书人的理想被一些真正的"君子"保留在自己的私人生活中，而那些朝廷上的"小人"早已放弃了任何理想。与道德和体面相关的"君子-小人"讨论——宋应星也曾经加入到这种讨论当中来，其实原本只是关涉读书人服务于国家与社会的责任。[③] 但是，在宋应星的时代，这也变成了一个社会阶层的问题：商人们开始试图获取"君子"的地位，而"君子"们发现自己在与商人打交道。

对于宋应星这一代学子来说，一直坚持到40岁高龄去力图通过最高级别的考试(殿试)，将成年后的大部分时间用于研读经典上，这是相当平常的事情。可以说，宋应星的兄长宋应升就是一个实例。他在快60岁时才放弃继续参加科举，接受了一个副县令的官职(从六品)。这是在他最后一次参加会试后的五年。1634年，宋应星接受了分宜县学的教谕职位。这里离他的家乡县不远，属于同一个州府。如果我们接受他的传记中的说法，那么他之所以这样做不是出于经济上的不得已，而完全是出于利他的考虑。他在这个职务上服务四年，直到1638年被任命为福

① Dardess(1996a:31－71,126－141)；关于这一讨论对学术文化产生的巨大影响，也可以参见Elman(1989).

② 常福元：《李自成陕北史事研究》，第32页，兰州：甘肃人民出版社，2006。

③《论语译注》，杨伯峻译注，中华书局，1980，见《论语》卷2，卷16，北京：中国社会科学出版社，2003；刘宝楠、刘恭冕、宋翔凤：《论语正义》，北京：中华书局，1990；其中尤以《论语·季氏十六》对这一话题的讨论最为集中；Lufrano(1997:57－58;112).

建省汀州府推官(正七品)。1640年他离职返乡,导致他离职的原因不详。接下来的两年,宋应星在自己的家乡度过。之后,他接受了南直隶(今安徽)凤阳府亳州知州的职位(正五品)。我们对这一情况的了解,来自于他的同时代友人刘同升(1587—1645)的笔记。刘同升是一位卸职的历史学家,曾经任职翰林院修撰,也正是他帮助宋应星辞掉亳州知州这一职位。[①]《亳州地方志》也提到宋应星,那是文字非常简短的泛泛之言,提到他资助了当地的图书收藏。[②] 这也说明,在亳州宋应星至少是尽职尽责的。

按照族谱的记载,他的另外两个兄弟都娶了几房妻子,在家里面过着悠闲的生活。宋家最小的儿子宋应鼎据记载过分耽于醇酒、女人和歌舞。的确,在宋应星这一代,宋家的男人们似乎生活得相当轻松,生活水平也相对富裕。除了宋应升提到的那场大火,宋氏家族留给人的印象与那些中等富裕程度、拥有土地、依靠读书科举获得仕途的家庭没有什么区别。宋应星的长辈和晚辈中的男性成员都是学者和土地拥有者。他们当中也有几个接受了军队中的低级职位,尽管这意味着科考上的失败,但是在当时危机遍地的时代,人们可能会认为这是一种安全的选择。宋氏家族中没有哪一支从宋应星搜集的实用性的匠艺知识中受益(这里指的是,他们不靠匠艺谋生,也不从贩卖宋应星的书籍中获益),他们也没有介入到任何生产技术产品的项目中。过中产地主的朴素生活,这似乎令他们感到心满意足。我试图在当地的商人目录、手工业的登记或者其他地方性资料中,找到些跟宋应星的家族有关联的蛛丝马迹,结果却一无所获。

历史资料也证实,宋氏家族的身份认同是追求以读书为业,而不是去开辟一个新知识领域,更不会到从事体力劳动或者物质创造这个层次上。这是他们这个家族留给后人的画面。在如此的家族理想框架中,无

---

① [明]刘同升:《锦鳞诗集》,第8卷,第13章,第5b页,南昌:1937。

② [明]刘泽溥、[明]高博九:《亳州志·官务卷》,第13b页,北京:中国国家图书馆珍本收藏库,1656。

论从哪个角度来看，宋应星的形象都是一位学者、一位早慧而保守的候补官员。陈启新被擢升高位的消息捣毁了这一自我画像，他在仕途上最后一点残余的希望也被摧毁了。这是那最后一棵稻草。如果我们检视宋应星的成年生活就会发现，在这位准备去郊游的读书人所置身的舞台上，宋应星只知道用一种方式来采取行动：写一篇长文来分析"人为的"世间疾患。

驱动力——一介武夫的越位升职

> 夫里长本良名，一旦为寇盗而不恤，铤而走险，急何能择也！
>
> ——《野议·乱萌议》

引发宋应星撰文激情的消息是在1636年4月下旬宣布的。史志编纂者直接引用了陈启新呈递给皇帝的奏议《论天下三大病根》，解释了原本为武举人的陈启新采取了非同寻常的方式，将这份奏议呈递给皇帝。[①]他强行穿过等待上奏的众人，进入紫禁城东门，故意挑起一阵喧哗。他要故意吸引皇帝的注意力，以便他的奏议不会被忽略。

陈启新的做法违背常规，因为奏议本应该交到负责大臣手中。不过，类似的情况人们以前也有所耳闻，因为在危机时刻总会有人经常使用极端手段来引起皇帝的注意，直接呈上自己的奏折。这类极端手段可能是自我羞辱，也可能是逢场作戏。陈启新在奏议中抱怨说，那些在军队中的任职者，完全没有被任命为文职官员的可能性。接下来他展开了这样的论辩：大明王朝如今危机四伏，内有叛匪外有蛮族的威胁。之所以有这种危机局面，一个很重要的原因是缺少技能熟练的军事管理人才。的确，大明政体以文官治国为取向，让训练有素的军人仕途升迁之

---

① 《明史》，第22册，卷258，第6672—6673页，描述了这一事件，简述了奏议内容；更为详细的情况见于陆世仪：《明季复社纪略》，载于陈力主编《中国野史集粹（第一卷）》，第540—600页，成都：巴蜀书社，2000；[清]郑达：《野史无文·烈皇帝遗事》，第3页，北京：中华书局，1962；[清]徐鼒：《小腆纪传·列传49》，第607页，北京：中华书局，1958。

路阻碍重重,朝廷里大多数官员还在不遗余力地强化这些限制。明思宗(1611—1644,年号崇祯1628—1644)即崇祯皇帝注意到北方边境受到的威胁,也目睹了文官们在处理这些事务上的无能。陈启新本人以及他的观点给明思宗留下了非常深刻的印象,皇帝愿意听取他的谋划。朝廷里的官员们却对陈启新的观点以及他故意引起皇帝注意的方式感到极为愤怒。皇帝授予陈启新一个京城内的高位官职,无视正式科考、举荐和赏赐等所有的常规程序。

陈启新获得吏部给事中(正四品)的任职才四个星期,宋应星的《野议》就刊行了。在序言中宋应星称,为完成这篇政论文章他彻夜未眠:"炊灯具草,继以诘朝。"[①]这是人们在表达激情写作时采用的一种常见的修辞,在这里则被用来强调宋应星对此事的个人化情绪。对陈启新被擢升文职一事做出激烈反应的,并非只有宋应星一人。对陈启新的任命,在朝廷官员以及一些颇有影响的人士中也引起很大不安。在这些人当中,有礼部主事(正六品)姜采(1632年得中进士)、儒学家刘宗周以及宋应星过去的同道朋友姜曰广(1584—1649)——宋应星曾经同姜曰广一起参加1619年的会试,姜曰广得中二甲进士,后出使朝鲜(官职正四品)。[②] 据记载,对大明王朝忠心耿耿的平民杨光先(1597—1669)扛着一口棺材穿行北京的街道,以此来抗议对陈启新的"非法"任命,并要求将尚书温体仁(1573—1639)(正一品)解职,因为他将这两人(陈启新和温体仁)都看作败坏政府道德价值的罪魁祸首。[③]

为什么这些位高望重的学者官员们的反应会如此强烈?陈启新本人是一位武举人,指责他有个人野心是完全说得过去的。在通常情况

---

① 宋应星:《野议·序》,第3页。

② 在官方史书《明史》中詹尔选(1631年进士)和张至发(?—1642)的传记中都提到这一事件;詹尔选列传见《明史》第22册,卷258列传第146,第6672—6673页;以及《明史》中姜曰广列传,见《明史》第23册,卷274列传第162,第7029—7031页;温体仁等人编写的《明实录·怀宗实录》,卷9,第231页;谈迁等人编写的《国榷》,卷95,第5727页。

③ Potter(1976:1474-1478);《明史》第22册,卷258,第6666页;《明史》第26册,卷308,第7936页。

下，凭这一理由就足以来查处他的行为了。但是，在陈启新这一个案中，崇祯皇帝采取了行动。皇帝在仔细听取了陈启新的建议之后，将他置于自己的保护之下。陈启新对朝政的批评涉及面广、波及的范围大。在中国的明朝，上至朝廷重臣，下到普通官员以及一般办事人员，他们实际上都认为自己是读书人，这些人感觉到陈启新蔑视他们所受的教育、价值观和雄心壮志。他们的反应之所以如此强烈，还有一个原因：对于任何履行考试程序以便获得任职资格的建议，陈启新一律拒绝，因为他的目就在于凸显一个事实——这是对一位训练有素的军人的任命。陈启新的越位擢升撼动了读书人文化的根基。文人们从中看到，皇帝正在试图用军人对他们取而代之。

朝廷在危机时刻对职业军人予以重用，这会引起政体以内文职官员的疑虑，这是自汉代以来已经形成的文化性惯例。当占据主导地位的精英阶层主要由文官构成之时，这种反弹就尤为强烈。自 10 世纪起，宋朝建立的官僚政体把针对官员的学术要求提高了，比如官员应该精通经典以及各种文类，这也被当成精英身份的标记。明朝建国以后，重拾宋代的通行做法，以便让自己明显有别于此前由蒙古人建立起来的元朝。明代自开国之初(1368)直到灭亡之际(1644)，在制度上明确规定职业军人不得担任文官职位。明代官僚体系对军队持有强烈的保留态度，其中一个典型的个案便是对在沿海抗击倭寇的戚继光(1528—1587)将军的抵制。①

陈启新在他的奏议中声称，当明朝面临严重军事威胁之际，将军人排除在政府事务之外的做法是这一政治体系最为严重的缺陷。文官们对此种说法的反应是充满仇恨的，因为又多了一拨对他们进行攻击的人。举目所见，宦官在皇帝周围谄媚以谋取高位，军人抨击文官军事战略能力低下，商人们开始侵入学者的领地，在野读书人攻击在朝官员的

① 戚继光在 1560 年刊行《纪效新书》；参见 Millinger(1968：14－19)；Waley－Cohen(2006：89)，作者认为与讲究武力的清朝对比，明朝的统治是“文治”。

人品德行,边境上的满洲人则要推翻整个国家。就事实而言,像陈启新这样的任命已经不是如宋应星在《野议》中所说的"此千秋遇合奇事也"。可是,对陈启新的任命正好发生在一个关键性的时间节点上,足以生动地表明这是一个糟糕的政府。

对宋应星来说,陈启新事件触动的正是一根特别敏感的神经。到那时为止,宋应星对这个国家的种种弊端缄口不语。甚至在 1627 年,当一群理想主义的改革者东林党人因为反对道德废弛而遭受残害时,宋应星都保持了沉默,尽管那件事与他个人并非全无瓜葛:1625 年,他的朋友、从前在白鹿洞书院的学友姜曰广被宦官魏忠贤定为东林党人,从而遭到黜免。这些人后来的遭遇,在《明史》当中有很详细的描写。① 官场内结党之风盛行,东林党以儒家正义的名义对抗宦官及其同伙,这些冲突自 16 世纪 80 年代开始就与宋应星的生活如影随形,在明熹宗(1605—1627,年号天启 1621—1627)统治期间达到高峰,波及朝廷内外。尽管历史资料表明那次事件影响广泛,但是宋应星在那次事件中没有发表任何言论。也许他还心存希望,还想在朝廷中获得仕途。从宏观历史角度来看,陈启新被任命的 1636 年很明显是一个异常敏感的时间;对宋应星个人来说,尤其如此。1636 年,满洲人建立了自己的政权,立国号为清,声言要统治整个帝国。朝廷的文官们害怕军队会以抗击清政权为先导,趁机控制整个国家。对宋应星个人来说,这一年也是一个关键性转折点,他放弃了在朝廷谋求官职的希望,接受了一个低微的职位,在一个县学里面担任教师。另外一个无异于在伤口上撒盐的事实是,宋应星实际上同意陈启新所提出的全部问题。他们二人都认为官员无法处理目前的情势,无论科举考试的内容还是其制度的实施以及官员遴选的实际操作程序,都需要彻底改革。尽管宋应星反对一个军事性国家,但是他感觉到陈启新的奏议中指出了这个时代衰败的核心原因:官员和读书人太过看重哲学讨论,忽视了他们的现实任务。陈启新的自私动机,也让宋应

---

①《明史》,第 22 册,卷 258 列传第 146,第 6666—6668 页,第 6672—6674 页。

星感到愤怒。但是，对他来说，陈启新得到任命这件事本身，还不是整个事件中最糟糕的那部分；最大的破坏性在于，陈启新事件让那些文人当中就改革学术思想和国家所发起的讨论，成为全然的徒劳之举。[①]

从《野议》中的精心用词可以读出来，他根本不是因为一位军人被擢升为文官而感到愤怒，也不在意陈启新提出的废除科举选拔的呼吁。令他感到气愤的是，陈启新提出了言之有理的批评意见，而他的学者同人们却出于错误的理由而敌视他。在宋应星看来，陈启新事件之后留下的局面才是真正的一团糟，人们对这一事件的态度，使得寻找其他出路少有可能，让他自己也别无选择：混乱达到了极点。这种局面的出现才是那件“千秋遇合奇事”。宋应星敏锐地意识到，无论是谁提出了同样的批评，哪怕这个人提出了一个解决问题的可行方案，不管这个人的行为如何正确、道德上如何无可挑剔，最后都会陷入同样的僵局。对宋应星来说，这才是最终的一闷棍。他意识到，在同时代人眼里，他和陈启新不光有同样的处境，他们的目标也是同样的——要改变对学术的态度，他也会遭到方式同样的群殴。这彻底粉碎了他那尚存的一丝希望，即以惯常的方式去获得一个能产生影响的职位。现在，他没有什么可以失去的了。

宋应星选择词语作为武器来完成他最后的功业，这是很可以理解的。宋应星是一位读书人，他对自己的身份认同完全处于这一框架之内。他是一位身处偏远县城里微末如尘的教师，然而，他认为自身、自己的活动和思想都与朝廷的政策、大明王朝的命运深深地关联在一起。但是，他为什么要选择技术活动这个范围？没有任何迹象表明，他的家庭跟技术工艺有任何关联，或者他对工艺知识有超常的热情兴趣，所以我们无法同意宋应星有匠艺方面实践经验这种说法。在仔细检视宋应星在文化上、社会上、现实上所面对的条件之后，我提出这样的设想：宋应星在他的知识产出中呈现出来的理论与实践之间的断裂，立足于一个特

---

① 宋应星：《野议·序》，第3页。

殊基础之上。无论是在现代的还是历史上的关于技术活动的定义中,我们都无法找到这一基础。我们需要(从技术活动这里)退回一步,以新的眼光来审视宋应星记录工艺知识这种撰述活动,去重新考虑我们该怎样去看待他的所作所为。我们需要在一个大背景下来考察他那不寻常的写作活动所具有的特殊之处:这一大背景包括当时的社会政治危机、宋应星个人的失败,以及他对二者所持的看法。

宋应星的写作活动

> 令长啸谈间,愿闻寡识。散归冷署,炊灯具草,继以诘朝,胡成万言,名之曰《野议》。
>
> ——《野议·序》

当宋应星将手中的毛笔放下时,清晨的雾霭还没有退去。他感到精疲力尽,他的信念和愤怒、他的希望和恐惧在这长达万言的文章里喷薄而出,现在这些白纸黑字就放在他的桌子上。也许他还在窗台上坐一会儿,眼睛看着泛着嫩绿的青山以及分宜县平原上那些待耕的田野。这是他履职县学教谕的地方。在50岁之前的人生里,他将自己的全部精力和生活投入到对经典的研读当中,全力准备参加京城的会试和殿试,以便获得一份文官的仕途。他已经证明了自己在学问上的精进,他的著作《画音归正》就要完成了。作为一种妥协,他接受了这个教书育人的职位,而后发现自己被迫将时间浪费在这些既无教养又蠢笨无比的学生身上,他们是底层新富们的后代。宋应星目睹这些与日俱增的乱象,开始大声地说出自己的怨怼、讨论自己的理想以及对国家前途的忧心。但是,正如他自己在《野议》这篇政论文章中——这是他受读书人的真正责任感驱使而完成的作品——所说的那样,这样的文章最后无非落得个"街议"的结局("则斯议也,亦以灯窗始之,闾巷终之而已"[1])。也许就在

---

[1] 宋应星:《野议·序》,第4页。

这一天，在他完成《野议》最后一个字的这一时刻，被剥夺了一切梦想的宋应星真正意识到：他还有一些一定想要完成的事情，不管付出怎样的代价。也许他舒展了一下双肩，然后就动手继续做那些他已经开始的工作：他刊刻了自己的全部著作，其中《天工开物》得到了最大的反响。

完成第一篇文章以后，接下来的事情就变得非常快。显然宋应星有一种急迫感，他要看到自己的全部著作刊印出来。从他的著作先后刊印的速度中我们大体上可以想象出来，是怎样的热忱和能量在驱使他做这些工作。宋应星的出书活动集中在两年时间，即 1636 至 1638 年间，此后他便沉寂下去。他的学友陈宏绪提到，宋应星在 1644 和 1645 年间有过两篇其他作品，都是手写稿，都收藏在私人手中。[①] 如果我们仔细检视宋应星著作刊刻的时间顺序，可以看到这样的情况：至少四篇作品的刊印顺序是由他来掌握的。《野议》的刊行是在 1636 年的 3 月，《天工开物》是整整一年后的 1637 年的 4 月。不久以后，《论气》和《谈天》分别在 6 月和 7 月刊印出来（见附录二）。宋应星的著作的顺序看起来也是他整个创作活动规划中的一部分。这也表明，尽管最终只有《天工开物》获得了卓越的名声，但是这绝不意味着它是单独而立的，它是被有意地放置在一个系列里的。

宋应星的不同著作之间的强相关性，也体现在刊印的技术设置上。宋应星的所有作品都采用了同样的刊印风格，使用了同样的字体。序言的格式是，每一版页上刻写文字六竖行，每竖行有 13 个字。正文使用的格式是，每一版页刻字九竖行，每行 21 个字。现代技术检验的结果表明，印刷这些著作使用的纸张和油墨都是同一种类的。潘吉星认为，这些碎片信息汇集到一起足以表明，是同一刻书馆刊行了他所有的作品。[②] 宋应星的著作不光在印刷上彼此呼应，在对著作本身的编排和分类、对卷数的安排以及次级章节的编号等方面，也都显示出一致性。宋应星将

① 陈宏绪：《陈士业先生集》，卷 2，第 35—36 页，新竹：新竹清华大学缩微胶片，1687。

② 潘吉星：《宋应星评传》，第 147—148 页，第 232—235 页；也参见潘吉星：《〈天工开物〉校注及研究》，第 136—150 页，成都：巴蜀书社，1989。

《天工开物》的三个主要部分,各自称为一卷,而后他又将整部作品称为一卷。这并非笔误:宋应星以这种方式表明,《天工开物》(分三册出版)只是他要传达的信息当中的一部分。

宋应星将自己讨论技术知识的著作放置在一个论题组合当中,以此来告诉他的同时代人:到底什么地方出了错以及在哪里能找到真理。宋应星对技术的兴趣,是一桩精巧设计中的一部分。他依据自己的认识论背景,精心地从目的和价值入手来赋予知识以框架。宋应星立足于17世纪的生活世界当中,将自己之所得予以概念化,因此他采用中国传统上对内容的编排方式,接过了类书的分类范畴——这些范畴宣示的理念是,知识是对天、人、地关系的表达。对他来说,技术和工艺所表达的就是这些关系。

宋应星在对著作的总体编排以及在各著作内部的编排上表明了他的思想过程,他在《天工开物》的序言中清楚地阐明了自己的目的。他指出,自己是沿着一个主旨("义")来编排内容的:"卷分前后,乃'贵五谷而贱金玉'之义。"[①]因此,宋应星对《天工开物》内容的安排不是基于技术本身的等级序列,而是基于一种非常传统的基本规则:生存之需先于奢华尤物。但是,他遵循这一基本原则,却没有用传统的学术方式来简单地对不同知识领域做价值评判。这意味着,关于"物"(things)与"事"(affairs)的知识,宋应星是本着"由本及末"的原则,来理解它们如何彼此相关并给世界带来秩序的。

这一泛化的,然而也是根本性的"由本及末"的原则,被读书人广为使用。在写作"谱录"或者编写梳理"物源"的文字时,著作人会直接使用这些分类。另外一个学者群体也会使用这一基本原则,即那些采用博物学方法的著作者们。从现代的角度看,从事这些文类写作的著作人似乎在追求有相当争议性的目标:《谱录》的编写者致力于系统地挖掘一个特

---

① 宋应星著:《天工开物·序》,钟广言注释,第4页,香港:中华书局香港分局,1978。

殊专题领域，比如金鱼养殖或者栽种牡丹。[①] 关于某一特定题目，他们能给出大量的细节；那些追索“物源”的作者要廓清某个事物的历史，确定其（在各种事物关联中的）位置，因此要将其纳入到一个承递脉络当中[②]；博物学家将知识作为一个整体来搜集和融合。不过，这三类学者所做的事情当中，有两件是同样的：其一，他们都意在（从完备整体或者局部的视角）展示一个完整的关联；其二，他们都界定求知的承递脉络（从同质性或者从差序、次序、因果关系入手）。宋应星所追求的，也是这两个目标。

宋应星在《天工开物》序言里给出的另外一个说明，对于理解他对自己作品的整体性构想也具有十分重要的意义。他本意要涉猎更宽的范围，也完成了“观象”和“乐律”两卷。但是，他认为这两个领域太高深，自己的才力不足以去领会其中的精妙之道，所以在印制时把这两章去掉了（“《观象》、《乐律》二卷，其道太精。自揣非吾事，故临梓删去”[③]）。这是说，在涉及技术领域的《天工开物》之外，宋应星本意还想编写一本关于天象和乐律的书。《天工开物》的内容被划分成三个部分，这是按照中国古代著作的通用方式来编排的，即分上卷、中卷、下卷。宋应星言称，原本要包括进另外两卷。他并非想将这上中下三卷中的十八个题目增加到二十个。宋应星的这一说明清楚地表明，本来“观象”和“乐律”这两个题目构成了另外两卷。也可以这么说，《天工开物》这本著作，本来应该包括至少五卷的内容。

潘吉星认为，基于他对初版印刷本（“涂本”）的研究，在宋应星决定将“观象”和“乐律”去掉时，这两章的刻版已经准备好了。初版《天工开物》的目录页表明，有若干竖行已经刻上字，后来又被铲掉。这说明宋应

① Siebert(2006:9,16).

② 这一文类在当时出现的著作典范是罗颀的《物原》，赞美圣王是那些“开物制器”的人，台北：台湾商务印书馆，1966。

③《天工开物·卷序》，第4页；《天工开物》的英文本见 Sun & Sun (1997/1966).

星原本是想把这些内容包括在《天工开物》里面的。[1] 我们无法确切地知道为什么宋应星最后会把它们删掉，这应该是在《天工开物》付印之前的一个相当临时的决定。

宋应星为撤掉的这两篇选定的标题也从另外一个方面表明，在宋应星的头脑中本来有一个更大的框架，那会是一种博物学上的努力。《乐律》涉及的是音乐与和声，《观象》描写的是对天象的观察。这两个标题都是博物学上采用的可行知识分类，比如沈括（1031—1095）这位10世纪（北宋）的博学大家（傅大为对他曾经有专门研究）在他著名的笔记《梦溪笔谈》中就使用过。《梦溪笔谈》一书是在沈括归隐之后在自己的居住地“梦溪园”完成的。宋应星提到本意要包括进另外两卷。这表明，那些被我们当成是工艺知识或者技术知识的文献，在他的构想中是一个更大整体中的一个组成部分。

如果我们将宋应星的著作当作一个整体来看待，那么关于中国的知识分类及其在书面文献中对其的认定，我们就会发现若干非常有意思的问题。基于傅大为(Fu Daiwie)近期对中国帝制晚期知识的核心概念与分类研究成果，我形成了如此的猜想：假如宋应星能够成功地让同时代人接受他给出的知识分类的话，那么藏书家们会把他的著作归类到“杂家”这一类别下面。在中国传统的使用经、史、子、集对图书进行分类的体系中，“杂家”是“子”类下面的一个次级类别，中国思想界将那些非同寻常的思想者——他们往往采用一种全息性的、有时甚至是百科全书式的方式方法来进入知识领域——归入“杂家”类，而他们所采取的方法，目标在于去揭示天、地、人之间关系中的本质性真实。[2]

我们在中国的书面文化中可以看到的是，书面知识大型汇编中采用的编排结构在本质上都是百科全书式的，是“丛书”和“类书”。这两种形

---

① 潘吉星在《宋应星评传》中认为，宋应星后来决定将这两篇放入到另外一个（没有刊刻和失传的）文稿当中，见第145—146页，第266—267页。

② Fu, Dawie. Unpublished paper. “When Shen Kuo Encountered the ‘Natural World’”; Fu (1993-1994: 3-5).

式都展示了根本性的知识分类，中国的学者在这一分类体系内从事知识活动，按照这些分类来整理和编排他们的知识：从天体现象（天）到昆虫（虫），从历史事件（史）到行政机构（官），从仪式（礼）到音乐及和声（乐律、律吕），从气象学到对天象的观察（观象）。[①] 我认为，生活在 17 世纪的宋应星遵循了在唐代（618—907）确立的分类范畴，像沈括一样来考虑这些分类范畴下涉及的题目。宋应星对这些知识分类范畴采取的做法也与沈括的做法有相似之处：他对自己时代的新趋势做出回应，将新视角下的新领域包括进自己的著作当中。沈括研究的题目包括数学天文学、城墙的修建、乐器筝、音律与作曲、毫毛等。[②] 他也讨论了中央政府的建制以及天、礼、人在世界中担当的角色。

宋应星并没有去明确地涉猎构成类书的全部题目组合。然而，纵观他的著作我们会发现，他的著作中的内容涉及许多属于这一知识类别中的题目：《野议》中思考的是制度构成和国家管理；语言、命名、认定，则是《画音归正》的主题；《天工开物》将诸如矿道通风或者制胶过程这样的技术问题变成天-人之互联性讨论中的一个主题；《论气》和《谈天》二文在内容和方法上，应该与后来被删掉的"观象"和"乐律"两章非常相似。《论气》用了多达九段的篇幅来讨论"气"在声音现象中的呈现（"气声"），讨论乐器和气象现象来揭示存在于"阴"与"阳"当中的宇宙和谐。我们不难设想，宋应星对于"气"在声音生成中之作用的基本推测，原本是要当作"乐律"那一卷的部分论点，而后他删除了关于"礼"的讨论，因为同时代人已经做了很多让人误入歧途的歪曲。《谈天》一文中用六段篇幅来阐述对太阳运动的观察，将太阳视为可见的物体。宋应星提出这些论

---

① 明代学者参考宋代的类书分类，比如李昉的《太平御览》，同时也考虑到唐代的分类体系；傅大为提到的类别与唐代的类书比如《艺文类聚》略有差异；参见胡道静所著《中国古代的类书》（北京：中华书局，1982），第四章和第五章；关于西方知识类型学的主要方法，参见 Foucault(1973).

② 参见胡道静点校的《〈梦溪笔谈〉校正》中关于分类类别当中的"门"，上海：上海古籍出版社，1958/1960/1987；胡道静点校的版本基于《梦溪笔谈》的 1166 年的"扬州州学刊本"；也参见 Sivin(1970 - 1980：369 - 393)；Sivin(1982：45 - 66).

点的时间相距不远,题目也都非常相近,这让我们不由得提出这样的问题:被删掉的《乐律》和《观象》的原初内容,在宋应星后来刊行的著作当中在一定程度上被采用、融入,甚或原封不动地被移植过来了吗?傅大为认为,沈括的《梦溪笔谈》(傅将该作品归类为"笔记"这一文类)可以被看成是个体学者去修补知识领域的一种尝试。在后来的学者当中,有些真正有志于此;而另外一些人则停留在声称如此而已。在宋应星身上,这两种情况都不无可能。我认为,无论是二者中哪一种情况,宋应星都在有意公布他的原初计划,向他的学者同人表明他所涉猎的范围之广,指明《天工开物》只是他总体知识探索中的一个部分而已。

傅大为也提到在这一背景下"笔记"这一文体所具有的变通性——刘叶秋先生曾经指出,"笔记"是一种"博物学探索的另类原型"。[1] 关于"笔记"这一文体的发展情况究竟如何,目前仍在讨论当中。不过,有一点似乎已经很清楚:在沈括生活的11世纪,当"笔记"成为一种文类时,作者们对这一写作风格有一种共识。笔记文体的主要风格是,在汇集和记录各种信息时,既不受文风的/形式的制约,也不受话题的限制。[2] 作为一种有着相对自由之形式的书面话语,笔记这一文体让17世纪的中国读书人能够将自己的新鲜观察纳入到传统知识框架当中,由此形成新的知识获取方式和立论。传统的类似编纂一般都仅采用书面文献资料,将所有来自简短字句、全篇文章甚或整本书的材料进行重新编排;"笔记"被归类为"见闻"之作,允许作者写进个人经验,所用资料可以出自个人记忆,并非一定要援引某些特定的文章。如果我们在中国传统的知识分类这一大背景下,将宋应星的全部作品归类为"笔记",将宋应星本人视为"杂家",那么我们就会意识到:《天工开物》在其技术性的内容以外,还有一个很重要的意义层面。正如傅大为指出的那样,"笔记"包含了"并非无关轻重的社会性讯息以及伦理说教",在作者那里这些内容"与

---

① 刘叶秋:《历代笔记概述》,第185—194页,北京:中华书局,1980。

② 张晖:《宋代笔记研究》,第1—2页,武昌:华中师范大学出版社,1993。

那些精细的观察同等重要”。[1] 我不光完全认可这一说法，甚至还想将它再向前推进一步：在宋应星和他同时代人那里，“笔记”中蕴涵的“并非无关轻重的社会性讯息以及伦理说教”比“那些精细的观察”更为重要。如果我们去考察宋应星在《天工开物》的技术性内容中意指了哪些社会性和思想性信息，我们对于宋应星如何去感知知识就会有一个更为明朗的意识。

宋应星的每一部作品都揭示了其思想中的一个层面。《画音归正》确证他作为一个县学教师对书面文献知识的精通，以及对自己的职业身份和社会身份的认同。政论文《野议》将他自己与一个文人官员的理想连在一起：他有为国家和社会献身的理想，但是被撕裂在自己的理想与政治上躁动、社会上混乱这一特定现实社会之间。他在诗集《思怜诗》中提出自己的审美理想，表明他从一个满腔热忱地追求仕途、立志为国家服务的人变为一个作出让步的学者，他虽然对自己的命运处境心存不满，却仍然充满激情地捍卫读书人的价值观。在他的《论气》一文当中，我们可以看到他对佛教思想所持的观点，以及他与“气”理论的泰斗人物——北宋的张载在思想上所具有的多重关联。《论气》也让我们看到一位这样的学人：他遵循着思想的引导，是自然事象精细的观察者、谨慎的分析者。他的《谈天》一文表明，他是一位一以贯之的理论家，他的目标在于去揭示当时现实政治中的谬见，他的政治态度充斥着道德评判，认为儒家对天的态度是非理性的。（“儒者言事应以日食为天变之大者，事应又何如也？”[2]）他的《天工开物》最终表明，他是一个具有天马行空般自由思想的人，在构成物质环境的“物”（things）与“事”（affairs）中去寻找秩序。

如果我们一个接着一个地去看待宋应星的所作所为，我们也许会觉得他所坚持的信念都是谨慎拣择的结果，正如他的性格一样。这些著作

---

① Fu(1993 - 1994:5).

② 宋应星：《野议・论气・谈天・思怜诗》，《谈天・日说三》，第105页，第3页，第106页，上海：上海人民出版社，1976。

合在一起表明,宋应星的思想全都围绕着天-人互联性这一问题而展开。如果我们头脑中带着这样的问题意识再去检视宋应星的著作就会发现,他对于技术和工艺的探索是在中国传统知识框架内被表述出来的,与占据那个时代的各种问题交织在一起。宋应星是 17 世纪的一位思想家,他提出了基于理解宇宙原则的知识与行动合一的观点。宋应星将“开物”用在自己著作的题名上,以此来明示他的基本立场:他认为宇宙原则蕴含在“气”的变化(“易”)当中。他如何来理解这一问题以及他的理解有着怎样的意味,我将在下一章中讨论。

第二章　立言于乱世——读书人义在难辞

治极思乱，乱极思治。此天地乘除之数也。

——《野议·世运议》

宋应星生活在中国南方，船是那里常用的交通、旅行工具。这种生活经验让他光凭外形就能确认不同类型的船只，不像那些生活在山区和平原的人，他们所见过的船无非是简单的小船或者更为简陋、用于渡河的木筏而已（"若局趣山国之中，老死平原之地，所见者一叶扁舟、截流乱筏而已"）。在《天工开物·舟车》中，宋应星描写了江汉地区的运送税供的"课船"。这种船的船头长而且窄，走长江、汉水以及大运河从水路定期运送税银和货物，这方面"课船"要优于其他交通工具。当船负重载满了粮食、盐、银子行在水路上时，船桨（首尾共有六个桨）可以帮助船在大风和波浪中保持平稳。上层船舱一排设置十几个小舱间，每个舱间只能容得下一人坐卧休息。旅行者往往更愿意在船上有大一些的起居空间。宋应星接着解释到，苏州城周围的出行者用的是"三吴浪船"，船上有窗户、过道、更大一些的舱间。经行福建省的官员则选择"清流船"或者"梢篷船"，这种船提供的起居空间大，可以携带家眷以及物品。宋应星认为，了解这些类型是重要的，知道正确的术语能给混乱带来秩序。如果在平时的议事日程上混乱已经出现，学者的责任便在于让思想重归于有序状态。①

从第一章的介绍中我们可以看到，尽管宋应星成长环境远离南京和北京的大都会、宫廷和精英的世界，他还是充满激情地去关注它们。他心怀对时代混乱的深深忧虑，在自己的著述中涉猎政治、道德和社会等问题，解释制作车船的工序、碾磨的运作、声音的现象、气象学、腐烂的过程、日月的运行和日月食现象。如果我们置身于他那个时代的思想氛围当中来看他的兴趣，可以完全有把握地说：他是独具一格的。这个人在题目林立的知识荒野中披荆斩棘地搜寻，只是为了要据理抗辩：他举目所见的，是这世界的非理性。可是，他给这些知识赋予了怎样的目的？他又如何去为自己那包罗万象的观点找到依据呢？

在本章里，我将宋应星置于他所在时代的主要思想讨论当中，仔细解析他如何从“气”的概念入手来探求知识，他关于“天”和“人”在世界上、在“物”和“事”的构成中所承担的角色这一问题持有怎样的观点。在这一探讨过程当中，政治、思想理念、宗教和哲学啮合而成的复杂整体必须被拆分开来。宋应星看重的核心问题是：道德问题作为行为的向导，知识人独立思考的责任，读书人要直面混乱并直面将秩序重新引入已经崩坏的世界当中这一责任。在这一基础上我们可以看到，宋应星在著作中将身处时代的混乱与天地中“物”与“事”所蕴含的内在秩序并置起来。在《野议》中，宋应星对自身时代的道德标准和预设做出了反应。那些举目可见的情形，在他看来都有严重的误区或薄弱环节，对此他给予了抨击：各种学说（“家”）②给政治和社会发展带来的致命性后果，对无所不能的“天”、对轮回变化或者“命数”的坚信不疑。要想去平息他那个时代的混乱，宋应星就要打制开启“治世”的金钥匙：《天工开物》揭示“物”与“事”中固有的条理；《谈天》要指明在“气”的普遍性规制下，“天道”所具

① 本段落的引文均来自宋应星的著作：关于船的信息来自《天工开物·舟车》，钟广言注释，香港本，第234页，第250—252页；宋应星在《野议·世运议》（第5页）和《野议·乱萌议》（第44页）中深入探讨了“乱”与“治”的问题。

② 关于各“家”在当时的看法以及对于各“家”的历史性建构之间的差异，请参见Smith(2003)。

有的理性("天有显道，成象两仪，唯恐人之不见也。自颠及尾，原始要终，而使人见之审之"《谈天・序》，第 99 页)；《论气》则从某些现象上——如声音或者气象学现象——来向人昭示"气"运作的精微之处。

在这一章里，我首先在综述中解释"气"这一概念在中国的认识论当中的重要性，关于"气"在宋应星时代的话语体系中与道德和理念体系的紧密纠结提供一些背景信息。我们可以从中看到，宋应星以学术方式通过考察"理"与"气"的思想承递脉络来认定知识及其起源。他将阴、阳、五行以及阴阳五行之间的关系构想为宇宙规则，而这些宇宙规则决定了世界以及人的创造性活动。对远古和传说中的圣王的应用，是他在分派人之角色时采用的文化手段：若想求知，人就得获得合适的资料源泉；思想者必须独立思考，以便能让一个出了问题的世界拨乱反正。通过考察宋应星在那个时代及其各种理论中给予自身的定位，我们就可以揭开表层混乱的不同层次，以及他的理论所揭示的潜层稳态平衡。这种研究也可以很好地揭示出，是什么样的理念(ideas)和终极目标(ideals)驱动着17 世纪的中国知识人去记录科学和技术知识。

在宋应星生活的世界里，知识体系所围绕的问题是：宇宙的和自然的力量如何影响人间事务；或者反过来说，人如何生活得与宇宙规制相和谐。他沿着这些路径来归置自然、现象、事件，认为天、地、人的作为是构成同一实体(entity)中具有整合性、权变性的不同部分。"天"是一种非人格的能动力(agency)，与支承性的"地"互补。它们共同构成了一种"域地"(realm)的框架，而人就在这"域地"中生活并获取知识。中国学者将这个"域地"称为"自然"(如其自身原本的样子)、"天下"、阴阳气之力、"天地"。这些概念各有其认识论上的或者社会政治上的着重点，但是它们都同样植根于"道""理""气"的秩序框架之中。因此，是秩序以及对秩序的实行让思想——关于人的角色、天的角色、自然、文化、创造——得以呈现，而不是某一与神相类者的目的论后果，而后者则是欧洲近代早期在设想一些对立性范畴时的核心基础，这些对立性范畴包括自然的、文化的、人工的、超自然或者非自然的，或者如现代思想中的自然/文化之分野。①

宋应星在对秩序的寻求中,从自然现象和物品生产中找到了可靠性。他通过撰写《天工开物》《论气》《谈天》,让自己的学者同人注意到农业、工艺、技术、天道以及自然现象。他认为,这些话题揭示了一种为他的同人们所忽略的秩序。宋应星着力指出,道德行为是理解和遵循"气"的普遍性支配原则后产生的自然结果。这样一来,如果我们将理性理解为一个嵌入在"气"中的问题,那么宋应星的宇宙便是基于知识和事实之上的理性世界。

宋应星的观点与晚明的趋势背道而驰:当时的读书人将"天"的道德范畴强加于人的本性当中。宋应星的同代官员们,尤其万历皇帝在他统治后一阶段狡猾地回避与官员们合作之后,尝试着在这种观点中找到避难场(但是并没有成功)。由于怠政而造成的混乱日益增加、社会政治不安定越发严重,在这样的总体氛围下,认为"天道"与人的行动之间、命数与道德之间存在无所不在的关联这类观点变得日益流行,这也大大地影响了这一代人的行动和知识探求。许多人借用宋代理学大家朱熹的观点,认为"人心"经由个人的品性而与"天心"连在一起。② 有些人认为,一切物与事——不管是自然发生的现象如天气或者地震,还是国家政治、个人命运、人的能力和天赋——都是人的影响无法企及的。因此,"天"成了人之命运的仲裁者,而"命数"则是道德行为的原因和结果。书商们在售卖道德主义指南类的书籍上赚得钵满盆满。《太上感应篇》这部描写人与天关系中惩罚机制的经典(成书于1200年左右)成了畅销书。③ 这本书描写了人对天的关系中的报应机制。这一理论应用到实践上的结果是,读书人经常让事情在道德层上裹足不前,陷国家与社会于瘫痪之中。

---

① 在同一时期欧洲思想中对于自然的观点有怎样的改变,相关情况请参阅 Daston(1998);Daston & Park(1998).

② 这一思想最早来源于孟子,见《孟子集注》,卷四,10a,以及卷七,7a,天津:天津古籍书店影印本,1988;明代学者将朱熹的集注加入其中,见《晦庵先生朱文公文集》,卷76,23,台北:台湾商务印书馆,1980;关于这一题目的整体上的讨论见 Ivanhoe(1990:81).

③ 关于这一时代刻书商的总体情况,参见 Brokaw(1991:52-60).

宋应星对当时"现实政治"的不满促使他去探索各类思想，去发现天人关联的真相。他在《野议》中声称，自己就人之本性和道德仔细研究过历史上的个案以及同代人的思想。他发现，它们都有不足之处。宋应星在《论气·序》中的一段话，对于去理解他以全方位的方式获取知识这一做法的思想性动机，具有核心性意义。在为自己对"气"的兴趣正名时，他指出同人们因为循着"人情"的线路思考问题，因而会受到诸多因素的蒙蔽，比如文化上的偏执、理念体系上的束缚、不道德的偏颇倾向等。因为感情会受到倾向性制约，学术上的探索就会变得肤浅，就会说服力疲弱。宋应星明确地批评佛家和儒家的代表人物，认为他们从来没有真正地把握对手的本质性论点和理念，甚至11世纪(宋代)的思想大家朱熹也没能做到这一点，尽管许多明代的主要知识人将朱熹视为学理上的偶像。宋应星认为，这种状况造成了他这个时代的混乱：

> 性既不可径情告人，而登坛说法，引喻多方，又不能畅其所欲言。遂受儒家之攻，若寇仇然。然诸家攻之者，只言其端异，而朱晦翁始以四十二章，其言却亦平实。概之，此言一出，乃知读内典者何尝于文字之间一细心研究也。①

宋应星的许多身处权位之上的学者同人对自身的经院技能太过自信。他们谈吐不凡、行文精致，这让他们在面对有着不同语言和终极理念的其他文化时有优越感。在宋应星看来，这些人并没有去认真探究文字内容。精致的思想，从来不存在于文字的表面；而那些将佛教看作蛮夷思想的人，只是浮光掠影地扫过佛经的文字，根本没有去深究里面的

① 宋应星：《论气·序》，第51页；宋应星在这里立足于当时的讨论，重复了这些讨论中所用的术语，比如，"登坛"这一语汇不断出现在《复社档案》当中(藏于北京图书馆，馆藏号25930094)，"登坛"的最初含义是佛教的说法，把这一语汇用于那些在修辞上受到过严格训练的官员在庙堂之上的思想讨论，在于贬低这些讨论有太多的宗教性目标；参见陆世仪：《明季复社纪略》，载于陈力主编《中国野史集粹(第一卷)》，此处见第578—583页，588页，成都：白石书社，2000。

正确含义。①

在这段文字中,宋应星为佛家思想进行辩护。表面上这似乎会让人觉得他加入了明代李贽(1527—1602)等一干人的行列。李贽对儒学做过激烈的抨击,甚至将明代儒学称为"伪道学"。然而,李贽是在抨击儒学之后才将目光转向佛学的(实际上,他从根本上视自身为一位真正的儒学学者),而宋应星与李贽的不同在于:宋应星关于道德的讨论最终要达到的结果是,他要与一切泛化的儒学学理性断言脱离。宋应星在拒绝他那个时代的学理框架时所采取的极端姿态,要比其他学者走得更远,比如与他持同样倾向的明代学者焦竑(1540—1620)。焦竑对各家学说的学理预设,显示出谨慎从事的态度,他力图将三大学说——佛学、儒学和道家学说整合到一起。② 在寻求真理和知识的路上,宋应星走得更远也更极端:他真正是一位孤单的耕耘者。

在有关人-天互联性(human-heaven interconnectedness)的讨论中,宋应星抨击说,仪式和道德无关紧要。这很符合我们现代观念中"科学家"的态度:这个人对现成的教条有所怀疑,挑战同代人的思想,系统性地追寻周身世界中的理性秩序。不过,宋应星的方法,是一位生活在17世纪、忧心于社会政治混乱和思想混乱的中国人的方法。这在他的《谈天》中表现得再清楚不过了:宋应星在这里没有进行计算和测量。在研究天地现象、日食月食、灾难、日月运行等问题时,他更多地聚焦于宇宙观问题和社会政治问题。正是出于这一目的,宋应星才指出:传统史书中关于道德与王朝兴衰之间因果关联的描述是错误的。他可以用同样的历史案例来表明,"天"与人之道德并不相关。"天"是一种现象,为理性模式所驱动,而后者存在于"气"之逻辑当中。宋应星的论点将人从道德化的"天"的统治中解放出来,同时也迫使人去接受一个新的责任:将"天"作为世界秩序的样本来进行研究,并将这一知识付之于行动当中。

---

①《论气·序》,第51页。

② 卜正民(Timothy Brook)认为,像焦竑这样的知识探索所基于的假设是,这三家学说所要达到的最终结果是相同的,区别主要在路径上,参见Brook(1993:64,68-74)。

关于“天道”，宋应星有这样的看法：产生效用的不是“天道”本身，而是人对“天道”的理解和阐释。他提醒学者同人们，这才是任何评判天人关系的原出发点。不过，他也承认将天-人互联性与道德关联在一起的做法，也道出了一项至关重要的事实：如果统治者无视自己在地上的责任，即他们对国家的责任，没能正确地读懂“天道”，混乱就会近在咫尺。然而，他的学者同人们却将“天道”当作一个不作为的理由，他们在静等“天道”的显示，而不是去履行自己的任务。在《野议》中，宋应星以生动的画面描写了政府官员不作为带来的灾难性后果：“生民今日死于寇，明日死于兵。”[①]这一描述并非夸张：在这一时期，上百万的人口在遭受痛苦，数百万人口死于街头或者死于军事冲突或者叛乱。[②] 朝廷里的官员和学者们，自己不去面对这些问题，而是不停歇地讨论在改朝换代周期上他们正处于哪一阶段，或者去找出应该指责谁对出现混乱和无序负责。宋应星号召行动，号召人们从诸如“事件与命数是早已注定的轮回”这类理念中解放出来。通过刊行《天工开物》，他呼吁学者同人不要让自己心智受到蒙蔽而惮于对世界进行详尽探索：到了该将注意力放到“开物成务”上的时候了！只有这一做法，才能阐明天-人互联性的特质，才能表明宇宙立于“气”的规制之上。

以“气”求知：普遍规则与理性

> 痛哭长言，话从何处起止。有心国计人，刍荛之言，圣人择焉，则幸矣！
>
> ——《野议·练兵议》

面对明朝这一多变无定的世界，文人如何去处理“物与事”的丰富细节以及令人眼花缭乱的多样性？其中的一个答案便是：界定文人研修的

① 《野议·世运议》，第5页。

② Tong(1991:100-122).

认识论边界,然后让自己停靠在这一范围内。晚明学者们的做法是:梳理他们关于"理"与"气"的观点,确立可行的学术探索领域。他们借助于古代经典如《易经》《礼记》,或者那些对于这些经典的哲学阐释,来表明自己的学术立场。一些学者通过钩沉特定的引文或者专门语汇,以更为具体的方式给自己的兴趣找到依据。比如,那些主张研究事物、扩展知识("格物致知")的人,会提到 11 世纪的朱熹提出了这一理念,而朱熹又是从被宋代定为"四书"之一的《大学》中择取出来的。朱熹认为"理"是主导性原则,建议将在一个人的道德培养中寻找道德准则视为处理文人研习扩展的方式。① 在 16 和 17 世纪,朱熹对"格物致知"的阐释受到了王阳明的挑战:王阳明认为,"理"这一结构性原则全部存在于"心"。这两位思想家都从《大学》出发来为自身对于"物与事"的兴趣找到依据,将学者们的注意力重新引向文献学研究和道德。另外一些学者则更倾向于"实际上的学问"("实学"),让朱熹所言的理想目标与国家治理事务更为近切。一直到 18 世纪,学者的理想目标之界定才有明显的分化,而到此时又出现一个由政要和普通人组成的新群体,他们有实用取向、强调经济问题和军事。他们采用《大学》中的另一语汇即"经世"将自身与晚明时期的学者相区别。②

如果说,对于"理"和"气"的不同看法还表明了学者们各自的思想归属,而对经典字句的引用则无非停留于口号式的,其作用在于去锁定共同的目标或者方法。学者们仍然能够耕耘不同的领域或者学科:某些人可以致力于植物学研究,而另外一些人则探讨文献学问题;有些人在细究物品,另外一些人则研究天体以便来"经世"或者"致知"。他们都热烈地讨论去获得、保持、存储、传递知识的方法。很大一部分学者将治学的能量投放在对思想探索中新旧话题的重新分类和整理上,一些人在各种类书中汇编知识或者编撰不同的哲学论述。有些人拒绝任何案头工作,

---

① [北宋]朱熹、[北宋]黎靖德编辑:《朱子语类卷第十八·大学五或问下》,北京:中华书局,1986。

② Rowe(2001:133-145).

集中于行动和实际活动；有些人坚守文本研究以及古代经典文献的权威性，而另外一些人则让自己的头脑耽于沉思冥想。在这些人之外，仍然有一些人在分析所有这些问题以及它们彼此间的关联，他们阅读书籍、观察个人心智之内和之外的世界。明代学者得益于那个时代的自由，也受到那个时代缺少安定这一现实的挑战，他们变得粗砺而且大胆，但是他们从来不认为自己的选择是随心所欲的。

“气”和“理”是悠久的中国哲学传统中把握自然现象和物质效用时采用的两个基本概念。在思想家们那里，有时候“气”是“理”的对立物，有时候却能与“理”互补。

“理”和“气”组合在一起所解释的，是实证性意义上的“实然”问题、规范性意义上“物”和“事”的“应然”状态。在宋应星那里，“气”更多是一个思想上的问题，而不是一个物质主义上的问题（如果我们借用现代主义的语汇的话）。宋应星选择“气”为核心概念，既是一个伦理-政治性的选择，也是一个形而上学的选择。这让他成为中国历史悠久的思想家传统的一部分：这些思想家对自然冥思熟想，感到自身站在当前政治与哲学理想的对立面上。这也让他成为 17 世纪思想趋势的一部分：在这一趋势当中，出类拔萃的思想家看重“气”胜过“理”，因而与明代“程朱理学”对立。“程朱理学”综合了 11 世纪思想家朱熹、邵雍、程颐、程颢的思想，将朱熹推为这个学派最具主导性的人物。“程朱理学”作为明代国家科举考试的必考内容，代表了明代学术传统的一个主要参照点。简而言之，明代的“程朱理学”假定“理”展示了一种普遍性原则，而“气”则是一种特殊性原则，只存在于“理”之后。明代末年的学者们越来越挑战这种对“理”与“气”的区分，表达出他们对国家、对学术和政治发展的不满。许多学者从自己接受的“理学”思想中挣脱出来，给予“气”以优先地位。宋应星也跻身于这一群体的边缘，因为他坚持认为“理”完全不重要。

如果我们从“气”学视角去看宋应星的撰述，就可以恰当地关注到 17 世纪知识文化的认知环境、在研究自然现象和物质效用上它所采用的专门术语和推测。它开启了看待思想权威性这一问题视角，表明了在这一思想世界中对于"真"和"普遍性"的主张,既是悠久的历史传统也是个人求索的作用和结果。我采用了大卫·布卢尔(David Bloor)给"知识"(knowledge)和"明理"(understanding)概念给出的定义,即"那些人们有把握地去坚持或者依赖的信证",以及"那些被认为是不言自明或者制度化了的内容,或者被群体赋予权威性的内容"。[①] 就是在这样的背景之下我来展示宋应星对于自然现象和技术内容所持有的特殊观点。

正如在本书第一章中提到的那样,宋应星将自己的知识领域放置在"开物成务"上,他也将"开物"一词用作那本关于技艺的著作书名当中,以彰显其主旨。他认为世界充满改变和转化,在这一点上他和使用《易经》语汇"开物成务"的一众学者可以归组到一个群体,他们代表了一种全方位的获取知识的视角。这一学术领域的一个分支集中于编排自然现象和文化成就的源起("物源")。他们通过规整世界而给予"物"和"事"以一个位置、一种历史。[②] 这一方法被历史学挤出了主场地,但是从7世纪到18世纪这种知识探求方式一直不间断地存在着,到17世纪末达到了著作产出数量上的高峰。除了"气",这些探讨自然现象和物质对象的学者还使用另外一个语汇,即前文中已经提到过的"格物致知"。艾尔曼(Benjamin A. Elman)认为,当西方的科学(scientia)进入明代宫廷文化、王阳明采用"良知"概念的学说日渐风行之时,"格物致知"在17世纪也达到了一个新的高度。[③] "格物致知"与"理"相关联,而"开物成务"则被热衷于"气"的思想家提及。二者是如何彼此关联的,还尚无定论。不过非常清楚不过的是,无论"开物成务"也好,"格物致知"也好,二者都是知识人对于闯入文人世界里缤纷繁复的物与事所做出的反应。

"气"这一概念的基石是阴阳、五行和感应。下文这一简短的历史综述将揭示这些概念的主要思想线路及其规定性,而这些规定性影响了宋

---

① Bloor(1991/1976:5).

② 除罗颀的《物原》以外,这一文类的一个重要代表作便是《事物纪原》,由高承在1078—1085年编辑;关于这一文类编辑的总体情况,参见 Siebert (2006a).

③ Elman(2005:115-116).

应星对“气”进行阐释。在涉及“气”的多元宇宙观阐释方面，发生在公元前 3 世纪那场文献传统上的突发性断裂具有核心性质的意义。中国的第一个皇帝秦始皇（公元前 259—前 210，统治时间为公元前 246—前 210）在公元前 221 年以消灭思想上的多样性为代价统一了长江与黄河之间的地区。在他统治的 15 年里，大多数学派被禁止，从前的分封诸侯国中的许多文献被焚毁。自那时起，中国历代学者都对秦始皇予以谴责，因为他中断了思想传承的线索，给继之而来的西汉和东汉留下的只有碎片化了的智慧。生活在其后一个世纪的政治家和思想家，如西汉刘安（公元前 179—前 122）和董仲舒（公元前 179—前 104），只能引用早期文本的某些片段。他们采用一些从前各不相干的宇宙观思想表述中的片段，采用“气”的概念系统地建立了一种将国家、人和宇宙连接在一起的哲学。刘安和董仲舒为一个新而且有影响的思想路径奠定了基础。到了公元 350 年前后，“气”被界定在“形而下”范畴内，与生命的精神层面相对立。刘安和董仲舒在文献来源上的缺陷使得后世每个年代的学者都有机会抨击他们的方式方法，认为那是对原初著作的篡改，并认为在自己之前的学者对经典所做的阐释、补充、注疏都是错误的或者误导性的。

有关“气”的讨论，从一开始就覆盖了一个非常大的话题及理念体系领域。历代思想家们依照自己的兴趣焦点来强调“气”的不同质性。在探讨人体和自然环境这一领域时，气、阴、阳、五行这套概念发展出自己的内容和关联。它将形而下和形而上、体与心组合进一种力量当中，它对世界的阐释既是理性的，又是诗意的。席文（Nathan Sivin）在其著作《道与言》（*The Way and the Word*）的《中国科学的根本性问题》一章中，将“气”解释为“搭建了从人文思想到国家宇宙观，再到明晰的自然科学之间的过渡”①。在那些我们定义为“科学”的知识领域里，如天文学、炼金术、生命科学，尤其是医学以及气象学中，“气”的确变成了一个突出

① Lloyd & Sivin(2003:201 - 202).

的、根本性的介质。不过,“气”这一语汇本身却能经受住排他性或者选项性的界定。“气”这一概念保持着让自己在人类思想的所有领域都可堪使用。

“阴”和“阳”是关于“气”的讨论中的两个关键词。绝大多数思想者将它们理解为在宇宙间运行的“气”当中的两种交互力量。它们或者以互补的方式,或者作为对立的力量来生成“物”、成就“事”;它们的交合解释一切事物的肇始、多样性以及它们持续地存在于永恒的变化之中。这是刘安在《淮南子》一书中给出的定义。① “阴阳气”的概念包含了天、地、人浑然一体的设想,一切事物都基于同一基础:“气”。一切事物都会彼此感应,包括人对周围世界有所感应,反之亦然。和谐来自阴阳力量的平衡。作为彼此互补的力量,它们合力形成“虚”;彼此相对而立时,它们形成了“地”(代表了“阴”)和“天”(代表了“阳”)。在这个意义上,“阴阳气”的现象展示了一种普遍性规制:在物质生产中自然在演示,而人在行动。人必须领会并遵循这一普遍规制,才能给世界带来繁荣,让自己变成有德之人。如果人无视这些规则,那么在人的世界、政治生活和社会中就会产生灾难和混乱。宋应星对于“气”的道德阐释来自《国语》以及春秋时期鲁国的编年史《左传》。《国语》成书于公元前 4 世纪,描述了西周时期(传统上认为公元前 1046—前 711 年)的政治灾难。《国语》里涉及地区后来被中国统一,但是在西周时代却处于政治上分崩离析的状态。《国语》表达的观点是:主张自己有统治合法性的人即周王朝注定会崩垮,因为它无视“阴阳气”的秩序。② 宋应星认为,他的时代与西周时代处于相似的情形当中。他对《国语》的引用也表明,他遵循着视社会政治问题与“形而上”问题为同一问题的传统。

因此,要想了解宋应星对“气”采取的认识论手段,这些经典著作是一个重要的出发点。《左传》是明代国家科举考试的必考书目,它确立的观点

① 刘安:《淮南子・天文训》,长春:吉林人民出版社,1999;关于《淮南子》当中关于“天”和“地”的概念,参考了 Major(1993)的第三、四、五章中关于《淮南子》的内容。

② 左丘明:《国语・越语下》,12a,上海:上海古籍出版社,1978。

是:“阴”“阳”与天的“气”中六种力量(即阴、阳、风、雨、晦、明)中的前两种重合,它们构成了一切存在的基本框架,并进一步形成了五味、五色、五声,“天有六气,降生五味,发为五色,徵为五声”。阴和阳是最重要的,因为它们生成了风雨晦明以及地上、天上的一切现象。远古圣王们谨慎地模仿(“则”)天的关系及其同类物来形成礼仪,通过礼仪来规范世界。[①] 六气与“五行”(水、火、土、金、木)在总体上是相关的。“五行”说基于宇宙论方法,这至少在公元前5世纪已经出现。这类观点从“太极”的概念出发来构想变化:“太极”以“阳气”和“阴气”为介质,让宇宙演化的五种动因进入运行状态。此后,“五行”化生出世间的“万物”。到了宋应星的时代,“五行”的概念已经被发展为一种复杂的理论,学者们用它来解释人与宇宙、人体与环境之间的关系。[②] 同时,它也被发展为一种主要的分类框架,用来解释物理现象的特别之处,以及这些过程之间的相互依赖性和关联性。“五行”之间的关系对于理解和描绘宇宙规制,变得非常重要。

“五行”的概念以及在“气”的背景下“阴”“阳”之间的关系展示出一个复杂整体,要想将这些内容转写进现代科学理论当中实属不易。如果将中国思想中的“阴阳气”与古代希腊关于“原子”的概念相类比,或者与那些关于生成性能量以及自然力的机械平衡等观念进行类比,也许会让人产生直观的画面感,但最终还难免差强人意。那么,“阴阳气”到底是什么?从根本上,中国文化将“阴”和“阳”理解为“气”的类型,而不是“气”的构成本体。在中国学者的理解中,“阴”和“阳”都不能作为独立的力量,它们是宇宙规则掌控之下的“气”当中两个互相依赖的部分。席文对此做了这样的描写:“作为科学概念和医学概念,‘阳’和‘阴’正如 x 和 y 一样。它们是进行抽象提炼的基础,在其之上可以从‘形而下’情形的多元性当中蒸馏出一种‘形而上’原则,一种仍然可以用在一切‘形而下’情形中的‘形而上’原则……‘阳’和‘阴’最好被看作时间和空间里一切

① 左丘明:《左传·昭公元年·八月》,天津:天津古籍出版社,1988。

② Sivin(1987),这本书的第43—90页从比较的角度对这些概念做了非常准确而细致的概述。

过程当中的显性和隐性阶段。如果要选择'阴'在英语中的对应词汇的话,'隐性的'(latent)、反冲性的(reactive)、'回应性的'(responsive)都比'被动的'(passive)这个词更合适,因为'阴'不光接受'阳'的"感"(stimulus),也对其有所'应'(response)。在带来变化上,这种'应'与'感'一样重要。"①每一位学者关于"阴阳气"都有自己的立场,就其功能和特征编织了一个复杂的网络。如前文提到的那样,追随朱熹的学者们更看重"理",将其视为秩序的主导原则。在这些学者看来,"气"强调"物"的一体性,而"阴"和"阳"的二元性则表达了实体生活层面和宇宙观层面上的差异化与个别化。这种阐释认可对世界的这样理解:世界处于一种"阴""阳"之间不间断变化的状态当中,它生成了一切"物"与"事",仍然能统一为一种"气"的现象。因此,朱熹认为"阴阳只是一气,阳之退,便是阴之生。不是阳退了,又别有个阴生。阴阳做一个看亦得,做两个看亦得。做两个看,是'分阴分阳,两仪立焉';做一个看,只是一个消长"②。在视阴、阳为"气"的两个层面这一点上,宋应星同意朱熹的看法;但是,他否定朱熹给"气"以次要地位的观点。宋应星认为,一体性的"气"以及"阴""阳"两个层面,二者构成了宇宙体系并使之运行。因此,宋应星将世界看成一个"气"的有机体,是一个变化中的动态体系,向往"阴"和"阳"在"气"中和谐,作为持续的变化而存在。③ 宋应星还进一步认为,由于"气"的无所不在,一切"物"与"事"都彼此关联;由于"阴"和"阳"具有互补性,任何事物之间的作用与反作用都同步发生,因而能回到和谐状态。互动是随时可以发生的,不是由外在的因素引起的。宋应星依循着传统的阐释,将这些关联定义为"感应"的原则。他引用《淮南

---

① Sivin(1987:61).

② [北宋]朱熹、[北宋]黎靖德编辑:《朱子语类·卷第六十五易一》,第1602页,北京:中华书局,1986。

③ 这与杜维明的观点接近:"气,无处不在。它遍布于'太虚',在张载的哲学中'太虚'是一切生命之源。'气'在一切形态中的持续性存在使得一切事情会合于一处,作为一个不能拆分的单一过程。一切的一切,哪怕万能的造物主(这一概念并内在地不存在于中国思想当中)也不能在这过程之外。"(Tu,1976:116).

子》为依据，来为自己这种强调功能性特征的观点正名。按照白光华(Charles Le Blanc)的观点，《淮南子》中的“感应”是一种理性的工具，来借此将宇宙理解为一个完全体(totality)，人是这一完全体中的组成部分。[1] 宋应星的观点源于这些古代资料，但是正如我在后面的各章中要让读者看到的那样，在宋应星的论述和阐释中，“感应”是宇宙的一项根本性行为特征，并非仅为一个解释模式而已。

总而言之，宋应星认为“气”贯穿于时间和空间当中无所不在，因此宇宙的秩序并无终结和开端。物与事、实体的与非实体的、物质的与精神的现象都是“阴阳气”互动的展现。这种互动一直倾向于维护整个体系保持平衡：或者通过互补性的联结，或者通过平衡性的对立。宋应星也认为，因为一切物与事源于“气”，所以它们的状态也取决于“气”。这保证了和谐性与回应性。从瓷器到天体，一切可以被观察的物都是“气”之规制的样本展示，对于整体的运行是根本性的。

宋应星对“气”作为一切的终极基础的倡导，立足于一个至少有两千年之久的思想传统之上。他的方式方法似乎不显得有什么新异之处。我们的兴趣在于去精确地追踪并发现出来，他在哪些地方追随了前辈学者，在哪些地方偏离了传统路径。这可以揭示出来，关于相信(trust)和可靠性(reliability)宋应星所采取的思想建构。斯蒂文·夏平(Steven Shapin)将知识生成过程中的相信界定为历史-社会进程与个人条件共同造就的微妙结果。[2] 我将宋应星放置在思想风格的共同体当中，将当时存在的通约性与历史书写中的建构加以区分，无论对中国古代史料还是现代的历史研究我都采取这一做法。

“气”：历史上的思想轨迹以及相关思想家

“思想承递脉络”(intellectual lineages)是历史学家在研究特定的时

① Le Blanc(1992：94).
② Shapin(1994：16－22).

间和空间中知识如何生成、如何获得权威性时经常追踪的线索之一。这些“思想承递脉络”将思想家放置在其人所属的时代和文化背景当中。不过,承递脉络也必须被理解为一种用来构建神话、传统、共同体身份的手段,它们是映照了历史与当下、群体与个人旨趣组合而成的产出品。从历史的视角来看,关联与共通性无可避免地出现,哪怕当事者个人有意识地去拒绝或者无意识地去忽略它们。因此,如果我们从一开始就对历史上行动主体的各种范畴有清晰的认识,这将对我们的分析有所裨益:我们的“当事人”在何时、以何种方式来看待(或者宣称)自己是一种趋势中的一部分?在让自己与其他人建立关联或者保持距离时,他有怎样的实际上的动机?这些做法有怎样的社会上和政治上的后果?我们的“主人公”是否会认定自己与同代的或历史上的思想家群体有某种特殊关联或者普遍敌意?他将自身定位在哪里?

17世纪的中国文化界,学术上对于思想纽带的态度有非常大的不同,这是读书人对国家试图将学术纳入只遵循“程朱学说”这一举措所做出的反应。国家的这一步骤在读书人当中引发不同意见。一些文人官员欢迎这一做法,认为这是传播正确学说的方式;另外一些人则认为,将“程朱学说”制度化会对它造成扭曲或者会压制其他富有成果性的思想线路,他们担心这会妨碍对知识的学术探求。国家这一做法的支持者和反对者各自建立多个学校和书院,借此来提升学者圈和文人共同体的力量。印刷行业的商业化对这些发展也起到推波助澜的作用:书面知识能够在更大范围内有获取性,这对先前师生关系的理念形成了挑战,自学成为可能,或者学者可以从公共生活中退隐出去,并不会因此失去学术上的联系。在明代末期,拒绝任何思想上的渊源或者学派归属的学者开始出现。这个群体中的一些人认为自己是从“气”的角度去谈论知识的思想家:宋应星就属于这一群体。在与宋应星相关的思想承递脉络当中,有一位讨论“气”的主要思想家值得我们予以特别的关注:这便是缔造了“气”哲学的11世纪(宋代)大思想家张载。张载的思想遗产,对后来若干代探讨“气”的学者有重大影响,因为直到20世纪中国的知识人都主要受到张载关于"气"的观点的影响，尽管他们并非都以他为参照。[1]甚至直到今天，在谈到关于"气"的历史时，我们也必须提到这一承递脉络，哪怕只是敷衍而已。这让我们能约略地看到一个人的思想取向以及他对于"气"的承递脉络所持的看法。

对宋应星这样的晚明学者来说，张载的理论深深地嵌入进国家推崇的"程朱学说"当中。在1368年之后，当朱熹对古代经典的阐释成为国家科举考试中的必考内容以后，张载的理论也得到了官方的认可，但是仅限于在被朱熹改编和压缩过的阐释当中。不管一个人更倾向于去阅读张载的原文、检视朱熹与张载之间的差异还是对其完全拒绝，对张载理论的任何看法，都会带来社会政治影响和思想上的影响。当特立独行的思想家在社会政治的限制与个人信念之间走钢丝时，他们在措辞上必须拿捏精准。在朱熹那里，张载的思想主要被用作补充性质，他将张载的哲学阐释与北宋主要思想家程颐与程颢兄弟、邵雍、周敦颐的概念进行了综合。朱熹借鉴了张载的学说，将世界的构成描写为若干个阶段：从最初的没有成形的"气"到阴阳、五行，而后到天、地、万物。然而，朱熹一方面在张载的"气"理论基础上提出一种关于宇宙和人之活动的复杂哲学，另一方面却认为"理"高于"气"。朱熹与程氏兄弟一样，他们把"理"看作是存在于"气"之外的一种超验的普遍概念；在张载看来，"气"之外什么都不存在，也正是这同样的"气"贯穿于聚与散的不间断过程而形成了宇宙。

朱熹的理论将张载对于"气"的阐释提升到一个能成为追随者信条的地位。但是这一理论却通过把"气"置于作为结构性原则的"理"之下而贬低"气"："气"在"理"后。[2] 在宋应星生活的时代，张载是受到过某些微妙的污染、打包在"程朱理学"当中送到读者手中的。"程朱学说"一经

---

① Bloom(1987：17－21).

② Lackner & Reiman & Friedrich(1996：lxxxi-civ)；这是几位德国汉学家联合完成的张载《正蒙》的德文译本，带有详细评注，这本书提出的一个论点是：后世学者如黄宗羲、王夫之等人对思想史的梳理，让中国思想界先前对张载的接受情况并没有完整地呈现出来。

成为官方指定的备考必读书,关于“气”的其他思想和学说几乎遭到完全的抑制,比如道教的说法。这一事实带来的直接负面效果是,一些不同凡响的探讨,比如东汉思想家王充(27—约97)提出的观点,也很少受到人们的注意。在明代末年,任何学者个人对“气”的探讨都面对一个严重的理论上的阻碍:关于“气”的探讨有一个线性的趋势,其高峰是张载的“气”理论以及朱熹对张载的阐释。学者们被迫做出选择:或者对这一主流趋势随波逐流,或者完全跳出来。更何况,对“气”理论的探讨等于降格到“程朱学说”中一个很不起眼的边缘领域。

现代的史学传统早已经发现了这一态度,尤其是当史学家看到当时学者探索的科学领域、他们所忽略的传承中的裂隙,以及他们对于自身与前辈学者的关联明确地持有保留态度。20世纪80年代末期,那些将宋应星看作主要是《天工开物》之作者的台湾和大陆的中国学者、历史学家、哲学家们,在刚一看到《论气》时很快将他归入到一个晚明的哲学趋势,这一趋势将“实学”与张载的“气”思想关连在一起,认为自己在延续宋代的传统。[①] 与明末清初其他一些探讨“气”问题的学者——如吴廷翰(约1491—1559)、杨东明(1548—1624)、吕坤(1536—1618)或者方以智等人(他们以这种或者那种方式来对抗日渐流行起来的“阳明心学”)——有所不同的是,宋应星在自己的著作中从来没有正面提到过张载,既没有以张载来为自己的理论辩护,也没有表示他与张载有不同看法。无论是有意识也好,无意识也好,宋应星按说都应该与这位前辈学者有学术上的渊源关系,毕竟张载的理论是他的教育背景的一部分。[②]不过,我认为宋应星从未公开引用张载来强化自己理论之权威性这一做法,是有意而为。这一做法本身包含了一个信息:他坚持一条自由之路

① 陈鼓应、辛冠洁、葛荣晋:《明清实学思潮史》,第二卷第27章,第819—844页,济南:齐鲁书社,1989;李书增、孙玉杰、任金鉴:《中国明代哲学》,郑州:河南人民出版社,2002,比如,本书的第1438—1456页将他与张居正、李时珍分为一组;张岂之:《儒学·理学·实学·新学》,西安:陕西人民教育出版社,1994。

② 潘吉星:《明代科学家宋应星》,第95页,北京:科学出版社,1981。

去追寻自己的想法，直接从古代经典的原文中或者通过个人对自然和物质效用的探索中，来生成自己的知识。

宋应星对“理”完全不屑一顾。由于这种态度与明代官方对于“理”和“气”的观点不吻合，于是宋应星所表达的既是一种哲学态度，也是一种政治态度。宋应星不光不同意朱熹对张载的阐释，张载本人思想中也涉及“理”，所以他更为激烈地无法与张载的观点苟同。宋应星以这种方式拒绝明代的官方正统学术及其他的学派传统。通过返回到经典文献的原初文本，宋应星还进一步强调他对本朝将宋代思想理想化的不满。他将自身置于被认可的探讨“气”的传统之外。当他拒绝与同时代其他“气”思想家的关联时，他是在断言关于“气”的真理不在这些学者同人的哲学性缜密思考里，而是在生活和自然的实际状态中。宋应星在他的知识探求中，不承认任何学术上的交叉性滋养或者共享的理念和设想。作为一位知识人，他感觉只有他在“气”中探究真理。

围绕着“气”这一共用语汇，将大时间跨度内的思想传统或者遗产排列起来，或者甚至借此将一代人当中的不同思想家分组而列，历史研究中经常采用的这种做法究竟有多大用处？这些所谓的“气”思想家们，除了都对“气”感兴趣，他们之间还有哪些联结纽带？奇怪的是，从历史的角度看，恰好是宋应星的思想态度（而不是他研究“气”的方式方法）及其社会政治影响，使他进入“气”思想承递脉络——实际上，那是“气”思想的一个原型：从1世纪的王充开始，持续到11世纪的张载，延伸至宋应星的同代人王廷相以及18世纪的学人戴震（1724—1777），正如历史研究者李书增已经指出的那样，这些探讨“气”的思想家们对理念上的纽带持有怀疑，他们站在各自时代主导学说的对立面上。[①] 他们站在社会和政治权力的边缘，或者是有意而为，或者是出于抗议。有些时候，他们之所以身在外围，是因为这种处境是其个人对研究实际事物或者自然现象

① 李书增、孙玉杰、任金鉴：《中国明代哲学》，第24—28页，第860—862页（关于王廷相），郑州：河南人民出版社，2002；这些也同样适用于罗钦顺，参见 Kim(2003)。

感兴趣所导致的结果;但是,到了明代,一位学者对“气”的认同所表达出来的,更多的是其政治信念而不是哲学上的考虑。

在学术上,很多人声言要从第一手资料即古代经典的文本中获取知识,他们坚持主张个人经验的重要性,看重“见闻致识”。① 一些历史上的“气”思想家是个人主义者,甚至会成为学术上的隐士,尽管在宋应星的这一代人当中,少有人能做到这么极端。他们当中的许多人在放弃“理”和前人思想时,比宋应星做得更细致、更有所选择。然而,像大多数研究“气”的学者一样,他们都声称自己在进行“纯粹的”知识求索,根本没有受到仕途野心或者理念体系纽带的玷污。实际上,到了17世纪时,这种思想态度在“气”的思想领域已经变得非常普遍,历史学家葛荣晋、张岂之甚至认为,这些学者形成了一个与程朱的“理学”(也被称为“道学”)相对的“实学”。这些历史上的当事人若地下有知,一定会大声抗议对他们的这种不考虑时代特征的解读:他们所秉持的认识论态度,拒绝任何格式化的、连带性的学习形式,这就会有效地阻止后世将他们定义为某种“学”。当时(17世纪)的态度与历史解读的观点之间出现的差异,无论是在泛论的层面上还是在“气”这一特定领域里,都让人看到思想承递脉络的构建上一些饶有趣味的方面。对于晚明探讨“气”的思想家来说,他们所共有的无非是“气”这个语汇:他们分享一个哲学上的命名。在此之外,他们对“气”的阐释方式千差万别,经常很难让人相信他们讨论的是同样的事情。

那么,这就意味着像宋应星这样的学者们根本没有彼此借鉴,总得从头做起吗?的确,如果仔细检视资料的话,我们就可以发现某些从历史视角出发似乎存在的关联就会轰然崩塌,或者会显示出受到某种轻微的扭曲。比如,戴念祖将宋应星的《论气》视为一个声学知识的宣言,将宋应星与思考声音和“气”的其他思想家划归到一个行列中,比如那位1

① Bloom(1987:21).

世纪的奇人王充。[1] 实际上,宋应星无从了解王充关于声音的观点;况且,即便有可能,他也不会予以理会的。在历史上大部分时间,王充的著作都没有受到注意,直到19世纪才被重新发现。

如果以现代科学问题的标准来衡量那些对于中国科学和技术思想的历史描写,我们就会发现有大量令人将信将疑的相似性出现,这些会妨碍我们去弄清楚思想家之间究竟有怎样的关联,比如在宋应星和王充之间。宋应星和王充都不是单纯地对声音感兴趣。但是,在讨论"气"和声音现象方面他们共有一个思想遗产:两个人都首当其冲地着眼于确定天、人之间的关系,都在"气"的理性因素之内来探讨这一问题。[2] 在他们眼里,作为自然现象的声音表明,"天"并没有介入到人事当中;他们二人都反对那种视"天"为人的首要道德仲裁者、将自然现象神秘化的非理性信仰。他们采用了相同的基础文本材料,尽管中间隔着一千五百年的时间距离。尽管他们对这些古代材料的阐释不尽相同,但是他们都认为古代材料如《易经》《国语》《淮南子》可靠而真实。只有在这样的基础上,我们才能在王充与宋应星之间划一条关联之线。这条线还可以延展到许多其他思想家身上,包括一些受到西方理念影响的思想家如王夫之:王夫之也以这种方式来探讨"气",将新理念富有成效地调适进本土传统中。[3]

上述这些因素,都是我们赖以确立"气"思想者的传统以及宋应星本人在这一传统中的位置的某些因素。这些因素也反映出历史主体的能动性。我沿着托马斯·库恩在《科学革命的结构》一书中提出的科学史方法,认为对知识洽合性进行评判有赖于历史的和个人的因素,不存在客观的、永久的评判价值标准。[4] 如果我们从现代科学与技术入手来衡

---

① 戴念祖:《中国物理学史大系·声学史》,第60—61页,长沙:湖南教育出版社,2001。

② 王充著:《〈论衡〉析诂》,郑文校注,第70—107页,第227页,成都:巴蜀书社,1999。

③ [明]王夫之:《张子正蒙注·动物篇》,6a,北京:中华书局,1956;王廷相:《王氏家藏集》,第三册,第二十八卷,第1259—1266页,台北:伟文图书出版社,1976。

④ Kuhn(1970/1963).

量的话,这会有助于我们去认定出历史主体之间的差异以及他们有哪些各不相同的理念。然而,这无助于我们去理解那些原初思想究竟是什么样,或者某种文化所特有的科学技术知识范围有多大,以及这一范围是怎样出现的。如果我们要对学者(比如宋应星)著作中包含的科学知识进行阐释,去关注行动主体的能动性非常重要。比如,从现代的观点看,我们可能会认为宋应星关于"声音"的著作缺少解释性关联背景。但是,我们需要知道的是:让读者去了解声音是什么,这并非宋应星的目标。他的目标在于,去揭示人与"天"之间的关联性。如果我们从这个角度来评判他的著作,那么就会发现他对声音的说明显得既系统又完备。他把"气"当作一个本体论的概念,来解释声音是怎样被生成出来以及为什么被生成出来;他将声音视为众多自然现象之一,来阐释在他眼里"气"到底是什么。对于《天工开物》中的技术性内容,我们也必须以这种方式来看待。当宋应星在细致地描写煅烧矿石时,他是在以此展示"气"的运行和逻辑,以及在其后的终极变化规则,而不是在解释为什么要煅烧矿石以及如何去完成这一工作。从这个角度出发,我们还会发现,宋应星关于真理、关于知识的看法变得连贯了,是与他所处时代对于普遍性和客观性的诉求相符合的。这样一来,我们就可以对宋应星加之于"真理"(truth)和"求知"(knowing)中那些被布卢尔(Bloor)分别定义为辨识性、物质性和修辞性的诸多功能加以区别。①

宋应星研究"气"的方式方法展示了一种认识论上的目标,这是中国在 17 世纪对一些我们今天称之为科学和技术的领域所采取的方法。在宋应星看来,"气"是一个普遍性的理论模式,能解释一切存在。它可以包含进那些似乎彼此矛盾的质性,但是,不管怎样它首先还是"气":它可以静态存在也可以行动,可以旺盛也可以息止,可以物形固化也可以悬浮,可以融合也可以扩散。然而,在所有的情形下,"气"从来都没有脱离它作为"气"的质性。因此,宋应星从来没有认为"气"是一种"尚待定义"

---

① Bloor(1991/1976:37 - 45);Daston(1999:17 - 32).

的能量，或者是一个实在物的概念。对他来说，“气”不是物质的，但是“气”的物质性存在于任何事物的后面；“气”不是能量，但是能解释能量及其效果。对宋应星来说，“气”的普遍能效性不能再被分化，因此他选择保持这一普遍性的术语。从这一点上来看，宋应星关于“气”的设想是一个完备的科学概念，通过这一概念人们能探究周围的世界。[①]

读书人的角色：规整天、地、人的世界

对“气”进行探究，这是宋应星给一个无序的世界开出的救疗方案，也是他钻研各类知识领域的理由。但是，像他这样一位既无影响又无职位的小学者却要让世界变得有序，他该如何给自己的努力找到正当理由呢？宋应星曾经提到，某个时代的伟大思想家——他指的到底是哪个时代的什么人，我们无法确知——认为，混乱时节会造就大量思想家形成有条理的思想，而在最为秩序井然之时，思想和理念就会处于无序状态。[②] 饶有趣味的是，在宋应星看来，包括他自己在内的学者思想上的丰富繁荣，正是衰败的最终证明。现代历史学家卜正民（Timothy Brook）曾经将《天工开物》当作理念繁荣的一个标记，对此宋应星肯定会表示赞同的。不过，他同时肯定会强烈地反对卜正民将1550—1642年看作一段繁荣时代。[③]

宋应星使用混乱、秩序、思想三者间的关联，扩展了一种历史建构：随着时间的推移，人们不断地扩展这种理念的边界，直到这样的信念形成——每当社会陷入衰颓之时，伟大的圣人将会周期性地出现，帮助这个世界重归秩序。正因为如此，他们坐等圣人的到来，而不是自己去寻

① 对“气”的不同阐释，也可参见冯友兰的《哲学简史》(Fung，1959，2：45)；冯友兰在他的研究中强调中国古代哲学当中关于“气”的物质性的角度(Chan，1969：757)。

② 宋应星：《野议·世运议》，第5页。（此处是作者对“语曰：‘治极思乱，乱极思治’”的解读。——译者注）

③ Brook(1998：8－9，153－172，尤其是168)。

找解决问题的办法。[1] 大多数晚明的思想家们会与宋应星站在一起,对这个时代的宿命论表示怀疑,他们也会同意"生成命运的因素掌握在我们自己的手中"[2]。但是,这些学者们设定了一个先验的道德建构,这却是宋应星要予以否定的。对宋应星来说,秩序内在地存在于任何自然活动与人的活动当中,因此知识和行动是重合的。在宋应星看来,对合一性的知晓,能引生出道德性;然而,道德性却不能促使人去求知。宋应星的逻辑,让人变成了裁决者,人独自通过"知识"来掌控自己的命运和世界。因此,他推定"治乱,天运所为,然必从人事召致",人世间或治或乱的状态,最终是由人的行事来导致的,即取决于人到底认可并顺应宇宙的规制,还是无视并逆宇宙规制而行事。[3]

宋应星直言不讳地嘲弄那些等待圣人降临而自身不采取必要行动的学者同人们。儒家认为天象与人事相呼应,日食最为重要。将日食视为一种威胁,这些官员警告皇帝不要自私。如果我也接受这种呼应的说法的话,那么我只能说:如果每当皇帝变弱、官员太强时就会出现日食这种说法当真如此,为什么现在没有月食呢?[4] 宋应星在这里抨击学者同人们所信奉的教条:认为能在"天道"中读出来道德,在根本不了解其运行规则的情况下,将道德与人事联结在一起。17 世纪的宫廷学者们坚持认为,无论在人的世界还是"天"的世界,只要在一方中出现无序,必然也会给另外一方带来无序。这一思想植根于这样的理念:道德和伦理、自然、天以及人的社会构成一个整体。皇帝即天之子,从"天"那里获得了授权,遵循天道来践行礼仪。中国的早期思想给这种天人关系以一种说

---

① 宋应星:《野议・风俗议》,第 41—42 页;杨维增:《宋应星思想研究诗集诗文译注》,第 15 页和 97 页,广州:中山大学出版社,1987;不过宋应星在《思怜诗・怜愚诗・十一》(第 128 页)将这种多事之秋的情形与宋朝连在一起,认为明代学者对待事情的态度与宋朝学者正好相反,尽管他同时代的学者们声称自己秉承了宋代学者的理念;王咨臣、熊飞:《宋应星学术著作四种》,第 3 页,南昌:江西人民出版社,1988。

② Sakai(1970:344).

③ 宋应星:《野议・乱萌议》,第 44 页。

④ 宋应星:《谈天・日说三》,第 106 页。此段原文:"儒者言事应以日食为天变之大者,臣子儆君,无已之爱也。试以事应言之:主弱臣强,日宜食矣。"

得过去的、实用性的基础，将地分成不同区域，来与天的不同区域分别对应。战国时期的天文学家们将自己观察到的天象与发生在不同国家的政治事件联在一起。天行总是处于有序状态，可是人的世界却陷入混乱，这样的混乱意味着，人错误地阐释了“天道”或者没能去彻底研究它。因而，天人之间的关联立足于求知模式以及人去完成自己的任务：并非因为有奇异天象如日月食发生，道德就会陷入崩毁。“天”能明示道德已经崩毁，不过，道德的崩毁与“天”并不相干。因此，即便在没有发生日月食的时候，人的世界也仍然有可能处于无序之中。这也意味着，日月食现象本身并非恶兆，而人们对日月食以及彗星的出现根本无视，这才是危险的。[①] 在后来的几个世纪里，占星学家和天文学家都致力于这片思想沃土，要在其上找到“天”与人之间关联的连续性和一体性。

在《谈天》一文中，宋应星痛斥国家官员虚伪地将“天”置于高位，不顾及任何常识。那些官员、那些有理性的官员，怎么可能做如此非理性的论断，断言“天不可至”，却同时保留一个由官员太史、星官、造历者等组成的庞大的国家机构呢？这些人的主要任务便是与天沟通、去阐释它的星相构成。[②] 对理念体系与行为、知识与行动之间显而易见的矛盾进行批判，是宋应星著作中重复出现的主题。宋应星将这一有意的恶行记在他的学者同人身上。在他看来，作为一位有知识的学者，去揭示存在于“气”中的天人互联性的真相，这是他义在难辞的责任。在接下来的段落中，我就沿着他的思想痕迹来阐述宋应星如何在《谈天》一文中，撕开那块遍布道德斑痕的遮羞布——那是他的学者同人们用来装扮“天”的。宋应星抛开任何哲学上的牵挂，认为在天象中没有任何精神性因素存在其中：“天”是对“气”中的普遍理性的展示。为了证实他的主张，宋应星在《谈天》一文中巧妙地将物理学意义上的天空与对终极的宇宙论规则的展示组合在一起来揭示：“天”是“气”的一种现象。

---

① Sun & Kistemaker(1997:2－3，102－105).

② 宋应星：《谈天·序》，第99—100页。

“天”之真与“气”之制

> 会合还虚奥妙,既犯泄漏天心之戒,又罹背违儒说之讥,然亦不遑恤也。所愿此简流传后世,敢求知己于目下哉!
>
> ——《谈天·序》

珍珠色白、圆润,在中国传统中被认为是夜的产物,生成于满月的光芒之中,只在月光下熠熠闪亮。珍珠原本是中国南方海中物产,在公元 2 世纪以后日渐为北方人所知,关于珍珠起源的故事、传说和充满幻想性的传闻遍及全国。人们以为珍珠生成于海兽或者与龙类似的动物,只有从蚌的身上收获这种宝贝的采珠人才知道,它们其实来自黏糊糊的肮脏之所。他们腰上系着绳子,带着石头加重分量让自己沉下去,鼻口处接着长长的锡制弯管以便呼吸。他们潜入到最深的水下,找到最好、最漂亮的珍珠,这些产品被诗意化地命名为“明月”或者“夜光”等(见图 2-1)。[①] 根据明末的地方志记载,采珠船每年都得出海越来越远,采珠者潜入水中越来越深,才能满足日益增加的需求。[②] 还有另外一种做法,便是做成囊状的网,网角装入石头,将其沉入海底拖行捞蚌。这种做法风险小,也能在短期内获得高收益。但是,许多沿海地区的民间故事表明了当地人对这一做法的态度,提醒听者去注意到自然界平衡是非常精致和脆弱的,对蚌生长区的破坏会毁掉未来若干代的繁荣。宋应星也持有这种看法,他在《天工开物·珠宝》卷中提出,对蚌的采集不应该过于频繁。他解释说,珍珠是“气”的转化力量中的模糊地带。这种物化的完美尤物从“气”的“无质而生质”中形成,其过程缓慢而且细致。因此,他总结说,蚌需要在特定的时间,即月圆之夜的中夜将蚌壳张开,仰天对月来吸收月的精华以形成珍珠(“逢圆月中天,即开甲仰照,取月精以成其魄”)。[③]

---

① 宋应星:《天工开物·珠玉》,钟广言注释,第 438 页,香港:中华书局香港分局,1978。

② [清]阮元、[清]陈昌齐:《广东通志》,上海:上海古籍出版社,1934(1864);Schafer(1952:158).

③《天工开物·珠玉》,第 435 页。

图 2-1 图的名称是“没水采珠船”。《天工开物》最早版本“涂本”中的插图。潜水者携篮入水，篮子是用来装采集来的含珠蚌的；潜水者面上戴的器具是用作透气的。左图上的驾船人在向水中抛掷草席以平息波涛，如画面上所提示的“掷荐御漩”。

在宋应星那里，“天”是一个“气”的现象，是可观察的。“天”与“地”在一种互补的关系中运行。宋应星认为，“天”通过“两仪”来构成各种现象（“成象两仪”）。① “两仪”是太极中的阴和阳。在中国的宇宙观中，这指的是天体太阳和月亮。宋应星不认可儒家制造的那个礼仪意义上的“天”，他将“天”以及全部“天”的现象看作“气”的产品：星、日、月滋养着珍珠的生成。日，是聚集起来的“阳”；月，是聚集起来的“阴”。因此，宋应星对珍珠形成的解释是，“凡蚌孕珠”要依靠月光的照耀，“取月精以成其魄”，是一种“无质而生质”。②

对宋应星来说，“天”是理性的、可知的规制形成的结果。它对于人来说是重要的，应该得到人的尊崇，因为它可以被观察到，人可以从中获取知识。不过，“天”并不主动介入人的事务。为了验证自己的观点，宋应星集中于结构性话题，避开任何计算性的或者天文学上的探讨。古克礼（Christopher Cullen）曾经指出，从天文学角度看，宋应星落后于他的时代。③ 我认为，宋应星之所以有意避开当时天文学模式或者天文学理论，是因为他有一套完全不同的纲领：他完全不相信任何一套说教。他主张，真正的知识是具有普遍效力的，是显而易见的，是任何不固守成见的学者都可以去了解的。他这样写道：“天有显道，成象两仪，唯恐人之不见也。自颠及尾，原始要终，而使人见之审之。显道如是，而三家者犹求光明于地中与四沿，其蒙惑亦甚矣。”④

在宋应星的眼里，天文学家们带着蒙惑去依循自己的“天道”理论，比那些将“天”神话为一种精神力量的宗教学说好不到哪里，“若夫一天而下，议论纷纭，无当而诞及三十三天者，此其人可恨也”⑤。实际上，“天”干脆就是一个可以观察的现象。宋应星相信“气”的世界，他在《谈

---

① 宋应星：《谈天・序》，第 99 页。

② 《天工开物・珠玉》，第 435 页。

③ Cullen(1990:308).

④ 宋应星：《谈天・序》，第 99 页；关于三个天文学模型，参见 Cullen(1996:20－27).

⑤ 宋应星：《谈天・序》，第 99 页。

天》一文中公开抨击中国传统中的三种宇宙观，即“盖天说”“浑天说”“宣夜说”，认为他们的结构性方法是完全非理性的。首先，他反对“盖天说”这种最早的宇宙观，这种观点认为天体都在一个运转着的、像伞一样罩在地之上的“天”当中，这种理论将日升、日落都解释为由观察者与观察对象之间的距离所引起的视觉幻象。根据孙小淳和雅各布·基斯特梅柯(Jacob Kistemaker)的研究，“盖天说”宇宙观最精致的形式在《周髀算经》(大约成书于公元前3世纪)当中。它把天分成“七衡六间”，而天体便在这当中运行。[1] 其次，对于“浑天说”所做的推测，宋应星也一样予以抨击。这一宇宙理论模式认为天(“天圆”)包围着地，由此来对日、星运动进行解释：它们附着在天球的内表层，沿斜轴每天周转一次。[2] 宫廷天文学家用天球来展示天体的每天运动。

最后，宋应星对讨论无限空间之黑暗的“宣夜说”这一模式也并不满意。[3] 在这一学说的描绘中，“天”是一种空虚和无限宇宙，由聚集气体而形成的星辰置于其中。日、月、星等天体都是不固定地悬浮着和流动着。“地”位于宇宙之下，既非平，也非圆，而是有无限之深。[4] 这一理论流传于后世的只有只言片语，天文学家们很少应用这一理论。但是，张载在他的哲学中提到了这一学说(因而朱熹也提到了)。在这种包装之下，“宣夜说”这一学说的基本因素对宋应星也变得重要了。

张载视“地”由纯粹的阴气凝聚而成，处于宇宙的中心；“天”由漂浮的阳气组成(“地纯阴凝聚于水，天浮阳运旋于外”)，向左即逆时针方向旋转(“天左旋”)；位置固定的星辰在流动的、奔涌的“气”中运转无休止

---

① Sun & Kistemaker(1997：25)；Cullen(1996：35，50-53)，作者将“盖天”翻译为“canopyheaven”。

② 关于“浑天说”的争论，参见Cullen(1996：59-61)。

③ 蔡邕(132—192)在公元180年前后提出这一概念，范晔在《后汉书》里给予评论。范晔著：《后汉书》，李贤等校对，第11册，志第十，第3217页，北京：中华书局，1973。后来的文献更为详细，指出此说后世假托历史上的学说。关于这一问题的讨论，参见Hartman(2003)；Loewe(1988)。

④ 这种将宇宙看作海洋的理念，还是与非地心说的天模式最为接近的。参见Xi(1981)；周桂钿：《中国古人论天》，北京：新华出版社，1993。

("恒星不动,纯系乎天,与浮阳运旋而不穷者")(以上引文均出自《正蒙·参两篇第二》)。张载还进一步将宇宙实体化为一种"气"无法凝聚的空间,将其定义为"太虚",即"气"还处于其原初状态("元气")的阶段。因此,"地"游在"气"的海洋里。[①] 在宇宙论意义上,"天"和"地"分别代表了"阳"和"阴",是处于平衡状态的两个极端这一理念,给宋应星提供了一个概念性框架,以便来解释宇宙中的一切"物"与"事"都是"气"的互补性实体。不过,这也将他对"天"之特征的分析限定在一个相当非专业、肤浅的层次上。和张载一样,宋应星也用鸡蛋的意象来描绘宇宙——这是一个典型的比喻,"浑天说"关于"天"的理论也使用这一比喻。他把"天"比为鸡蛋的蛋清,"地"比为蛋黄,"天"如同蛋清包围蛋黄一样包围着"地",而"天"又被一个圆形外壳所包围("天形如卵白,上有大圆之郛焉")。[②] 宋应星和他的大多数同代人一样,无意于去对这一类比进行展开,或者去进一步解释"地"的形状如何,或者地平线以下的"天"如何。但是,对于学者同人所持的观点他明确表示怀疑,如日可以进入地下(地平线以下)或者移动到远方("其没也,淹然忽然,如炽炭之熄,岂犹有日形而入于地下,移于远方耶?")或者有东西能够大得足以挡住日这样的天体("当泰山之冲者,岂无比肩相并,昂首相过者乎?有之,皆足以蔽初旭,何一登临而显见若是?")。[③]

按照宋应星的理解,宇宙构成了一个两极空间,聚集的阴气形成了"地",凝聚的阳气形成了以日为中心的"天"。原则上,所有天体——太阳和月亮、行星和恒星,以及所有其他现象如风、彗星或者银河的云影都是短暂的,都与阴阳的消长连在一起。

> 夫阳气从下而升,时至寅卯(凌晨三点到七点之间),薰聚东方,凝而成日。登日观(泰山日观峰)而望之,初岂有日形哉?黑气蒙

① [明]王夫之:《张子正蒙注》,卷二,第12页,北京:中华书局,1956;陈久金、杨怡:《中国古代的天文与历法》,第18—25页,台北:台北商务印书馆,1993。

② 宋应星:《谈天·日说二》,第104页。

③ 宋应星:《谈天·日说一》,第101—103页。

中，金丝一抹，赤光荡漾，久而后圆，圆乃日矣。时至申酉(午后三点到七点)，阳气渐微。登亚大腊(位于西部的一座山名，具体不详)而望之，白渐红，红渐碧，历乱涣散，光耀万谷。其没也，淹然忽然，如炽炭之熄，岂犹有日形而入于地下，移于远方耶？[①]

在宋应星看来，太阳每天都从阳气中重新生成出来。这也表明，他将“天”看得如同世间的他物一样，都受制于普遍性原则。这是一个“气”的现象，因此并非与人的活动特别相关。构成太阳、月亮、行星和恒星的都是“气”的不同阶段，它们所趋近的稳定状态只是阶段性地重返一个类似状态而已，从来也不会达到与此前的状态完全一致：“以今日之日为昨日之日，刻舟求剑之义。”[②]宋应星对于同时代天文学关于宇宙的模型不认可，并非出于科学的或者认识论上的理由。《谈天》的主要论点是，他的学者同人错误地理解了“天”，因为他们给天文学探索予以理念体系的目的，并非是以求知为目的。在这一点上，宋应星对所有学者一概而论。在对比宇宙论模型时，他认为西方的学者(“西人”)“无知”[③]——他所指的“西人”可能是印度或者阿拉伯的理论家们，也可能是欧洲的天主教耶稣会士。他声称，西方人的理念体系太多地干扰了对“天道”的理解。他讥讽“西人”(这里特指印度的一种思想模式)相信天是否会亮依赖于与太阳的距离，远离太阳就成了夜这样的想法(“近而见之为昼，远而不见为夜者”)。[④]

宋应星考虑的首要问题是宇宙论世界观，而不是天文学方法。在这一点上，他面对的冲突与16、17世纪欧洲天主教会所面对的冲突相类似：当时天主教会也是出于世界观的原因拒绝开普勒(1571—1630)和伽利略(1564—1642)等人提出的新理论。宋应星也从自己的宇宙论观点出发，讥讽耶稣会传教士带到中国的“地是圆球”这一理念，质问他们如何真能“以

① 宋应星：《谈天·日说一》，第101页。
② 宋应星：《谈天·日说一》，第101页。
③ 宋应星：《谈天·日说一》，第101页。
④ 宋应星：《谈天·日说一》，第101页。

地形为圆球,虚悬于中,凡物四面蚁附”①。他坚持说,如果“地”是一个球,那么人就会掉下去的,因此他依据自身的经验向读者保证,地球是一个安全的水平之地。为预防他的观点受到攻击,他声言西方人虽然精通数学、能极其精确地预测日食月食,然而这些现象都算不上重要。

宋应星对“地是球体”这一观念的否认,让他和同代人如王夫之站在一起。王夫之虽然与天文学领域的出色人物有来往,但是他还是坚持认为,宇宙主要是一个求知框架。从这个角度出发,王夫之和宋应星一样,将“地”置于无时不在变化的宇宙当中,认为地“其或平或陂,或洼或凸,其圆也安在?则地之欹斜不齐,高下广衍无一定之形,审矣”②(《思问录》)。这两位思想家之所以都以这种方式来发出议论,是因为他们在“天”的问题上所考虑的,是科学知识以外的问题,是对于世间秩序的看法。

天的权能——征兆与日月食

儒者言事应以日食为天变之大者。

——《谈天·日说三》

玉被尊崇为天之石,是宫廷仪礼中的首选祭仪物品,也是被特别看重的墓葬随葬品。宋应星认为,玉是月的产物,他把玉同珍珠一样归为“阴”类物品。玉因为质地坚硬、有纹理、具有感官性能、有动人的颜色,被用来比喻人之美德,用以表达精神权力与世俗权力。晚明时期的上层精英,将玉用于装饰性目的,在所有各类奢华器物和艺术品当中都有玉制品。玉也被认为具有某些卓越的性能,比如能防止遗体的腐烂。因此,玉也是永生之象征,是追寻永恒生命之努力的一部分。给统治者的遗体穿上玉衣,来保护尸身免于腐坏,这在帝国早期的墓葬遗址中有所发现。来自南亚和中亚地区如和田的玉石,有着与以往不同的色泽,其

① 宋应星:《谈天·日说一》,第101页。

② [明]王夫之、[明]黄宗羲:《梨州船山五书》,第63—64页,台北:世界书局,1974。

体积之大也令人侧目，这满足了玉雕工作日益提升的品味。宋应星的那一代人特别喜欢动物的形象，无论是真正的动物还是神话中的灵异动物；他们也喜欢带有小而精致镶嵌物的玉盘。

玉璞的质量究竟如何，很难从表面上做出判断。要打开包裹在外面那层粗松的石头，开玉人要在玉璞上撒细沙，而后才能切割。切割玉用的是一个铁制旋转圆盘，由脚踏板来驱动其旋转。琢玉工对玉进行切割，让玉器粗具雏形。这种初切要小心翼翼地沿着玉料本身的线条和梯度，使得玉料需要继续切割、打磨的地方尽量少。最优的做法是，一块玉璞从相对的两面锯开。早期的琢玉工并不在意锯口上出现的石脊，而宋应星时代的玉工们则会小心地将它们打磨平。

在硬玉制作方面，这一时代的匠人们显示了高超的技术水平。在引入了许多创新的同时，琢玉大师们也仿效过去的标准，愿意采用过去时代费力的方法。比如，他们重新制作"璧"——在《周礼》中，这一玉器被认为适合于向"天"敬奉，为在玉盘中间钻孔，他们要很长时间用手掌搓动一根中空的芦苇管。[1] 璧的外形与现在我们使用的光盘很相似，但是它展示了人与天的密切关联。面对晚明时代政治权力和社会安全的丧失、与"天"沟通的失败，许多晚明文人对璧玉顶礼膜拜，视其为对这些不幸遭遇的补偿。

中国的统治者以声称自己掌握关于"天道"的知识来让统治具有合法性，其顺理成章的结果便是：统治者也是天人之间的沟通者。宫廷将天文学与占星学领域礼仪化和制度化：只有特定的、受到宫廷任命的政府官员才可以使用精密仪器来观察天象，以及从数学上分析收集来的数据。晚明的数学天文学家王锡阐（1628—1682）曾经提出这样的批评：自10世纪以来，对天-人互联性的政治性意义予以强调，这造成了天文学的分化。[2] 技术人员越来越集中于预测天文现象的发生，而文人学者

① Rawson(2002：247－251).

② [明]王锡阐：《晓菴新法》，425，5，台北：台湾商务印书馆，1965。

们——这些人无法进行高级计算,除了肉眼观察以外也没有任何其他经验研究手段——则致力于对宇宙模型进行理论推测。[①] 的确,这些领域之间少有相互接触。宫廷以外的学者依赖于一般性的文献资料、经典、哲学著作来形成他们的宇宙论观点,用自己对天空的偶发性观察来进行补充。[②] 宋应星对于"天"所持的观点以及他在《谈天》一文中关于日食月食的讨论,都应该置于这样的知识传统中来考察,即宇宙论与天文学知识互相分离。日食月食是所有人都能观察到的现象,也是能构成潜在挑战的事件,学者文人可以借此公开地对王朝的权威和能力表示质疑。整个帝国范围内的学者都用日食月食来讨论统治者的道德,日食月食现象在学者们对宇宙结构进行推测时也担当着重要的角色。《谈天》中有一半篇幅是讨论这一话题的。

我们今天知道,当月亮经行太阳和地球之间、让太阳光变得模糊时,日食就会发生。宋应星将月亮定义为"阴"的聚集,他不能看到天空中行星的运动,而与他同时代的天文专家们却已经注意到这一点了。他把月亮理解为"气"的另外一种现象,是"阴水气"在空间中的聚集,而太阳则被他定义为"阳火气"的聚集。宋应星将日食和月食描写为"阴阳气"交换的结果。按照他的解释,当太阳与月亮将它们的两种不同"精气"掺合在一起时,月食就发生了。它们的自然秉性彼此呼应,自动地会融会为"虚"("太阳、太阴两精会合,道度同,性情应,而还于虚无"):"其乐融融,其象默默,其微妙不可得而名言也。"[③]在宋应星看来,日食也是阴精与阳精的融合,日食与月食这两种现象的差异,在于阴精与阳精在会合而形成日食或月食之前需要跨过的距离。但是,从"气"的世界这一角度来看,日食与月食是同样的:两者都是阴气和阳气力求在太虚中融为一体的结果,这一活动生成日食或者月食。[④]

---

① Sivin(1995),参见第5章。

② 江晓原:《天学外史》,第54—67页,上海:上海人民出版社,1999。

③ 宋应星:《谈天·日说三》,第105页。

④ 宋应星:《谈天·日说三》,第105—107页。

宋应星也用外在因素的参数来定义日食月食，认为冬天发生的日食与夏天发生的有所不同，因为太阳和月亮之间的距离有所不同。宋应星认为：在冬天，当太阳与月亮彼此距离最近时，太阳在月亮之上（“日食于冬，曦驭去月最近．而亦乘月之上”[①]）。这时会发生日食，因为地球正好直接在下面。然而，在夏天“日光高月魄，相去或千里，而上下正逢之际，阳精下迎，阴精上就”[②]。按照宋应星的臆测，纯阴精和纯阳精也遵循“气”的普遍性原则，阴和阳组合到一起，还原到均衡的“气”。宋应星的“气”理论，认为“阴”与“阳”的互相转换无论发生在天上还是地上都是同一的。在关于天象的理论中，宋应星特别关注“气”的方向性取向。他的描绘产生了一种带有磁力性效果的图景：一种日食或者月食之所以发生，是因为聚集在一起的“阳”——“气”的一个组成部分——在吸引着另外一个部分，导致了“阴气”向上移动，与向下而来的“阳气”相遇。两种因素力图相互融合，但是只能在跨越特定的距离之后才能做到。阴和阳可以彼此相向或者相背移动，但是，日食和月食只能发生在特定的条件下。

宋应星的理念是系统性的，基于严格的“气”的理性。他在《论气》一文中，一步步地描述宇宙以及天、地、天体、自然现象间的各种关系，就像琢玉工们一步步地从切开玉璞到雕刻完成玉璧一样。他剥离理念体系之目的这一外皮，打磨出天之规制的真正线条。在受到他抨击的人物当中，首当其冲的便是被主流认可的哲学权威朱熹。朱熹在对《诗经》的集注中强调日月食中蕴涵着“天”的道德影响，他认为日月食的出现是在提醒古代国王要具有美德并实行仁政。[③] 宋应星指责朱熹在对待“天”的看

---

① 宋应星：《谈天・日说四》，第 108 页。

② 宋应星：《谈天・日说四》，第 108 页。

③ 宋应星在这里删去了朱熹集注中的中间部分，只保留了第一个和最后一个句子。朱熹《诗经・小雅》“日有食之，亦孔之丑”一句的集注是：“然王者修德行政，用贤去奸，能使阳盛足于胜，阴衰不能侵阳，则日月之行，虽或当食，而月常避日。所以，当食而不食也。”见《朱子集注》，卷 7，12a。

法上的迷信[①],针对天的运动与人的行动在总体上相关这一观点,他举隅历史上的很多事例来进行反驳。他甚至还用量化数据来表明,在历史上当暴君当权或者皇帝被击败时,并非一定会有日月食发生。宋应星指出,朱熹将王莽(生卒年公元前45—公元23,统治期间公元8—23)篡位期间日月食数量增加视为非道德行为的标记,这是无稽之谈,因为在所谓的仁政时期日月食的数量甚至更多。[②] 汉景帝(公元前188—前141,在位期间公元前157—前141)是一位被历史学家公认为有美德而且开明的统治者,而他在位的16年内,史书上记载发生了九次日食。与此形成对比的是,在王莽乱政篡位的21年里,国家走向贫穷,正当的秩序无从谈起,但是这期间的天象记录中只有两次日食。[③] 这些来自史书的统计数字,否定了他的同时代人认为异兆与人的行动有关联这种看法。

宋应星在《谈天》一文中讨论日月食时,对知识所采取的理论方式和方法是由他的理念体系纲领所决定的:他意在形成一种具有洽合性的、关于"气"的理论,让个人的观察使这种理论更为坚实,并通过历史统计资料对其进行实际验证。他通过使用可以检验的事实这一方法,来拆穿"天"作为道德仲裁者的这一角色。他警告说,赋予"天"以道德性角色,这会对国家造成损害,这只会助长人们对"天"的轻信。宋应星指责那些身居朝廷的同人们的无耻之行,让那些可怜的诗人相信"天"为人世制造类似于预兆这类东西("诗人之拘泥于天官也"[④])。但是,他绝无意于去表明,"天"可以被忽略不计:天仍然是重要的,因为作为一个可观察现象,它显示出"气"的普遍秩序。在揭示"天"是一种理性现象的同时,宋应星也定义了人的角色。去认识和研究"天"这一重要知识源泉,并采取

---

① 宋应星:《谈天·日说三》,第106页;也可以参见王咨臣、熊飞:《宋应星学术著作四种》,第108—109页,南昌:江西人民出版社,1988。

② 宋应星:《谈天·日说三》,第106页。

③ 宋应星:《谈天·日说三》,第106页。

④ 宋应星:《谈天·日说三》,第111页。

与之相合的行动，这正是人的责任。宋应星采用了一个在中国学术文化中被认可的修辞言说手段来为人的行为树立典范：圣王。作为远古时代的显赫人物，圣王们赋予知识以效力。宋应星强调圣王发明了农业和武器、纺织和印染，他要以此来明确地表明，在天、地、人的关系中工艺和技术是不可缺少的，真理和知识不光存在于天的星图上，也存在于俗世的泥土中。

价值体系：圣王 · 远古权威 · 人之角色

> 天垂象而圣人则之，以五彩彰施于五色，有虞氏岂无所用其心哉？
>
> ——《天工开物 · 彰施》

制作染色颜料的大秘密之一，便是了解染料成分中的矿物和植物元素，以及知道如何将这些元素组合在一起、知道融合色素的最佳手段是什么。从明代那些富丽堂皇、色彩纷呈的艺术品中可以看出，当时的艺术家们和工艺人一定在材料、油料、矿物和植物的提取物等方面做过大量试验，这也表明他们对这些材料的天然特质和转化程序有着强烈的好奇心。那一时期的山水画家在对云雾色彩——这是宋应星可以观察到的——的描绘技巧上，达到了前所未有的新高度。[①] 工笔画家和人物画家则能绘出鸟的华丽羽毛，以及精细的人肤色色调。就颜色而言，17 世纪的明代中国在纺织品染色方面也达到了超高级的水平。大量的丝、缎、锦、绸有着精致的纹理、闪光而滋润的色泽，从浅白色到深青色不一而足，让大都市的街道景色显得生机盎然。不同蓝色色调的长衫大氅，上面绣着精致的各色几何图案，有的衣饰上面则是牡丹和桃花，竞相引起观者的注意。消费者的需求，要求手艺精良的匠人们能制作出不同色调的染料，来给他们所需的丝线和布料上色。颜色会随着工序有所改

① 宋应星：《天工开物 · 彰施》，第 110—124 页。

变，当然也取决于制作布料所用的原材料以及其他条件。莲红、桃红、银红、水红都需要用红花饼，而且只有白丝才能染出上述的颜色，而加工粗糙些的黄茧丝则根本不上色，这是宋应星在他的《天工开物·彰施》中所注意到的。[①]《左传集注》给人世中的颜色以举足轻重的意义，因为它们展示了人应该去遵守的宇宙规制。人借助于衣服将自身与动物区别开来；借助于衣服的质量来表达自身的社会地位；然而，只有正确的颜色应用才会表明，人有能力让自身的秩序与“天”的秩序相符合。

在有着等级序列的象征体系中，五色代表着中国人空间世界观中的五个关键点。作为认识论特征，“五色”可以与一切存在的原初力联结在一起。南方是一只红色的凤凰，代表着炎热夏日所具有的本质；北方天寒地冻，与之相对应的是两种黑色的蜥蜴类动物：蛇和龟；东方的标志性动物是青龙，与春天相呼应；指代西方的是一只白虎，代表着秋天和白雪覆盖的山峰。一条黄龙占据着中央，这里是中国人头脑中世界体系中的平衡点。在这里唯有皇帝一人。在明代的服饰礼仪中，(只有)皇帝被允许穿黄色衣服，住在黄色屋顶下。那些在宫廷里觐见皇帝必须下跪的官员们，穿的是青蓝色的衣服。颜色以及服饰染色装点着社会和国家的仪式以及具有表征性质的表演。明代官府让印染业纳入官营丝织生产当中，成为其组成部分之一(负责该行业的机构为“织染局”)。在技术上的考虑之外，服饰颜色的象征性构成了这一设置格局的道德基础。为制作皇帝服饰所用丝线的金黄色，染工们找到了一种水解的方法：用煮过黄栌木的水来染，揉上麻灰，然后用碱水漂洗(“栌木煎水染，复用麻稿灰淋，碱水漂”)。他们也用靛青、黄栌木、杨梅皮等混合在一起制成的染料，来给官员服饰的纺织面料着色，以保证这种玄青色能够在众多色彩中夺目而出。在日渐扩展的都城中心，颜色也标明了建筑物的重要性。瓦工们将赭石、松香、蒲草等材料混合在一起，用这样的染料涂染瓦块，这些便是用来建造都城南京和北京的皇宫所需要的瓦；烧过的瓦被涂上

---

① 宋应星：《天工开物·彰施》，第114页；小川省吾：《近世色染学纲要》，东京：工业图书，1936。

煎制无名异（软锰矿）、棕榈毛等得到的汁液，被染成绿色，用来建筑王府以及各种宫观庙宇；官府衙门建筑也用闪亮的黑色涂层。尽管学者和官员们都知道颜色的象征性价值，但是他们当中很少有人会考虑染料的成分。然而，宋应星在《天工开物》中却注意了这些细节。他引用《易经》来指出“天垂象而圣人则之”[①]。他以这种方式提醒学者同人，对象征意义的践行源于对宇宙规制的深入理解。[②] 圣人舜对颜色的尊崇是由于他已经意识到，技艺与天的规制之间有某种关联。

技艺与技术——我在这里将二者定义为那些能够完成“制物”与“成事”所必备的心智上和体力上的能力结点——在人与周围世界保持平衡中具有很重的分量。开发原材料及其加工的各种可能性、生产独特的物品、启动各种事件活动，这些工作的完成都非人莫属。不同文化采取许多不同的方式来面对这一思想挑战：它们有时候将人之作为定义在“自然”（nature）范围之内，有时候却在“自然”之外；有些文化将技艺视为积极行为的成就，有些则视为消极被动的结果；有些文化视技艺为其世界的核心，有些则将其置于边缘地位。然而，无论在哪种情况下，对技艺的认识论定位，都是一种宇宙观的表达，都是关于“创造”这一话题的共同文化立场。技艺开凿出一方人的区域，“天”和其他一切力量都卷入了形成人之世界这一活动中，而知识就保留在这一区域内。

在前现代时期的中国，几乎各个时期的都有学术精英参与的、精致的哲学讨论：关于实践作为与理论设想之间的关系；二者各自应该被赋予怎样的价值；或者，如何将二者富有成效地组合起来以利国利民。中国学者认为“人”与“自然”处于同一实在体中，是具有整合性、权变性的不同组成部分，并非自我指涉的事项。他们对知识的源起、知识的生成以及知识与道德行动、与实践上的国家管理、与技艺的角色之关系等问题进行讨论和推断。文人们以圣人为参照，将自身的这些思想关怀牢固

---

① 宋应星：《天工开物·彰施》，第 111 页，引文取自《周易·系辞上》。

② 宋应星：《天工开物·丹青》，第 408 页。

地放置在中国文明起源当中。他们在清楚地表明,他们在谈论宇宙规制时,也同样关怀社会、国家和自我。圣王的神话形象体现了道德关怀和工艺知识。圣人代表了在构建中国文化认同和历史认同中所有事关重大的问题:伦理行为、技艺、物质效用、军事领导、农业、艺术和技艺、对自然现象的理解。以圣王为参照,这意味着相关的哲学讨论会涉及这些问题:人在最初之时,是创造还是模仿、是制造还是装配了物,并能通过这种讨论来确立人的角色问题以及在自然中"天"的影响。[①] 在科学和技术史中我们可以看到,对(古代的)先进和进步给予明确认可并予以参照,在很长时间内这对科学知识在欧洲的形成起到非常重要的作用。直到18、19世纪,欧洲学者们都使用古代希腊文献以及古代罗马的国家治理体系作为一种资源,来为自己的知识奠定基础以及为自己的知识争取权威性。此后,科学家们才日渐频繁地加上一些形容词来对自身的努力广而告之,比如"现代的""新鲜的""超常的""独一无二的"。相比之下,历史学家们给中国(科学)文化打上处于相对静止状态这一标记,似乎直到20世纪中国的学术讨论使用的参照点,还一直是往昔以及往昔的特征和价值。实际的情况是,中国的哲学和学术文化经常使用"原创性""创新性""独特性"来标榜自己的作品和理念。将事项标记为新还是旧,是别具一格还是对传统的延续,对这种时尚的切换我们需要加以辨别。比如,宋代学者将他们的科举考试指导书及其文学作品看作是无可匹敌的、新异的,而明代的文人则会避免这样做。在中国文化中的某一特定时间和空间中,这类标记有着怎样社会意义上、认识论意义上的特殊性,对此我们仍然所知甚少。但是,非常显著的是,声称有"创新性"和"原创性"的呼声不绝于耳,与使用"往昔"参照的做法之频繁程度不相上下,二者的目的都在于推广书面知识和物质产出。16世纪的书商们会在书的封面刻上"新修订版"来号称复兴古代作品,药店老板们号称开发出来了"改良药"和新的不受季节制约的香皂,而文人医生们则更感兴趣在帝国

---

① Puett(2001:65-91,72).

内外发现新品种药草、发现过去的秘方或者重新找到已经失传的药的成分。[1]

因此，“旧”和“新”都被灵活地用来塑造当下、准备未来。一旦有了深入研究（中国文化也好，欧洲文化也好），我们就会对这些（知识）领域的言语表述中所声称的明显连续性以及这一领域的编年发展史，产生某种程度的怀疑：“往昔”服务于“当前”，但是它并没有决定“当前”。比如，数学家牛顿（Isaac Newton，1643—1727）为了给自己的研究找到正当的理由，把重新发现已经失传的古代智慧也纳入自己的任务当中，而且不惜为此进行勤勉的语言文献学研究来支撑这些活动。英国的自然哲学家吉尔伯特（William Gilbert，1544—1603）和罗伯特·胡克（Robert Hooke，1635—1703）可能一直在坚持直接观察，但是他们也同样提及古代、提及当时的政治和哲学的衰落与古代有类比性。宋应星的学术调门与欧洲这些有创新性的思想家有相似之处。回溯到源起是为了向前迈步：通过纯净化而达成进步。[2] 16、17 世纪的思想家们——无论中国的还是欧洲的——都认为，要了解自然世界的真相，真正的古代文本是价值巨大的资料，而这些资料在历史长河中被污染了。他们把过去用作一种修辞手段，以此来推进多种话题。对他们来说，传统的延续和复兴，与进步或者极端变化一样都具有举足轻重的意义。

尽管不同文化在这些问题上有平行之处，中国学者的做法还是表现出其独特之处，他们所处的背景也有特殊性。大多数中国学者从道德入手去强调过去：他们更多地把“古”和“史”当成特别的道德行为指南。[3] 高道德水准与上古之间的组合是根深蒂固的，文人们毫不吝惜地使用它来为自己的观点找到依据。他们并不总说清楚“古”指的是什么。往往在危机时代，“往昔”就会经常出现在中国文人的话语中。牟复礼（Frederick W. Mote）曾经指出，“复古运动”的蓬勃兴起是宋代的标志之

① Crisciani(1990).
② Shapin(1994:234).
③ Rawson(2001:397 - 421).

一,而这个朝代一直遭受来自北方的威胁。在这种时刻,"如果号称某个概念、某个制度或者某种行为模式真正来自古代,那么没有什么比这更有价值,或者更可以被赋予权威性了"①。正如牟复礼所观察的那样,这种对于"往昔"的扩展性使用,或者说随意性使用,部分地因为"尽管古代具有分量,但是被尊崇的过去更多是某种模糊的理想,在文献上是经不起推敲的。所有时代里的聪明人都明确知道这一点。最佳统治者不是从对往昔的文字再现中,而是在治理中搜寻往昔的精髓"②。近现代之前的中国学者已经批判性地反思同道们对"往昔"的使用。历史学家崔述(1740—1816)注意到,朱熹、张载和其他宋代学者都倾向于大方地在"远古"上添加内容。③ 事实上,在崔述的时代之前,文人们已经成功地给黄帝之前的时代增加了一些人物。傅佛果(Joshua A. Fogel)也已经指出,中国人不光去重新阐释过去,他们也有意地引入一些新形象:"孔子谈古时只回溯到尧舜,汉代司马迁的《史记》已经开始提到黄帝,而后代历史学家还回去得更远,一直回溯到伏羲。"④中国的学者不是在屈从于"往昔",而是在发明"往昔"来匹配他们当下的兴趣。

在"往昔"被创造性地扩展时,圣王们被给定了各不相同的特殊任务:神农代表了农业和关于植物的知识;黄帝开始设立国家机构、建造了宫殿、制作了武器;大禹修建了水利工程。像农业这样有重大社会意义的领域,学者们能够在很大范围内找到参照点,而在另外一些领域,尤其是那些关涉日常的任务、少有技艺含量——比如制作皮革——的领域,就很少被谈及。比如,贾思勰的《齐民要术》(5世纪)开篇明义,历数各种有价值的古代传说:从神农到理想化的统治者圣王尧舜,再到如孔子、孟子这样的圣人,全部都认可农业知识对社会和国家的重要性。⑤ 王祯(生

---

① Mote(1999:99).

② Mote(1999:99).

③ 可参见胡适对崔述的评论,胡适《科学的古史家》一文见顾颉刚编辑的《崔东壁遗书》,1936年初版,上海古籍出版社1989年重印;也可以参见Quirin(1996).

④ Fogel(1995:9).

⑤ 贾思勰著:《〈齐民要术〉导读》,缪启愉校注,第169,174,176页,成都:巴蜀书社,1988。

活在元代，生卒年不详）的《农书》所反映的也是这一态度。宋应星的同代人李时珍所著的医药学著作《本草纲目》（1596 年刊刻）列举了理想化的古代里曾经有过的、现在已经遗失了的书籍目录，将文化英雄炎帝当作这个领域的先祖。① 数学家贾宪（11 世纪）也利用先古圣王来让自己的数学知识获得应有的地位，他在自己的《黄帝九章算经细草》一书的书名中，将圣王的名字直接写进去。② 提到圣王，是让自己的知识获得权威性的一种手段，借圣王之名表明这些知识值得人们去了解。在这个意义上，圣王代表了中国文明的基础。他们是知识权威性的普遍源泉，代表着经久不衰的真理，后人不足以充分阐释他们的思想。早期的文本提到了在治理民众、国家和环境时，圣王认为必须去完成的任务。上述的几个有限案例可以让我们看到学者们怀古尊圣的可能性之多、范围之大：它可以包含各类兴趣，从对仪式程序的道德关怀，到对制造车辆的兴趣。

宋应星这位生活在 17 世纪的明代学者也无法逾越这些传统。他非常巧妙地使用“往昔”和“圣王”来表明，自己对于技艺活动的关注有其正当的理由。他与自己同时代学者保持一致，承认圣王在他们被分派的角色中所具有的价值。但是，他还再向前迈进一步，在《天工开物》开篇第一卷关于农业的文本中，强调圣王形象对实际工作所具有的象征性功能。他强调说：神农氏是否曾经存在过，这并不重要；人们赞美褒扬他使用的两个称号“神”和“农”，却一直延续到今天。（“上古神农氏，若存若亡，然味其徽号两言，至今存矣。”③）宋应星在这里肯定圣人们作为中国文明源起创造者的角色，因此圣人们的活动对人是重要的。他否认圣人们有任何哲学或者道德特性。对宋应星来说，圣人们传递了有实践取向的价值。

朱熹提供的反例，让我们可以从中看出宋应星的想法与正统思想有

---

① 陈鼓应：《本草纲目通释》，第 2—5 页，第 334 页，北京：学苑出版社，1992。

② 这本书已经失传，但是其中三分之二的内容保留在宋朝杨辉的《详解九章算法》当中；参见郭书春：《贾宪〈黄帝九章算经细草〉初探》，载于《自然科学史研究》，1988 年第 7 卷，第 328—334 页。

③《天工开物・乃粒》，第 9 页。

哪些不同。朱熹用伟大的圣王作象征,但是他把圣王们描画为哲学意义上的、相当人化的形象,对圣王在处理实际事务上的能力能否强于人的能力,他公开表示疑虑。他将大禹当作一位伦理行为的模范,超越人的能力;但是他同时也指出,哪怕圣人如大禹也无法一个人来治理洪水泛滥。[①] 从立意上看,朱熹对圣王丰功伟绩的诠释,意在让人自己去防止洪水的发生,去敦促官员们安排防范洪水的必要工作,而不是等待上天或者圣人的介入。但是,由于朱熹质疑大禹处理实际问题的能力能否超过人的极限,因此他剥夺了大禹对实际工作所承载的象征性功能。

读书人往往忽视农业知识,宋应星对此很是不屑。在《天工开物》的第一卷《乃粒》篇,他指出了自神农以来农业方面经历的各种变化[②]:

> 神农去陶唐,食已千年矣,耒耜之利,以教天下,岂有隐焉。而纷纷嘉种,必待后稷详明,其故何也? 纨绔之子,以赭衣视笠蓑;经生之家,以农夫为诟詈。晨炊晚饷,知其味而忘其源者众矣! 夫先农而系之以神,岂人力之所为哉!

(从神农时代到唐尧时代,人们食用五谷已经长达千年之久了,神农氏将使用耒耜等耕作工具的便利方法教给天下人,哪里会有什么弄清楚的地方。可是,许多良种谷物,一定要等到后稷出世后才得到详细说明,这其中又是什么原因呢? 那些不务正业的富贵人家子弟,将种田人看成囚犯一般;那些读书人家把"农夫"二字当成辱骂人的话。他们饱食终日,只知道早晚餐饭的味美,却忘记了粮食是从哪里得来的,这种人真是太多了! 看重农作,把农作和神连在一起,这并非刻意所为,而是再自然不过的了!)

在对农业予以特别强调这一点上,宋应星与他同时代人是完全一致的。在学者的文本研究中,很少会有人觉得类似"锤锻"这样的题目值得去考虑。在这样的情况下,学者们可以很随意地挑出来一个历史人物或

---

① Gardner(1990:57-81);《朱子语类・卷第七十八尚书大禹谟》,第 2007—2018 页。

②《天工开物・乃粒》,后稷是农业劳动的代表,第 9—10 页。

者过去的事件，让自己对“往昔”的兴趣停靠在那里，并且让自己的说法获得权威性。在《天工开物·舟车》一卷中，宋应星巧妙地将水手驾船与传说中的“列子御风”连在一起：“浮海长年，视万顷波如平地，此与列子所谓御冷风者无异。”①宋应星将粗鄙的水手与一位哲学家——甚至是一位公元前5世纪诸子百家时期的神秘主义思想家列子——放在一起进行比较，以此来嘲讽与他同代那些认为古代圣王的所作所为不可重复的人。只有对于那些无法把握情势的人来说，“事”才会显得神奇或者难以置信。

对于一位17世纪的学者来说，技艺和圣王之间的关联是功能性的。它言及了学者作为社会政治领导者的责任，证实学术认知优先于一切其他技艺。这类提及圣王的方式是普遍性的，几乎出现在所有与物质效用相关的文本中。然而，宋应星又一次偏离了常规做法，他让人注意到水手的技艺操作是对知识的展示。在强调这一认识论主张时，宋应星所采取的做法是在《天工开物》的每一篇题记中都提及圣王，将自己探讨的每一个题目都归入到圣王已经达成的文化成就当中。这种做法与那些往往只在序跋当中提及这一问题的同行们形成鲜明对比。宋应星的修辞实践表明，圣王们在他那里不光是权威性的源泉，也是其结构性论点的意指符号。圣人们的技艺活动承载了他自己的一些设想：关于人的角色、关于已有的知识对于国家、社会和自我所具有的价值，他的论点有志于去定义天、地、人的关系。

技艺中的知识

> 将锈与底同入分金炉内，填火土甑之中，其铅先化，就低溢流，而铜与粘带余银，用铁条逼就分拨，井然不紊。人工、天工亦见一斑云。
>
> ——《天工开物·五金》

① 宋应星：《天工开物·舟车》，第238页。

宋应星全部作品中一以贯之的研究范围和方法,以及他在《论气》和《谈天》二文中对于“气”的看法都表明,宋应星并不将“天”视为“自然”的一个对等物,“天”也不是一种全能的力量,而是一个从属于他所理解的世界——“气”——的一个问题,是构成“气”的一个组成部分。宋应星认为,“天”(与“地”组合在一起)给“气”的世界提供了一个结构性必要条件。人是这个世界的一部分,并非在其外。因此,人的创造性活动、技艺和技术上的努力等,以与自然现象相同的方式演示着宇宙之道。技艺展示了“天工”。当宋应星提醒他的读者“人其代之”时,他是在建议读者去领会和尊重变化、自然现象、人事,以及“开物”“成务”是如何发生的,而并非要让读者去从事技艺活动。

在《天工开物·舟车》中,宋应星提到舵工是整个船员中的主导人物。他所具备的是透彻的知识、坚定的责任感,并非光有平常勇气就能当此大任(“舵工一群主佐,直是识力造到死生浑忘地,非鼓勇之谓也”[①])。如果非要借用这个航船比喻的话,宋应星认为官员便是舵工,他们的责任便是把握着社会、国家和自我这条船安全地驶过暴风骤雨的天气。因此,宋应星强烈呼吁读书人应该采取行动,按照自然现象和物质效用中展示出来的规制来安排世界,这与儒家的正统要求一脉相承。

如果从历史的角度来看这个比喻,宋应星就是那位站在舵首发布指令、让船逆风而行以期重返平静水面之人。宋应星尽管心情抑郁悲观,他还是坚持认为:在原则上如果一个人能操舵把、奋力与将世界带入混乱的强风抗争的话,那么他就能改变自己的命运。(“国家扶危定倾,皆借士气。其气盛与衰弱,或运会之所为耶?”[②])将他的著作放在一起我们就会看到,宋应星还是看到了与风浪搏击的办法:只要人认识到知识的源泉,规制就会跃然而出。他对同人大声疾呼:重整秩序的机会就在你们手上!宋应星也认为,有实际取向的行动是重返幸运时代的必由之

---

① 宋应星:《天工开物·舟车》,第248页。

② 宋应星:《野议·士气议》,第12页。

路:“天赋生人手足,心计糊口,千方有余。”[1]因此,宋应星视技艺为一条可以为社会和国家带来繁荣的可行之路。当我们从这一方面来入手衡量时,可以很容易地将宋应星与他的同代人李贽、王廷相,或者其后的方以智等人归为一组,后者都持有这样的观点:对科学知识和实践知识的追求应该于社会有用,不应该图一己私利。不管我们采用罗伯特·克劳福德(Robert Crawford)的定义,将这些人的思想观点称为“实用主义儒学”也好,或者按照葛晋荣的概念称其为“实学”也好,我们都可以从中得出这样的结论:他们中的大多数人都感觉有必要将自己的核心关怀展示为一种哲学话语,以此来解释哲学话语的缺失。一些有名人物也是如此,如宰相张居正(1525—1528),或者主流之外的哲学家王廷相——王廷相对自己的理念在语汇上的界定、在哲学上的归属都符合当时的惯例。宋应星却无视这些道德问题并坚持认为,要想在结构上和本质上对世界予以界定,只能经由“气”这一概念。宋应星向他的时代发出了挑战——在那个时代,即便极端的思想家,在探究实际问题时也会念念不忘道德强制和社会强制。然而,在宋应星看来,道德强制是这个时代中的最大谬误。与道德强制相反,他提倡那些在自然和物质效用中展示出来的先验知识。他甚至没有去重申这一点。我认为这是他有意为之。这是他有意识地迈出一步,以便远离同代人所偏重的领域。由于知与行合一,对实际上的“物”与“事”的描写就足以揭示条理,而任何对纯粹哲学概念或者抽象模型的讨论都会让问题变得眼花缭乱。宋应星的修辞实实在在地避开哲学性语汇。他所写的是关于“气”的假说,而在他看来,“气”是一个物质性的、可观察的“客观现实”。

宋应星在《天工开物》的最后一卷《珠玉》篇中指出:“大凡天地生物,光明者昏浊之反,滋润者枯涩之仇,贵在此则贱在彼矣。”[2]各种事物无法相离,只有合在一起才能形成一个完备的整体,“天生数物,缺一而良弓

---

① 宋应星:《野议·民财议》,第10页。

② 宋应星:《天工开物·珠玉》,第434页。

不成,非偶然也”[1],这是在他在《天工开物·佳兵》篇中记录良弓制作时的观察所见。经由这些事物关联所定义的不同事实和层面,都有待于去进一步探索。他经常提醒同人,这些值得探究的事实和层面正如同那些宝贵的玉石一样,外层被粗砺的石头包裹;或者如同珍珠一样,隐藏在深陷泥藻的贝壳当中。宋应星对同人发出观察俗事的呼吁,将他对理论和实践的探索纳入到明代社会结构、物质环境和政治体系这一宽广的明代生活世界当中。在接下来的一章里,我将在宋应星的著作与明代社会这两个映射层面之间转换,聚焦宋应星的知识探索中所蕴含的社会政治色调,梳理他对如下问题所持的观点:学者与匠人的社会角色,实用技艺的目的及其任务,以及他在知识生成问题上的精锐理论观点。

---

① 宋应星:《天工开物·佳兵》,第381页。

第三章　国计与官务

宋子曰：天有五气，是生五味。润下作咸，王访箕子而首闻其义焉。

——《天工开物·作咸》

在中国历史上的绝大多数时期，食盐这种宝贵的资源都在国家的监管之下。国家的掌控机制包括对生产工具和最终产品征税、配额生产和贸易。在明代，这种根本不稀缺的商品为国家提供了一项稳定的收入。只有江西、贵州和广西需要从外地进口食盐，而其他地区都能做到食盐自给。食盐的产出，可以来自海水的提炼、盐湖的结晶、盐井的挖掘，或者也可以从洗涤岩石以及河石中获得。盐业是经济赖以繁荣的一个重要支柱，因而，盐是王朝政治和公共政策需要考虑的问题，是“公共事务”。

《天工开物》里描写了盐的不同生产方法。当宋应星在探讨技术过程中的因果关系时，他的兴趣在税收或者经济考虑以外。在关于制盐这一章(《天工开物·作咸》)的题记中，宋应星认为制盐是一个学者应该讨论的正当话题，因为食盐是人非常重要的营养。有目共睹的是，如果一个人十天不吃盐，就会感到浑身乏力，虚弱到连抓一只鸡都拿不动(“食盐禁戒旬日,则缚鸡胜匹,倦怠恹然"[①])。宋应星也遵循着他所处文化给予的强制性因素,更进一步提及一位古代人物周武王(公元前11世纪)来说明他为什么对食盐这个题目感兴趣。宋应星解释说,当周武王向他的第一大臣箕子问及食盐制作时,他从中了解到,五味(咸、辛、酸、甘、苦)与"气"的五个阶段,即五行(水、火、土、金、木)有所关联。周武王认识到,普遍性的深层规则让一切的"物"与"事"彼此相关,而盐与水连接在一起。通过使用"润"这一词汇,武王来强调水在盐生产中的重要作用,他更多注意的是将水注入,而不是将水移开。武王的作为与制盐原则一致,他对自己的子民有所裨益,他的统治代表了仁政。[②] 宋应星对这一事件的描写也隐晦地表明,他意识到需要有人提醒这个时代的官员们去注意,在领会宇宙规制、按其规制来行动、道德引领这三者之间存在因果关系。

宋应星将世界分类为"气"的不同类型,这表明他相信物质世界的内容,以及在"气"范围内自然过程中的规制。"气"的通用性很好地解释了为什么像盐这样的成分能够出现在湖海里,也能出现在地面上以及地下。由于它们都是"气",同一现象可以出现在不同地方。宋应星在《天工开物》当中描绘了他的宇宙论观点,认为如果一个人要理解宇宙规制,那么中国明代的"公共事务"行业如制盐、制丝、制瓷就都非常重要。但是,宋应星所谓的"相应行动"到底指的是什么呢?谁能够(而且应该)做这些?如何做?对于那些劳作的手、那些浇灌盐池或者在盐水结晶以后从盐场里将盐运出来的匠人们、那些出色地实施他在书里描写的工作的匠人们,宋应星又是怎么想的呢?作为学者的宋应星,更是一位理论家而不是操作者,他是怎样来精确地了解那些体现在劳动者体力活动当中的天赋、技艺和"意会知识"的呢?

对这些问题的回答,可以让我们从中看出17世纪中国知识产出中的两个层面:其一,学术知识与工艺知识之间的关联带来的社会政治结

① 宋应星:《天工开物·作咸》,第144页。

② 刘宝楠、刘恭冕、宋翔凤编校:《论语正义》,卷二19,第63页,北京:中华书局,1990。

果;其二,共同体构建与评价体系的复杂动力机制如何影响个人的作为。夏平(Steven Shapin)在对17世纪英国皇家学会的研究中,提出令人信服的观点:在任何时期对"知识"和"真理"的诉求中,个人和共同体对于知识与人、天赋、社会地位之间关系所做的评判都是非常重要的。[①] 在这种关联背景下,对某项知识是理论知识还是实践知识所给予的社会认定,会变成评价体系中的一部分,而这一评价体系会影响到人们如何去获取知识。一些英国贵族致力于"学术"努力,由于具有高社会地位,他们所声称的内容会被人们相信;手艺人、仆人、商人以及其他民众则基于实践提出设想,尽管学者认可手艺人的技艺,但他们还是认为,技艺知识理所当然地需要有更进一步的理由说明。每一个人在追寻知识时,都可能曾经打破了这些(理论知识与实践知识的)界线,但是几乎没有人在自己的著作中将二者进行调停。英国、法国、德国和意大利的自然哲学家、工具制造者、地图学家们组建共同体和学会,划定专业和学科,主张知识有不同的形式,承认天才和技艺。这些观点决定了他们获取事实的方式,以及所获知识的本质。比如,尽管勒内·笛卡尔(1596—1650)主张对手艺活动进行观察,他还是认为"手艺人的动作知识本身不能导致理念的产生,然而却可以展示足以将心思引向科学的行动过程"[②]。笛卡尔从自己的理论方法入手,详细地描述了铁匠的工作方法。他聚焦于工作方法以及铁匠的常规操作,不去考虑技艺的本质或者铁匠的经验。在笛卡尔的机械论世界观中,手艺人的工作是"研究的对象",也许甚至是"认识论的对象",是一个非人格化的、复杂的、稳固的能产出问题的机械装置。[③]

宋应星在《天工开物》中的态度与笛卡尔的态度相似:他记录了遴选出来的十八种工艺,好像他的眼睛只盯着物质和程序,在做工作流程记录一样。只有在很少的情况下他才将注意力转移到手艺人身上,认可手艺人在这一过程当中的角色。和笛卡尔一样,宋应星也是从自然哲学家

---

① Shapin(1994:66-68;122-124).

② Gauvin(2006:190).

③ "认知对象"这个概念来自于 Rheinberger(1997:32).

的角度来看待手艺人的。让宋应星与笛卡尔持有不同观点的是,17世纪中国关于技艺和社会角色的概念与欧洲模式中的相应概念有所不同。毫不奇怪,宋应星从中得出的结论也与那些西方同行们大相径庭。

在明代的社会理想中,任何一位具有足够智力的人都有望成为一名学者。就理论上而言,学者是社会精华。学者占据了最高的社会等级,政治精英也由他们组成。一旦进入仕途,他们就可以管理国家、维护秩序。农业虽然带着浓重的泥土气,却由于它对国家和社会至关重要而受到尊崇。无论身居显位的高官,还是退隐归乡的小型地主,一位学者如果考虑农业问题,讨论秧苗的培育或者盛赞水利的益处,那么这就显示了这位学者在道德上的完美无瑕以及对国家和社会的高度责任感。对于匠人们的工作,精英们经常避而远之。这些工作因为能够提供有用的物品,也被认为具有重要性,但是它们还是不免被贬为粗俗而肮脏的劳作。手艺人大多数是文盲。他们通过经验获得技艺,辛勤从事自己的工作,无法从理论学习中获益。在社会等级阶梯中,最低的位置保留给那些放荡不羁的商人和欺瞒成性的小贩:他们这些人完全不符合中国社会的理想,只从别人的劳动中获益,自己却不事生产。

到了17世纪,这种因行业而形成社会性差异以及关于不同知识领域的老一套观点,越来越受到生活现实的挑战。在明代早期出现的情况是,手工业得到了官方的促进、农业生产方法有所改变、人口压力增加。当农民开始进入新聚落中心时,便导致了城市化的兴起。许多人将从前用来获得补贴性收入的技艺活动,改为全职经营的谋生手段。国家的经济利益、商业化的趋势以及商品化,使得商人受到尊敬,并在国家政治和学术活动中发生影响。在宋应星的时代,受冲击最大的社会群体便是学者,无论在数量上还是在质量上(参见第一章)。无论有着怎样的社会背景,大家都在学习经典(备考),梦想着因此获得仕途。研读古文经典的,有文人的后代,也有地主、军人、商人的儿子。教育成为这些人共同的立身之本。即便那些最终未能进入仕途的人,他们也得给自己找事情做,或者得去挣钱。他们成为教师、出版商或者医生。他们经常会花时间来研究植物，收集奇花异草或者致力于某些实用性的事情，比如造船或者规划城市。一些人能够在业余爱好与工作之间、在行政职位与学术追求之间进退自如，易如反掌；另外一些人，则笨拙地去突破已经变得模糊的社会界线，与乡下人、外国人、商人和僧人打交道。从这一时期的文学描写中我们可以看到有许多差别细致的各色人物，他们将世俗的、有功效的、方便的事物带入学者世界当中。

在明代，国家介入生产这一事实，让实用工作领域比如食盐、丝绸和瓷器生产变成了政治问题和官府事务。学者范围内新研究话题之所以出现，这也是一个重要的因素：国家聘任一位官员做这些低等手工劳动的管理者，这挑战了“（只会）识文断字”这一学者角色，也强化了关于“知与行”的思想讨论。这一讨论早已出现，宋应星也曾经加入其中（参见第二章）。宋应星勾勒了自己关于人之天赋的理念，检验了学者身份认同和学习的边界线，将人分成两个群组：智慧的和愚笨的，学者和普通人。他预先设定，只有学者的心智才能领会到那些蕴含在“物”与“事”当中的高端格式化知识，要揭开表面之下的普遍性原则，才智是必不可少的。宋应星认为，所有非学者人物、农民、商人所从事的工作都是没有头脑考虑的。他在自己的著作中，将兼具力工和匠人角色的手艺人剔除在外，对他们的技艺和社会角色都不予讨论。在一个国家日益依赖匠人的技艺来进行生产，社会要求有精美的丝织、瓷器或者漆器产品的时代，学者日益感到自己是多余人的处境。宋应星对匠人的态度，可以被看作从一位学者角度出发的、符合逻辑的反应。宋应星护卫学者的身份认同，强调只有学者才能领会到技艺揭示出来的知识。在这一背景下，宋应星也明确了自己的道德立场，认为好与坏行为都是因情势而异的，是风俗、习惯和环境的结果。因此，在所有社会群体中都能发现好行为。

从社会政治角度看，宋应星的观点正是这一暧昧时代的产物。他坚持无论是在思想意义上还是社会意义上都给予学术天赋以优越的地位，赋予学术成就和文人活动以最高社会等级。这一态度，是他对商业的重要性日益增长、技艺工作在公共生活中变得日益彰显所做出的反应。他和许多同代人一样,认可商人存在的必要性,但是不赞同商人们抱有进入学者行列的野心。在晚于宋应星的一代人当中,有些人比如学者和商人王源(1647—1710)认为,传统上的四种职业类别士、农、工、商已经失去其有效性,因而应该废除。陆冬远(Richard John Lufrano)发现,有些学者"从重要性出发将'商'置于'工'之前,在'农'之后添加一个新的分类'兵'"①。在认可"商"和"兵"的重要性方面,宋应星会同意王源的看法;但是,他不会将匠艺人包括进去。一个描写技艺的人,会拒绝将匠艺人当成一种职业类别,这会令人感到不可思议。他的分类图式扭曲了通常的分类,只表现为两个群组:智慧的学术(或者军事)领导者以及无能的普通人,后者是那些从事当时社会所需实际工作的人,他们可以是商、农,或者是兵。

匠艺与明代的国家

> 砌城郭与民人饶富家,不惜工费直垒而上。
>
> ——《天工开物·陶埏》

现代南京最著名的景观之一便是其完整无损的城墙。五个世纪以前,20 多万民工和匠人将城墙修建起来,用来保护明代的首座都城。我们今天知道几乎每个管理官员的名字,也知道许多制作城墙砖匠人的名字,以及砖是在什么地方、什么时间烧制而成的。这些数据都被精心地刻写在每一块砖上。② 这给现代的历史学家提供了惊人的材料。这种逐一标记的做法是由明代的立国者朱元璋出于纯粹的实际考虑而引入的。它提供的信息,便于征税目的;在出现产品质量保证问题时,可以找到制作者;它也可以保证制作者得到公平的薪酬。修建南京城墙的砖,体现了匠人与国家机构之间的密切关系,这一关系决定了宋应星的世界。在

① Lufrano(1997:46);更多事例见胡寄窗:《中国经济思想史简编》,第 458 页,上海:上海立信会计出版社,1997。

② 郭金海:《明代南京城墙砖铭文略论》,载于《东南文化》,2001 年第 1 卷,第 75—78 页;夏明华:《荆州古城勒名砖与物勒工名》,载于《江汉考古》,2003 年第 87 卷,第 66—72 页。

这一章的下一节里,我将首先从总体上勾勒明代官府介入技术活动的历史,然后采用苏州城制丝业和景德镇制瓷业的详细资料,来向读者展示中国书面文化以怎样的方式来反映技艺。如果我们对晚明时期官营生产点的历史和结构,对那些确立了学者、国家、手艺人之间关系的激励机制在总体上有所了解的话,这将有助于我们将宋应星著作放置在其相关大背景中来理解。

明代的开国皇帝从统治之初就注意到匠人群体,让他们与国家密切关联在一起。他接受了最早由蒙元统治者实行的世袭匠户登记制度。这一制度规定,匠户人家的所有男性成员及其后代都必须从事同一职业。朱元璋建立起一个在国家控制下的生产地点网络。陶工、币工、木工、织工都得在官营作坊中,提供一定时限的劳务来替代缴税。官营作坊的产品包括船、车、军队用的武器、官府活动时用的礼仪物品、朝廷给敌人和结盟者提供的商品和贡品,以及用来填充宫廷宝库的各种奢侈品。关于劳动力和工作周期、原材料、最终产品,所有这一切都有固定的官府配额。

明代以前的各朝代都满足于仅为宫廷所用物品建立专门的营造点,其余物品则购自自由市场,从一般工艺品当中选择精品。明太祖对农业和工匠的兴趣,是他在深思熟虑元代政府实行的管理方法后做出的回应。13 世纪的蒙元政府,视物质发展优先于学术进取,然而至高无上的地位还是属于军事。这也意味着,元代统治者热衷于那些能够刺激经济增长、帮助国家提高其权力的技艺。元代统治者一方面绝对看重工艺天才(在战争中他们接受工匠为战利品,留他们活命);另一方面,元代在总体上给人留下的印象是:他们利用技艺来为国家这一战争机器效力,但是并不推进技艺水平。元代引入了一种世袭制度,在平民和军队中征召匠人。[①] 经过一个世纪之后,包括农业在内的每一生产领域都已经枯竭。明代统治者承认,蒙元政府对技艺的强调于帝国统治有所裨益,于是将技艺生产纳入行政管理结构当中。明太祖也看到以军队为取向带来的

---

① Allsen(1997:30－34,尤其是 32);Weatherford(2004:19－33).

毁灭性效果,因而他将官营生产置于文官控制之下。

明代官府介入重要的技术领域如丝绸业和瓷器生产,其程度之大超过以往任何时代。在踏入工艺生产领域以后,明太祖将组织和控制的权力交给读书人而不是匠人,他用这种方式让学者与实用技艺连在一起,让匠人与国家连在一起。那些因为文字技艺而进入仕途的学者们,突然发现自己不得不组织工艺生产。读书人必须进入新求知领域,而匠人们还留在自己的老本行里:陶瓷技师继续踩蹬陶轮,手艺高超的织工还得继续弯身拱背在织机前劳作。在明代统治的整个三百年里,官员与匠人之间的官府管理纽带一直面临极端坚韧的考验。位于纽带两端的人,都在努力拉扯,让这纽带时紧时松,时而乱作一团、时而条分缕析极其清楚,这样的情形反复多次。匠人们经常以逃跑或者消极抵抗等方式来切断这一纽带,而学者官员们则被自己的理念绑缚。学者必须跨越这一知识空白地带,让这一体系运作以便服务于国家。到了15世纪,学者官员为保护大明先祖的伟大蓝图不走样,有时候要抵制势在必行的改革。但是,他们也得面对每天都出现的挑战,这经常强迫他们找到一些新办法,才能完成任务和目标。一方面传统需要去维护;另一方面,经济上的必要性也需要去面对。这两种极端之间的张力,典型地代表了16、17世纪学者精英对于技工在国家和社会中的角色与功能所持的观点。通过分析官营与私营工艺生产的关系,我们可以追寻其主要的转变。

最早的官营作坊都建立在该行业传统的生产中心,官员们可以找到当地的专业人才。① 丝织业官营作坊主要位于南直隶、江南和四川地区,陶瓷业则主要在江西省。明代初年官营作坊的运行毫无障碍,这表明了官府和私人都乐于面对这种健康的共栖情形,彼此能从对方的活动中受益。官营作坊利用私营来完成自己的定额目标,而私营作坊也愿意每年补充官营作坊的生产,并从中获得稳定收入。官府对于私人作坊提供的

① [明]申时行、[明]李东阳:《大明会典》,卷181,201,台北:新文风出版公司,1976(1511/1587);《明史》,第6册,卷72,第1729—1731页,第1760页;李绍强、徐建青:《中国手工业经济通史:明清卷》,福州:福建人民出版社,2004。

基础设施也予以积极支持，以利于生产能够进行并有所增长。在这一过程中，许多介入工艺生产管理中的学者官员意识到，他们——作为明代宫廷和国家的代表者——对匠人的依赖要超过匠人对他们的依赖。他们学着在两个角色中去面对这种挑战：作为官员，他们以严格的组织控制来回应；作为学者，他们以学识上的见解精深来回应。明代的学者精英们将艺术和技艺纳入自己的领域当中，对匠人则干脆瞧不上眼。

开始试图将官营丝绸生产作坊扩展到原本没有生产能力地区的，是明朝的第三位皇帝明成祖(1360—1424；年号永乐，自 1403 年开始)。此后几十年的情况生动地表明，创新性技术的扩展是一种需要精密契合的业务，如果单靠行政力量来推进注定只会遭遇失败。在随后的这个世纪里，官员们面临的挑战是，维持这些刻意而为的生产网络。这经常需要很大的财力花费和巨大的人力投入。丝绸生产需要不同匠人群体的合作、适宜的气候条件、原材料生产领域和最后加工领域之间保持精致的平衡。大多数传统生产地区以外的作坊，从来没能真正投入生产。与此同时，明代那些建立在传统中心的丝绸生产作坊却得以继续繁荣。

关于工艺生产的官方文献能够对宋应星在《天工开物》中的出色描写进行补充，但是这些文献的记录也受到某些考虑的左右，大多数与宋应星的考虑有根本性不同。在官府控制的工艺领域，如丝绸和瓷器生产，文献记录也是最为完备的，因而也是最能显示这些文献的特性的。在总体上，这些文献之所以形成，是出于行政管理上的目的。官员们记下了事实和数字，他们仔细地汇编订单、订单的执行以及发货的详细情况。尽管官员们没有直接反映工艺领域日趋增加的专业化、手艺人的技艺情况、他们的社会角色如何等信息，但是，这些文献从进出账的角度提供了关于这些问题的信息。在偶尔情况下，官员们也会对推迟发货或者缺少人力表示不满。在怨言之后，他们也会写进基本的，但是精确的、技术上的解释，或者那些在经营管理背景下关于原材料、劳动力、机器等的量化信息，以此来显示地方官员的能力和专业知识。官方文献中的这些不满，正如洒在一张洁白无瑕纸张上的一摊墨迹，这会改变我们对这张白纸的看法。白璧无瑕的官方记录,要作为一个体系的运行证据,表明这个体系的运行如同一块瑞士精工表一样毫无阻碍。不过,这种印象源于一个事实:地方官员回避给朝廷写备忘录,以逃脱自己会遭受渎职追责的可能性。或者,即便他们将自己的不满诉诸纸端,也会将事实和数字予以理想化和操纵,用来支持他们自己的论点。①

这些备忘录表明,在有了朝廷,尤其是内廷派出的太监干预之后,地方官员在竭力保护自己的地位。到了 16 世纪末期,这种显露出来的不满程度日益增加,历史学家甚至视此为行业衰落的标志。② 然而,如果研读涉及技术进步、质量或者产量的详细资料,或者看一下保留下来的当时的产品,我们就会发现这种说法难以成立。③ 这些报告主要提出,对不能满足短时间内提供更多产量或更高要求的产品(加派或者"佥派")要予以谅解。实际上,这些报告也以另外的方式证实了这一行业的生产能力:一般说来,地方官员甚至在困难的条件下也有能力输送宫廷和官府要求的产量。对于更高质量、更大数量的特殊要求,总是可以做到的(尽管有时候是以牺牲常规生产为代价)。的确,位于明代中国最繁荣中心的江南和南直隶地区的作坊,完成定额似乎完全没有问题,它们也能马上(或多或少地)解决大多数困难。

在传统的丝绸生产地区以外,并非所有官营作坊都是这种情形。这表明了国有制造业与地方手工业合作的情况。但是,有关这一合作的历史记录非常稀少,这又可以被解释为,地方官员害怕因为如实地记录而受到追责。地方官员的责任在于把握当地的局势。于是,在官方文献里,官员们构建了一种两个独立部门的理想:顺利运行的官营生产,私人作坊有着少量的贡献,或者单独的匠艺大师为官府服务。这些官员本人

---

① Schäfer(1998:210 - 212).

② Scheid(1994);同一种类来自太监的干预在军事领域里以及在与内廷相关的管理活动中也非常普遍,参见 Tsai(1996:69 - 81,106 - 110);范金民:《明清江南商业的发展》,南京:南京大学出版社,1998。

③ 陈娟娟:《丝绸史话》,第 9—15 页,第 39 页,北京:中华书局,1980。

或者他们的同人著述编辑的文献数量越来越多，这些文献表明，到了 16 世纪中期，几乎在所有领域、所有地方都有一些大大小小的工作单元并行存在，一些在官府的掌控之下，一些则由私人业主在经营。官营的"苏州织染造织局"是一个很好的例子，官方的资料和私人资料对此都有很好的记载。自 10 世纪以来，苏州就是一个丝绸生产中心，部分得益于它所处的地理位置。苏州位于一个经济繁荣地区的中心，这里有茶园、稻田、棉花、奢侈品生产的工厂，官营作坊对原材料、服务，以及人力的需求长年都能很容易得到满足。①

苏州织染织造局的情况，也是一个非常好的案例可以说明多种因素如何左右历史文献。在官方的行政归属中，苏州织造局归地方行政管辖，太监监理，因为它拥有高水准的专业品质，宫廷里的太监会定期来收走全部产品供奉宫中使用。它与国家权力核心有密切关联，这也解释了为什么关于它的结构以及各种缺陷都得到了完整的记录。它也让我们看到了管理部门中汇集形成的信息。工部和户部得到的报告是一份粗略的，也许经过美化了的关于劳动力、建筑物和管理人事的报告。由此我们获知，这个机构雇用了 25 个行当中不同级别身份的 1705 位匠人。地方文献就详细多了。一旦由于需求调整、损坏或者其他理由而要对织造局进行重组或者重新规划，地方官员都汇编关于这些改变的详细报告。这些报告也可能是负责人员调换岗位带来的结果。在这种情况下，履新的官员经常会重述先前情况、收集在当地发现的档案材料、报告任何新进展。作为官府建筑物，织造局有一块纪事石碑，通常立于门口或者在院内一个显而易见的地方。这是在中国历史上通行的做法，适用于主要的建筑、桥梁和庙宇。这些碑刻内容是珍贵的文献资料，记录了重要的细节，代表了当时特有的看法。实际上，它们可能比其他资料更有价值，因为它们的文字被刻进石头里，不可以被修正、被重写，而许多其他形式的记录则存在被改动的问题。苏州织染织造局的一块石碑给我

① Marmé(2005:108－126).

们提供了这样的信息:在 1647 年(顺治四年)这里有 173 座提花机,分别放置在 6 个机房里。这块特殊石碑上还刻画了机房和官署的分布平面图、一份管理机构一览表,这些内容几乎从来不会出现在递交给上级的官方报告中。这个图式(图 3-1)似乎兼具展示性和文献性的功能,还能让光临此地的官员对织造局有一个空间上的总体概念。

图 3-1 苏州织染织造局顺治四年石碑拓片。该石碑原立于苏州织造署,后移入苏州文庙内的苏州碑刻博物馆内。拓片完成于 2009 年 7 月,在本书中的使用得到了苏州博物馆的惠允。

地方管理文献和碑文中有些丰富的细节，是在个人（比如宋应星）的著作和记录中难以看到的。但是，无论从现存的碑文还是在管理报告中，我们都找不到织造局内工作安排上的细节，也无法从中了解到工作环境问题是如何解决的。要生产高质量的产品，织工们需要使用一种带有花楼的“提花机”，这样才会有最出色的产品。但是，没有任何一个报告里提到，织造局在哪里获得了他们所需要的提花机，是谁制作了这些复杂的织机。况且，对 173 台提花机负责的当地监管人也必须考虑到，机工和机花子即坐在花楼顶上拽经线的人，这二人应该能够彼此应答以协调动作。在织造复杂图案时，机工和机花子就需要通过高度复杂的唱歌形式来应答。要想有好产品出来，二人的动作必须同步。如果 173 台织机都放在同一个大厅里，那么机工们被迫在不间断的织机梭子声中交流。类似这样的问题是怎样解决的，可惜我们无从知晓。

在瓷器制造业中，如何组织管理用工的记录要好于丝织生产领域。明代官营的瓷器生产在江西景德镇。在相关的资料中，无论私人记录还是官方文献，都普遍强调高度分解化的生产过程。有些人指出，这一制作过程与韦奇伍德(Josiah Wedgewood)所说的 18 世纪流水线很相似。[①]分解性生产要求更多的组织性工作，因为每一步骤都必须与它在总体中的功能保持协调。这种做法使得繁复的专业技能和复杂动作可以分解为简单的单元，任何人在接受少许培训之后就可以完成其中某个单元的工作。这就使得官员对匠人个人性技艺的依赖大为减少。反过来，小型（技艺）单元的专家们可以对用工需求做出更灵活的反应，可以制作更多不同样式，也可以互相借鉴着一起做不同风格的同类产品或者参加不同项目。如果管理精良的话，丝织业和制瓷业这两种运作方法都有可能获得高数量、高质量的产品。

---

① 关于瓷器生产著作的概览参见 Kerr& Wood(2004:24 - 28)；关于这一题目最为详细的报告来自唐英(1682—1756)，他从清代生产的角度来评判明代的发展，参见[清]唐英著:《唐英集・陶冶图编次》，张发颖、刁云展编，第 950—967 页，沈阳:辽沈书社，1991；亦可参见[清]朱琰:《陶说》，上海:上海古籍出版社，1995—2000。

但是,文化上的特权属性又决定了任何一种运作方法都不会以现代意义上的批量生产为目标。明代皇帝和明末的商业化社会看重特制风格,对别致性的要求超过同一性。从最大到最小的作坊,官员们采用模块化生产,让生产步骤同一化,对从业者的技能和知识进行掌控。[①] 一旦生产和销售达到了一定水平,分解性生产和小组(合作)就注定要求官员们具有可操作性的管理原则。因此,让官员们处于生产过程核心位置的,是他们的管理技能,与他们实际上对某一工艺拥有多少知识并不相关。

我们可以设想,在有丝织和瓷器生产的沿海地区与四川省的明代大工业城市中心,官府对技艺行业的介入,都会让地方官员无一例外地以这种或者那种方式受到影响。税务收缴和运送必须进行,原材料经过他们主政的地区,一波一波的短期应招匠人聚集在街头和市场上。在所有这些事情的进行当中,他们还必须维持社会秩序,保护道德不太受物质上声色犬马的侵害。

在宋应星的生活时代,匠人被纳入官府管理当中已近三百年了。学者们在明朝开国之初对匠人匠艺形成的态度,也随着后世统治者对匠人约束政策的变化而进行着调整。宋应星早就有进入仕途的设想,他也一定对这些未来的管理责任以及由此而来的社会义务有所了解。明太祖的规划确实显得很美好,几乎对每一种能想到的问题都有了应对措施。这一体系的核心基石便是固定的供应和需求配额。这一计划通过税收和沿固定线路的运输来保证原材料和劳动力。世袭职业户籍制度可以保证工艺技能不间断地进入官府掌握的制造业当中。可是,明代的开国皇帝会那么天真,竟然以为匠人后代不会超越这些限制?他真的会以为,那些迫不得已而劳作的匠人与那些为了自己的钱包而自愿从事劳动的匠人生产出来的产品会有同样的质量吗?事实上,明代的第三个皇帝即永乐皇帝已经开始在1403年修改定额,对产品的质量和数量给出新

① Ledderose(2000:5).

规定。从1573年起，在万历皇帝在位期间，朝廷几乎每年都要宣布补充定额，以满足其对奢侈品日渐增加的需求。这些需求增加的数量之大，官员们往往难以完成任务。

面对不得不征召更多匠人来完成任务这一挑战，官员们一开始采取的办法是官府压力与公平的劳务报酬结合在一起。当生产压力增大时，官员将负担转嫁到匠户身上；当匠户的义务日渐增加时，他们开始痛恨这种世袭制度。每年应召进入官营作坊服劳役，对匠户来说都是经济负担，哪怕他们可以得到相当公平的劳务报酬的保障。但是，应征官府差役会引起自己作坊中人手不足，让他们一年的辛苦劳作入不敷出。如果匠户家的儿子不幸手艺不好，他们就只好花钱雇人替代应差或者交罚款。当这种情况发生的频率不断增加时，在籍匠户就只好卖掉自己的财产和家当。有些匠户甚至连自己的房屋也失去了，成了法外之人，或者说变成了逃户或者流民。

官营制造业依靠对匠人施压来确保质量，而压力恰好对产品质量的提高产生负面效果，由此官营制造业陷入恶性循环当中。官员们不得不在先皇的规划、后世皇帝的要求、消费者的需求、自身阶级的利益等诸多方面之间找到平衡。在丝织和瓷器行业里的“供应机房”这一机构设置中，他们找到了如何解决这一难题的答案。“供应机房”这一机构的目的，是用来填补常额岁造或者用来应对始料未及的不时之需。一旦在籍匠户劳力都被征用完毕，官员们便会在“供应机房”中征召全国最优秀的匠人来生产高级产品。在明代皇室墓葬中发现的丝织品以及漆器等物品，都是在这些“短期作坊”中生产的。① 这些机构不受产量额度和财务费用的限制。他们之所以能达到最好的质量，也是因为他们能选择行业内最好的匠人来采用最精良的技术产出最有创新性的产品。

1531年，在明世宗统治期间，明代政府和朝廷力图从制度上入手来解决面对的困难。明政府对从前的生产定额、赋税种类做出不同的改

---

①《明实录·世宗实录》(1577)，第117卷，第8153页；Schäfer(1998:60－61).

革:在所有行业、所有机构当中都改为全部使用银两来支付,也包括那些从未有过良好的生产状况、从未高效运行过的地方作坊[①],而以前通常是以丝织品来支付的。这一政策改动,对那些中央和地方所属的官营作坊不产生影响。许多地方如苏州和杭州的私人作坊,则从中受益良多,因为作坊主和自由织工现在可以名正言顺地去生产高质量产品,他们不必再被那些非正式的灰色要求而榨干血脉。

当官府在放松对匠艺行业的控制之时,匠人群体开始将自身组织起来,形成不同形式的联合体,以寻求社会和经济的安全屏障。[②] 位于丝织产业核心地区如苏州、嘉兴、杭州的地区所属作坊,以及位于南京的中央所属织造机构几乎一直依赖于当地匠人(住座匠,存留匠),这些作坊雇用劳力来生产高质量的丝织品。这些官营作坊的需求,有助于在丝织贸易中形成特产市场。我们有理由认为,在瓷器、细木工和漆器产品的贸易中也会出现同样情形。经由包揽人/代理人的"领织"制度,也是行业发展的一项重要因素。这一套代理人体系促进了公开劳务市场的发展,扶植了私人去获取原料、专业劳动力、销售终端产品的活动,给作坊主带来更多的自由。与欧洲行会制度不同的是,中国匠人的组织是基于地域,而不是以行业来划分的,这与当时普遍出现的地方主义趋势相吻合。[③] 然而,匠人组织的地域性特征,也可能是匠人身份世袭制度造成的结果:通过户籍登记和纳税制度,每个手艺人都与他的家庭根基,也就是说与他的来源地绑定在一起。

现有的研究表明,在清代,组织匠人联合会的人经常会成为该领域的职业性贸易代理人,比如在棉花生产领域。这一新发展的根源在于官府代理人体系,这一体系对匠人专业技能的认可强化了匠人的职业身份,从而导致了在城市中心出现了匠人的劳动力市场。自16世纪50年

① Liang(1956).

② 梁方仲认为,"一条鞭法"表明,税收更像是一条规定而不是律令,在各地的实行情况有所不同,可以进行调节,参见 Fei(2007:4).

③ Wakeman(2009:178).

代以后，官员和官府越来越淡出工艺行业，他们对私人经济、作坊、匠人和商人各种活动的控制更多是通过社会手段和宗教手段来实行，而不是通过行政机构上的关联。在很多情况下，手艺人群体或者官府不再理会销售和营销，将这些工作留给商人去做。[①] 比如在丝织领域，保证定额数量这一负担从官员转到了商人身上；在盐业领域，官员们也开始推崇祭拜当地财神的各种宗教-伦理信仰。经营管理方面的任务也交给商人：他们现在要负责组织生产，并将货品运送到全国。[②] 货品的流动性是明代这一期间的另一大特点。宋应星在《天工开物》中提到商人连接南北，将很远的西部地区也看作自己的商业范围。我们从消费者王镇（1424—1495）的相关信息中了解到，他对于京城市场上有来自全国各地以及外国的货品感到非常高兴。[③] 这种情况与宋应星对商人经商范围的描写相吻合。

旅途见闻也是明代学者所拥有的第一手经验。那些通过读书而获取仕途的人，从年轻时开始便背起行囊行走在路上，参加每三年一次的各种考试。一旦考中获得任职，也往往会被不断地调往新职位。在旅行路途当中，这些学者有机会接触到商人和匠人。应召服役制度让匠人们成为行旅街景中的常规性组成部分。这种匠人的流动性与出现在欧洲近代早期的情况有所不同：在欧洲，政治上的分化，使得欧洲各国竞相去赢得工艺专家和工程师；而在大明王朝的辽阔幅员内，这种争夺匠人的情况并不明显。在全国各地，那些依据职业登记在籍的匠人每两三年就得上路，离开自己的家几个星期或者几个月。在宋应星生活的时代，游走的匠人是中国行旅途中和主要城市中的一个普遍性的现象，甚至在劳役税被废除以后也是如此。苏州的木工前往南方，到福建沿海的船厂工作，或者在那个地区正日益发达的商业刻书业中找季节性的工作机会；天分出色的织工能在私人作坊中得到聘用，或者被官营作坊招去完成特

① Chiu(2007:125 - 142).

② Janousch(2008).

③ Asim(2002).

别的任务;玉雕工来到扬州城著名作坊里工作,以便让自己的技艺变得更加精湛;来自四川的榨油工生产的灯油和蜡烛等产品,被富商们发送到沿海的市场上。在一个地理面积超过欧洲的广大地区,从南方的广东、北方的蒙古直到中亚平原,手艺人迁移往来,定期地聚集于江南和南直隶地区的繁荣都市。在宋应星经由景德镇向北前往南京或者北京去应考的途中,他肯定会遇到很多匠人,尽管他可能会选择更好一些的船舱,住更舒适一些的客栈。

地方官员和中央官员的报告都提及让匠人流动的官府措施,其目的在于去完成短期的任务,或者去传播和扩散技术知识。这些材料很少能让人知道,这些强制性移民是否持久或者这些知识技能转移措施是否成功。然而,我们可以从中看到的是,全职匠人非常坚决地拒绝移民,就如同从前那些半农半匠人口一样——这些半农半匠人口被绑定在土地上、匠艺工作只带来补充性收入。匠人们虽然人在旅途,但是,他们的世袭身份以及经济的、个人的原因阻止了他们在社会意义上的流动。专家型匠人根本不愿意离开苏州、杭州这样的中心城市,他们在那里全年都有不同的工作机会。哪怕官员以重罚相威胁,或者以额外报酬相诱惑,"南匠"仍然经常拒绝来到中国北方的京城。①

明代国家和社会中的模糊性,隐晦地体现在户籍登记制度带来的社会政治后果当中。在官营体系的用工和赋税问题上,手艺人是依据行业被区分和被征用的。然而,在国家的强制规定下,行业的传承保持在家庭内部。明太祖的规则一方面认可并细致地区分某些领域内(如丝织业和瓷器制造业)的不同职业工种;另一方面,匠人与地域以及户籍登记的深层关联又严重地阻碍匠人身份认同的形成,以及家庭纽带之外任何群体性身份认同的形成。这种模糊性映射并解释了这样的一个事实:在明代书面文献中,文献的作者对匠人行业的认可非常不充分。学者的记录强调本地社会角色与技艺之间的密切关联,其展示的理念是:技艺成就

①《明实录·世宗实录》,第172卷,第8406页。

与家庭道德连接在一起。造成这种看法的因由和源起，都在于这种含混性。匠人们力争找到新的技能培训方式，或者新形式的集体组织，但是他们总是被拉回到自己的社会纽带和源起地去学习技艺。即便有人外出旅行，在新师傅那里学习技艺，也无法留下来将其付诸实践。学艺只限于父子关系。匠籍登记制度让匠人移动，但是禁止他们改变身份或者在没有许可的情况下搬迁到他处，而获得许可几乎是不可能的。逃避这些强制性义务的人便成了在逃者。一旦他们加入到流民队伍当中，他们便成了流浪汉，与那些赤贫的农户和佃户佣工没有区别。在研究者这里，他们的匠人身份因此被遮蔽起来，正如大卫·罗宾逊(David M. Robinson)的研究所显示的那样。①

国家权力和管理结构控制行业与所在地、家庭和匠人知识之间的联结。这些控制的形式给学者提供了一种方式，让他们一方面承认实用知识对人类文明具有潜在的意义；另一方面，在思想上对它们的认可程度，无非是将其视为一种认知隐喻而已。在这个意义上，明代学者宁可守护理论知识与实践知识之间的壕堑，而不是试图在二者之间架起桥梁。学者们在自己的学术文字中对个人技艺显示出满不在乎的态度，这可以被看作一种保卫自身立场的策略。如果从这一角度来看，宋应星对匠人工作的态度与当时社会大环境完全相符合。不过，如果我们就此以为，这些学者对工艺、技术或者手艺人的技能根本不感兴趣，那便大错特错了。相反，我们从中可以清楚地看到朱元璋将制造业纳入国家掌控之内这一做法，对明代学者思想产生的影响：它影响了这个时代关于实践知识与实用性行动的哲学讨论，影响了关于人的技能与天赋的综合性讨论。正是在这种对技艺知识有查验兴趣的氛围中，宋应星显示出他对技艺的兴趣，展现了他对匠人技艺和学者天赋、实践者在社会中担当的角色及其与学术研习的关系等问题上的态度。当宋应星在《天工开物》中细说如何处理原材料，或者指出哪项任务要求哪些特殊劳动力以及哪些地方需

---

① Robinson(2001:25－57).

要官员予以特别注意时,这反映的是学者对手艺人技能的控制。在讨论将蚕茧投入到滚水中以便抽取丝线的这一缫丝技术时,宋应星写道:"凡绫罗丝,一起投茧二十枚,包头丝只投十余枚";在描写取丝绵的过程时,他写道:"湖绵独白净清化者,总缘手法之妙。上弓之时,惟取快捷,带水扩开。若稍缓,水流去,则结块不尽解,而色不纯白矣。"[①]关于技术过程中每一步骤应该采取哪些有效的方法,学者有相关的知识,也有管理方面的技能。正是这一点才保卫了读书人作为官员的角色,才足以让精通技艺的匠人无法靠近学者。

人的天性与天赋

> 而能通火药之性、火器之方者,聪明由人。
>
> ——《天工开物·佳兵》

明朝政府需要很多士兵以护卫边境地区、压制境内的叛乱。明政府对军人的招募,通过武举考试来进行,这与选拔文官的科举体系类似。应试人员必须展示一系列技能,以表明他们在武艺和领兵方面都有过人的才干。比如,他们必须能拉开强弓,射出分量十足的箭并能精确地击中靶心。武举考试中使用的强弓,弓弧由竹木制成,外面包上牛角,这和这一时期普遍使用的弓没有什么区别。为了增加其回弹性,制弓人还特地用牛筋腱缠绕牛角片。弓弧被涂上胶,外面裹上桦树皮。宋应星在《天工开物》中注意到,中国的射手们使用的典型弓弦是用丝制成的。跟许多北方蛮族使用牛筋腱做成的弓弦相比,丝弓弦能更好地抵御雨和雾(往者北边弓弦,尽以牛筋为质,故夏月雨雾,妨其解脱,不相侵犯)。[②] 宋应星似乎对武器非常了解,但是他那一代在南方长大的人大多无缘接触到真正的武器。由于明朝天下承平日久,训练军事人员的必要性大为降

---

①《天工开物·乃服》,第76页,第74—75页。

②《天工开物·佳兵》,第382页。

低。在文官主导这一政治体系的影响下，很多武举考试都已经蜕变为一种儒家意义上的仪式表演。应试者只拉开弓，却并不射箭，他们展示技艺更像是接受检阅，而不是去精通这些技艺。在16世纪中期，戚继光将军为了抵御沿海倭人的入侵训练军人，他曾经放弃使用武举考试的教程，认为那些课程只是让人背会了“花架子”的技能。他主张使用火器，指出明太祖就曾经使用枪炮来对付蒙古人。的确，明太祖几乎是一位武器狂热者，据说他那存量丰富的军械库里各种火器、火药库、大炮都很齐备。中国人将火药用于军事用途的历史可以追溯到9世纪；然而，直到14世纪，火药才从燃烧性武器发展为大炮。在此后的15、16世纪，明朝政府在武器装备上与它内部和外部的敌人相比都有了明显优势。①

早在宋应星的时代之前，中国人关于武器和军事战略的知识已经广博得令人侧目。在明代广为流行的军事经典《武经总要》（成书于1044年）一书中包含了流传下来的最早火药配方。制作火器的成分硝和硫黄，也被用于纺织品染色、医药和其他加工过程当中。硫黄的产出之地在明朝控制的地理范围中的边缘地带。② 对硫黄的提取，主要来自黄铁矿和硫酸盐（宋应星使用了另外的语汇：石半出特生白石，半出煤矿烧矾石）。制作火药的匠人，在堆放的黄铁矿石和煤石周围用泥土垒起来圆形的炉灶，使炉顶中间隆起并留出一个小孔的炉膛，然后点火给矿石加热。为什么制作硫黄被少数人垄断呢？在宋应星看来，这是因为这项工作要求有专门的技能和培养。宋应星非常仔细地解释了这一制作过程：在火炉达到合适的温度以后——这可以通过炉顶小孔中透出来的火的颜色做出判断，应该将一个预先特制的陶制钵盂扣在炉顶的小孔上面，来截住从炉膛里升出来的黄色蒸汽。钵盂的边沿上有内卷的像鱼膘状的凹槽，蒸汽在钵盂壁上凝聚后流下，进入凹槽，“流入冷道灰槽小池，则凝结而成硫黄矣”③。火药的第二种成分，硝，是生产盐中常见的副产品。

---

① Sun(2003)；关于火药的发展，参见Needham(1986：111－126)以及Allsen(1997)。

② Zhang(1986：490－491)。

③《天工开物·燔石》，第299页。

宋应星在《天工开物》中注意到,地表土的地貌学和地质学构成决定了土里是否有盐和硝。很多不同的土质中都可以产出盐,然而,只有"近山而土厚者"才易于生成硝。按照宋应星的说法,有经验的巧匠谙熟此道,可以很容易地确定相应的地点。宋应星还进一步解释说,在制作火药时要首先烘焙,然后用石碾研成粉末。他还明确地警告说不要用铁碾,以避免"相激火生"[①]。他从理论上解释这两种成分混合产生的后果:硝是一种导致向上升腾的成分("硝性主直"),而硫黄则产生横向扩散的效果("硫性主横")。他还告诉读者,不管二者的比例如何,如果强行将这两种成分混合在一起,那么就不可避免地发出声响、引起爆炸。[②] 宋应星在《天工开物》中向人们发出这样的警示:制作和处理火药所需要的知识,不止有关其成分的相关知识。他认为,处理火药需要"聪明"。然而,他没有明确地指出,这里所要求的"聪明"究竟是一种熟练的技艺呢,还是一种关于物质反应力的密授知识。宋应星到底认为谁具有这种智慧,是制作火药的匠人呢,还是负责监管技艺和匠人的学者呢,抑或是一般之人?这种智慧是一种与生俱来的天赋呢,还是一种训练而得的技能呢,抑或是二者的组合呢?

宋应星作为一位生活在17世纪、接受过全套官方考试教程训练的学者,他对天赋与技能、教育与学习即"聪明"的讨论,都在当时思想界的一项讨论之内:什么是获得知识的正确途径。官府的干预改变了匠人的生活和工作,从而让所有社会链条上的人们都开始挑战自己的社会性边界,越来越多的文人开始热烈地讨论人的禀赋、先天性和道德取向。如果人的知识是与生俱来的,那么它究竟是善还是恶?哪些天分是继承而来的,有多少是可以学会的?这些议论大多基于永乐皇帝钦定为科举考试必读书的程朱对古代经典《四书》《五经》的阐释。这套教程的反对者认为,那些力图进入政治最高层领域的人对经典的研读,根本不是为了

---

① 《天工开物·佳兵》,第397页,第398页。

② 《天工开物·佳兵》,第395页。

获取其精华，他们只是对经典死记硬背以获取更多的世俗利益。

到了宋应星的时代，这场讨论已经达到了没有回转的地步，历史学家们普遍将王阳明的思想作为其标志。王阳明的"良知"理念以及他的"知行合一"主张，引发了学术上的不同看法和政治上的讨论，而宋应星则可以被定位在这些讨论的边缘地带。这些语汇（"良知""知行合一"等）变成了引起复杂讨论的触媒，引发了思想界对一系列问题的不同看法：什么是知识？如何对技能和天赋进行评判？在知识获取中，研读经典、接受训练、个人的经验或者社会出身担当着怎样的角色？[①] 当然并非所有人都认同王阳明的理论，也有人将他的理论看作一个错误的开端。不管怎样，如果我们在这里对王阳明的理念和观点做一番简短的梳理，这会有助于我们将宋应星对于知识与行动、天赋与技能、实践与理论的观点放置在他的时代背景当中。

简而言之，王阳明将知识定义为"在某种给定情形下如何去行动的知识"。对"如何行动"的领会存在于心，因而行为等同于知识。王阳明在普遍意义上讨论知识及其与道德的关联。绝大多数学者认为，关于道德和伦理立场这些绝对性问题的内容是王阳明理论中最有意思的部分。王阳明观察到，即便一个人在礼貌的、正确的行为方面有过严格的训练，也未必一定能将所接受的训练转化为实践行为。他举例说，一位教养良好的儿子，也不免会由于偶发的怒气或者言词粗鲁的回答，让父亲感觉受到了冒犯。他从中得出来的结论是，知识必须内化于内心深处或者是天性所在，这才会奏效。基于这样的观点，王阳明和他的追随者们对常规的教学方法如记忆和背诵、作文、训诂、博学等不屑一顾，认为这些都过于肤浅。他认为，这些方法只抓到了"外表的"内容，即信息和细节，不是其内容中包含的真正智慧。在对于知识的看法上，王阳明主要反对训诂和文本考据研究。他和许多同代人一样，将这种方式的知识探索看作

① 关于"自我"的阐释参见 Cua(1982:4－9,102－104).

无非是搜集细节,将其标记为"俗学"。[①] 然而,王阳明的学说意在置道德于"行"之中,他要求同人们不要忘记:出于道德缘故而求知,人便会深深地卷入各种问题当中。由于外在的世界在持续地变化,道德原则并非总是可行的。人不得不仔细度量每一种情形。如果方式正确的话,对事实的研究也会是有意义的:"良知来测定细节和不同的情形,正如用罗盘和规尺去测量面积和长度一样。细节和情形无法预先确定,正如面积和长度虽然在数字上是确定的,但是测量无法涵盖其全部。"[②]

在11世纪,朱熹主张将"格物"看作一条发现道德的途径;在16世纪,王阳明将"格物"看作一条将知识置入实践当中的途径。王阳明将自己的理念立足于孟子(公元前3世纪)的学说之上:孟子主张人的"性本善",认为人的禀性是与生俱来的。在王阳明同时代的另外一些人眼里,人性则是一幅负面图景。然而,不管这些人对于人性持有怎样的立场,他们大多都认为仁、正、纯、智、孝等美德是知识的目的。与这些人形成反差的是,宋应星的讨论核心在于将知识置于道德目的之外。

宋应星对于人的禀性所持有的观点,在《野议》一文中展现得最为突出。在那篇文章里,宋应星有感于武官陈启新被超越常规任命为文官一事,描写了人的活动中的对与错。他采用的方法是去聚焦在他看来的"硬事实"、历史事件和个人观察,并没有去强化传统哲学理性思辨过程,正如他自己在《天工开物》序言中指出的那样。[③] 这与他在那篇探讨宇宙观的《论气》序言中提出的观点是一致的:他指出,在对人的天性进行定义上存在困难,实际上这种做法根本就是徒劳无益的("性既不可径情告人"[④])。宋应星更乐于去集中于那些将道德气质看得至关重要的讨论,

---

① Wang(1963:3,7);在这一段的阐释以及对"本能"与"先天性"概念的应用上,我依循着学者们在不同文化下本能有所分歧这一认识论背景下对王阳明进行的研究,参见 An(1997);Lee(1987).

② Wang(1963:注脚139).

③《天工开物·序》,第1—4页。

④《论气·序》,第51页。

他将张居正给王阳明的“先天性”理念做出的阐释用作一个例证。[①] 宋应星解释说:张居正认为,道德正直的天赋出现在任何时间、任何地点,自然而然地会表现为仁义和刚直不阿,不管环境如何。宋应星反问道:假如果真如此,这个世界怎么还会出现这种糟糕的状态?如果道德性天赋存在,为什么没有被揭示出来?在宋应星看来,他所处时代的衰落败坏,正可以说明张居正是错误的,天赋与道德行为不相关:“今破残遍天下,而日日掩败为功。夺获达马一匹,斩获首级二颗,箭竿三枝,公然上报而不知羞涩汗下。甚则城下牢闭,幸敌不攻,以他邑之破陷相比况,而思叙功。”[②]宋应星将人的禀性、天赋和技能的问题与道德问题剥离开来。他非常清楚地表明,天与人的互联性才是关键所在。在涉及政治生活和社会生活时,他所秉持的观点是:天与人的关系与道德不相干。

宋应星的理念体现这个时代中的精英遴选体系。所有群体里都有天赋和技能出众之人。他将人归为两个类别:那些天生睿智之人是社会的领导者:学者、官员、将军。平民、农、兵是那些天赋低的人,自然的法则要求他们服从那些睿智的领导者。在这一点上,宋应星与他的许多同代人的看法是一致的。然而,大多数人认为睿智具有道德质性,宋应星却将“道德”和“知识”看成两个完全不相干的问题。一个天生聪明睿智的人,仍然有可能是坏人。人的道德不是先天与生俱来的,而是情境选择、风俗和习惯造成的结果。因此,一位读书人可能过着如贪官一样的不道德生活,但是一旦有合适的外在影响他还是能改变自己的态度。“人类之中,聪明颖悟,生而为士者则有之,未有生而为兵者也。愚顽稚鲁,生而为农者亦有之,亦未有生而为兵与生而为寇者也。”[③]宋应星关于天赋与能力的看法,立足于他认为天生倾向是一个人的首要性格特征。

---

① [明]张居正:《张居正著四书集注》,台北:台湾商务印书馆,1983—1986;张居正引用的孟子文句见《孟子·尽心上第三十六章》;相关讨论见韦庆远:《张居正和明代中后期政局》,第八章,第292—298页,广州:广东高等教育出版社,1999。

②《野议·练兵议》,第28页。

③《野议·练兵议》,第25页。

那些有头脑的人注定要去指导别人,因而应该被提升到官员的职位,无论在文官还是在武官领域都应该如此。学者的聪明睿智和农人的心智简单,都是在出生时就已经注定了的基本因素。从这个意义上看,一个基本性的天赋秩序、一个领导者与追随者的社会秩序都是预先设定的。不过宋应星也认为,外在的因素会影响天赋。比如,在讨论人的声音时,他便提出了人的体质因素这一问题。按照宋应星的说法,人声在音量和音色方面达到的程度,取决于人的身体和外形,就如同鼓的响声和音色有赖于鼓面的直径和鼓身的容量一样。"人身气海、命门,禀受父精母血,声气大小短长,定于胎元,非由功力。禽兽同之。"[1]宋应星的理念是基于日常的中医知识:"气海"是一个术语,用来描写内脏中的一个所在;而"命门"是人体生命维持功能的所在之地。中医将人的生命能量放置在这两个身体部分当中。在男性身体中,"命门"也是精的来源;在女性的身体中,"命门"连接了肾的功能与子宫。[2] 宋应星将生命能量与"气"画上等号,他坚持认为:如果一个人体质上不相宜的话,练习唱音阶便是浪费时间,哪怕演唱者在音乐方面是有天赋的。

宋应星关于声音的观点也表明,他并不认为人对先天禀赋无法施加任何影响。正好相反,对身体以及声音进行训练,是克服这些限制的途径。因此,对儿童的训练要从小开始,以便他们的身体条件还能够被塑造,他们的天赋就可以被正确地开发出来。训练是重要的,尽管一切训练都抵不上天赋:愚笨之人不能变得聪明,而聪明之人有与生俱来的天赋。在一般意义上宋应星承认,外在因素合在一起,比如现实的生活环境,有可能蒙蔽住一个人的技能和天赋。一个农夫的后代可能会非常聪明,是一个潜在的天分极高的读书人;如果他的天赋没有被发现,他可能仍然是一位可怜的农夫。生活环境也会让一位读书人的儿子获得较高

---

① 宋应星:《论气·气声一》,第 64—65 页;兵书上也用"声气"这个概念来强调,它会在心理上对士兵有影响;(《左传·僖公二十二年》提到"金谷以声气"。)宋应星的这段文字里使用的"声气"一词,则专门指训练声音时呼出去的气。

② Sivin(1987:126,155).

的地位，哪怕他天性愚钝。在遇到战争、动荡、叛乱或者和谐社会秩序被打破之时，外力的强大影响就会变得明显，因为这样的环境会让人采取那些道德上正确或者错误的行动。宋应星认为，没有“生而为兵”和“生而为寇”之人。[①] 在他看来，如果周围环境让人变得不道德，那么聪明之人的责任就在于让自己的周围有正确的环境从而去鼓励道德行为，其手段是揭示正确的规制该当如何。王阳明认为，道德是个人的启悟与先天禀赋的结果。[②] 在这一点上，宋应星与他持有不同的观点。宋应星坚持认为，一个人之所以是匪徒，那是因为他的身份是非法的，并非因为他在实际行为上是一个没有道德的坏人。因此，如果情势使然，一个人可以从匪徒变身为士兵，反之亦然。他引用一个历史事例来为这一观点提供论据：如果遇到宗泽、岳飞这样的将领，昨天还是草寇的一群人今天就可能成为士兵（“遇宗泽、岳飞，则昨日之寇，今日即兵”[③]）。

宗泽和岳飞二人都是高级军事将领，他们被委以抗击金兵、保卫宋王朝的重要军事任务。在明末，他们都已经成为被人们膜拜供奉的英雄。[④] 宋应星视他们为偶像，因为这些领导者在每一特定的情况下，对道德做单独判断，并根据情势采取相应的行动，而不是盲目地遵循现成的规则。据宋应星族谱的记载，他本人也曾经尝试着将这一社会理念带入实践当中。在他任职福建汀州理刑官这段短暂期间内，他还帮助当地匪徒重新回到农夫的正常生活当中。宋应星看到这些被擒匪徒的生活处于极度贫困的状态，在给他们以道德训诫后，对其中的大多数人并未实施惩罚便将他们释放。宋应星因此被上司督抚指责为“养奸”，对匪徒姑息纵容。于是，宋应星坚持以一人之力前去剿匪。因为情形危险，督抚坚持让宋应星带上军队。宋应星拒绝了，只身前往与匪徒谈判，让他们明了所处情势。这些匪徒有感于宋应星的仁慈，向他焚香叩拜，认罪伏

---

① 《野议·练兵议》，第 25 页。

② Wang(1963：注脚 3).

③ 《野议·练兵议》，第 25 页。

④ 关于宋代的英雄岳飞，参见邓广铭：《岳飞传》，北京：三联书店，1955；Wills(1994：168－180).

法。宋应星焚毁了匪徒的聚集地,将这些人遣散。当督抚听说了宋应星的这些事迹之后,对他予以擢升,任命他为亳州知州。(公不从,竟单骑直抵贼穴,谕以大义。贼骇且愧,顶炉香以迎,群愿洗心输诚。公焚巢以散其党。督抚以事闻。迁亳州知州。)[①]这桩逸事表明,宋应星在他的生平当中,至少有一次将自己的理念成功地转化为实践;这也进一步证实,宋应星对他那个时代认为才智与美德有固定关联的观点,是持反对态度的。综上所述,宋应星认为,在不同社会群体中都可能有天生聪明者;然而,生活环境、经验、培养等因素可能会蒙蔽他们的天生智慧。宋应星所处的社会体系,在理论上可以给任何人以机会去成为学者、走上仕途。宋应星对世界的分类,将人分成聪明者和愚钝者两类。在他看来,士、农、将、兵、商不过是功能性的群组,并非无转变余地的社会身份。然而,在他对天赋、培养、教育的各种评论中,匠人自始至终都没有被提及。这种缺失,显得非常扎眼。

能力与教育

> 能者疾倾,疾裹而疾箍之,得油之多,诀由于此,榨工有自少至老而不知者。
>
> ——《天工开物·膏液》

从明朝晚期刊行的大量烹饪著作中可以看出,中国饮食文化非常重视植物油。人们认为植物油有益于健康,甚至能延长寿命。芝麻油是其中颇受青睐的烹饪材料,尤其在宫廷御膳制作中大受欢迎。它能让鱼虾菜品变得丰富,也能为飞禽、豆腐添色增香。用于这些高端目的的油,都是在御用厨房或者高官家庭厨房里以精致的方法、复杂的工艺新鲜榨取而得。那些位于都市城门之下或者乡村的油榨和作坊所产出的油,用作

① 宋立权、宋育德:《八修新吴雅溪宋氏宗谱》,卷22,第71页,藏于宋应星博物馆,1934;这段文字被收录入潘吉星:《宋应星评传》,第151页;亳州的地方志里指提到了宋应星的短暂任职;[明]刘泽溥、高博九:《亳州志·人物志》,5b,北京:中国国家图书馆珍本收藏库,1656。

手工业用途、灌堵墙缝、制作颜料和染料，或者做灯油，供那些有进取心而读书备考至深夜的读书人所用。在这样的作坊里，经常是十个男人为一个团队轮流昼夜工作，这样才能承担得起对于机器和工具的高额投资。规模大、收益好的作坊有牛拉的碾磨，规模小、不富裕的作坊只能依赖人力。这里的劳作是非常艰辛的，只有那些最底层、最落魄的男人们才会来这里推磨，从麻籽、油菜籽、大豆、乌桕籽中榨油。很少会有人在完成将籽料熏蒸、打包、放入油榨等工作时有享受的感觉，因为在这些劳作过程当中，人们会被蒸汽熏得周身通红，如煮熟的螃蟹龙虾一般。

许多壮劳力一起使用沉重的撞木反复撞击楔板，对籽料进行挤压，让油从里面流出来（“挥撞挤轧，而流泉出焉矣”①）。榨工们在完成这些工作时必须快速而且勤勉。宋应星认为，如果对刚从蒸笼里拿出来的油籽料处理不当，水火气就会被蒸发掉，出油量就会减少（“出甑之时，包裹怠缓，则水火郁蒸之气游走，为此损油”②）。宋应星注意到，榨工的技艺水平并不相同，他因此得出的看法是，即便在这些没有天赋的人身上，培养和训练也还是需要的。通过一生的实践，榨工们也可以达到很好的效果，有较高的产出。学术上的进取也与此非常相似：要想成为一名学者，一个人得有天赋，得受到培养和训练让天赋派上用场。如果一个地方根本没有读书的风气，那么就算是能延请韩愈（768—824）为师、苏东坡为同窗，一个没有人才的乡野也无法快速成为雅士文人之地。这也进一步表明，学习是需要时间的。③ 规则的掌握无法速成，文章的写作也不能一蹴而就。这也意味着，上天给某些人以优良的素质，能否让天赋发扬光大还取决于个人。因此，宋应星得出这样的结论：在获得社会成就方面，教育扮演着一个主导性的角色。

宋应星并不认为操作性技艺是一种知识形式；然而，他也意识到，培养和训练能提高匠人的技能，正如于读书人和农夫有所帮助一样。在这

---

①《天工开物·膏液》，第 314 页。

②《天工开物·膏液》，第 314 页。

③《野议·练兵议》，第 27 页。

一问题上,他认为同样的原则可以应用到一切领域和社会群体当中。尽管如此,他毫无保留地认为,那些天赋不足的低等技能永远也不可能转化为他所定义的"聪明",即能理解那些构成人、地、天三个领域的规制。宋应星在《野议》中表明了他的看法:"知"是最高的知识形式,只为学者所拥有。平常之人、农人、商人可以在低等类别以内提升自己。他们不应该被从自己所属的低等群组中单列出来,被允许进入学者行列,除非一些非常少见的情形才可以被当作例外来对待,即一个有着学者头脑天赋的人降生在寒门之中,生活在与他的天赋不相称的环境里。平常之人在天然的秩序之内行动,经由磨难和错误(而不是"领悟")而学习,经验让他们的技能变得日臻完善。只有读书人才能做到,通过观察匠人的工作如何造成自然的转化从而获得关于深层宇宙规制的真知识。宋应星根本不认为学者有必要去亲自做匠人的工作。

在这一框架下宋应星认为,不管一个人是读书人还是农夫,培养和训练能够让睿智和各种天赋得以提高。他非常巧妙地以此来支持自己的论点,坚持认为一个人无法像换衣服那样变换自己的职业。一旦进入某一行当,这一职业对一个人塑造的程度之高,会让该职业从业人员变成一个封闭性群体。这一群体内的成员会通过不间断的相互学习哺养而提升自身的能力,处于职业群体以外的人,无人能达到这样的专业水平,因为他或者她(宋应星也包括进了家务劳动和烹饪)缺少适当的训练和长期经验所带来的优势。自古以来,位高的将领大多来自士兵的队伍,正如高官要职上的人大多来自那些饱学之士、出自寒门、身着青衫前来应举的读书人一样("从来大将多从行伍中出,犹从来师相多从络笔砚穿、草扉青衿应举中出也"①)。如果有人建议,天才学者应该去做工或者务农,或者反过来,匠人应该尝试学术工作,宋应星肯定会感到非常可笑。事实上,宋应星坚持认为,职业群体之间的融合是不可能的,以为某一职业的从业者能学会其他职业的知识这种想法是根本行不通的。在

①《野议·练兵议》,第28页。

他看来，无论哪种职业——农、士、官、兵——毕生的训练都是非常重要的。混淆职业群体的界线，其结果只能是混乱和无序。

在宋应星看来，在确立社会群组时的另外一个重要因素便是其成员间的相互认可。他提到，精神上、道德上和体质上的各方面能力都需要有合适的同人来进行评判："惟圣知圣，惟贤知贤。"①作为一名对"开物"感兴趣的学者，他指出，在开始之初必须有至少两个具有天赋的智慧之人能彼此认可，将他们自身与具有其他天赋的人区分开来。在他看来，只有两个同类人才能检验和认可对方的能力。职业群组之外的人对专业技能的任何评判，都是既无足轻重也没有什么价值的。他完全接受，一位像他一样的读书人从来也达不到匠人们的工作水平：他对事物采取的理解方式和方法与匠人所采取的完全不同。②

就其务实性以及对现状的实证分析而言，宋应星的观点是独特的。但是，在确立知识的起源和发展时，他和王阳明一样都从古代经典孟子的理念出发：那些人们无须学习便拥有的能力，是"良能"；那些无须考虑便拥有的知识，是"良知"。（"人之所不学而能者，其良能也；所不虑而知者，其良知也。"③）宋应星对这些原则予以详细阐释，并且认为在任用有天赋的文官和武官时应该遵循这样的原则：去分辨人也并不那么难！文官在觐见、奏表、论辩时，在有些人身上可以马上看出来该人是机警敏锐还是糊涂愚顽，能预想到该人后来或者值得被提升，或者应该遭到贬黜。（"且人亦何难知哉！文官庭参讲话之时，有立见其才能警敏与蒙昧，而预料其他日或堪行取或罹降调者。"④）宋应星对王阳明理论中的重要节点予以调整：他所强调的是"能"和"才"，而不是"道德"。能让一个天才人物立于不败之地的，不是道德而是深思熟虑的行动。有了这个定义，

---

①《野议・练兵议》，第 28 页。

②《野议・练兵议》，第 28 页；"开明"这一用语在司马迁的《史记・武帝本纪》当中使用，其含义是指一个人有充分的理解力、博学、透彻、清晰，它是"野"——粗野、未开化、没有文明——的对立面，不应该将"开明"与欧洲的启蒙运动混淆在一起。

③《孟子集注・尽心上》，第 13 页；Tu(1976:160－162)；Yong(2006).

④《野议・练兵议》，第 27 页。

宋应星便有了一个具有内在连贯性的,关于"人之行动"的理论。人之禀性——如果就先天能力、培养训练而得的专业技能,或者思想上的方式方法这些方面而言,允许道德行为成为理性的后果。这使人免于屈从于某个单一的、普遍适用的伦理。

正是在最后一点上,宋应星显示出自己与同代人强调道德的观点有根本上的不同。宋应星甚至认为,领导者可以利用普通人那些足以导致非道德行为的本能。领导者保持冷静,头脑中不失社会与国家的大目标,同时让士兵们去追逐个人的利益。宋应星建议军队将领们利用这一点来达到设想的结果:如果让士兵们得到战利品,他们就不会到处洗劫并毁坏有价值的财物;允许他们以合理的方式去抢劫,就会增强他们与敌人拼命的斗志。("经阵获级,而后朝有重赏,而幕府不吝不克,私获寇盗甲仗金钱,而主将不诘不追,则逗遛逃走之情,尽化而为争先迈往之志矣。"①)他认为,聪明的将领能疏导士兵的本能,来实现他们的目的,而不是将他们的行为道德化。这一理念也许真的足以让他的同人和朋友骇然大惊。

宋应星著作中这样的段落表明,他的世界观区分处于清晰对立状态中的两种不同知识:在概念层面上的学术知识以及在操作行动上的实践知识。比如,他认为平常人能"做",但无法认识自己所做之事所具有的内在逻辑,或者领会到("知")在这个过程中到底在发生着什么。受到合适训练和培养的人能成为合格的士兵、农夫或者工匠,尽管他们并不理解自己所从事的工作。从这个基本点出发,宋应星在《天工开物》中强调指出,山东的农夫在种植不同品种谷物、获得非常好的收成方面非常能干,但是他们不能区分粱粟的不同种类,将这些作物统称为"谷子"("山东人唯以谷子呼之,并不知粱粟之名也"②)。这并不全是因为这种区别对他们来说无足轻重,也是因为这超出了他们的理解能力。去认定哪些

---

①《野议·练兵议》,第26页。

②《天工开物·乃粒》,第43页。

事情重要，对于“物”与“事”的形成和存在获得高度理论性认识，这是留给学者头脑的一个课题。宋应星在《论气》一文中提到类似的情形：他盛赞普通妇女能娴熟地熨烫衣物，但是他认为这些妇女根本不懂这一工作的内在逻辑，也就是说，为什么衣服上的褶皱会消失，为什么水会蒸发，平常人每天都在实践这些事情，但是他们却不能理解其中的道理。

多方面的例子表明，宋应星在《天工开物》中认可匠艺经验，重视合适的训练。这体现在他对那些烧窑师傅和印染师傅的高度尊重上：烧窑师傅仅从观察窑内产品的颜色就能断定窑炉温度，印染师傅知道增加一种腐蚀性的苏打溶液或者加入草木灰，就能将红颜色从衣料上去除。每一位从事匠艺活动的人，都必须有效地精通和熟悉自己的工作，这样才能取得好结果。一位经验丰富的榨工用上其平生所掌握的工艺技能，来获得最高出油率；正如一位手疾眼快的制墨者，一人可以处理二百盏烧制烟墨的油灯。每天的常规性劳动和实践，让陶工能够将一团泥土在陶轮上变成薄薄的瓷碗，根本用不着使用任何固定的模子也不会走样（“功多业熟，即千万如出一范”）。他们必须得到培训，“初学者任从作废，破坏取泥再造”[①]，直到完全精通这种技艺。实地的采煤者可能根本没有掌握采矿的深层原理，但是他们能够根据地表土的颜色找到地下的煤，因为经验告诉他们如何去分辨不同的泥土色调。宋应星注意到，嘉兴人和湖州人懂得将蚕茧放在什么样的温度和通风条件下，才会带来最好的抽丝效果。他意识到，在这样的背景下将新技术移植到缺少工艺经验或者本地传统的地区，其结果只会事倍功半，需要耗费很多时间才能完成。[②]长期的实践是成功地运用匠艺的前提，宋应星的这一认识表明，明代官营工艺制造业在管理技艺上的困难，已经深深地触及学者的思想世界，关于世袭匠人职业的观点和看法，已经深入到学者的内心思考中。

对于不同的知识形式，宋应星倡导一种严格的等级序列评判：学者

---

①《天工开物·陶埏》，第197—198页。

②《天工开物·乃服》，第84页。

了解理论基础,匠人只拥有经验。他去了解工艺能力、技能及其培训,其目标在于提高产品的量与质,而无视技能作为一种因素,是有可能增强匠人社会地位的。在宋应星看来,匠人没有"知识",他们既不是"能做工的思想"也不是"有思想的手",这与近代以前欧洲文化中一些人对手工艺的看法有所不同。当宋应星呼吁宗室王孙和他的学者同人去关注丝织技术和农业工具时,他本意在于让他们认识到匠艺工作是宇宙规制的镜像,而无意于让他们去欣赏匠人和农人的技艺、能力。宋应星的观点,是一位对经验研究兴趣盎然的自然哲学家的观点;对他而言,工艺活动更多是手段而非结局。他的著作中提供的关于工艺的每一步骤、每一过程的信息,都基于一位思想者观察更深层真实的经验性研究,并将这种研究展示给他的同类人。那些认可工艺和技术具有重要性的学者,已经走上从总体上获取知识以及让国家和社会条理井然的正确之途。宋应星的做法,承认制盐、制丝和瓷器等技艺是关系到国计民生的重要事务,然而他也同时强化了读书人在社会和思想领域中的领袖角色。不过,宋应星也在与一种传统情况斗争,他也将社会战场上的不同队伍进行了重新编组:匠、农、兵都是一样的平常人。在他的时代,农业受到高度重视,而有文人取向的精英阶层对军队的各种做法嫌恶备至,宋应星无疑挑战了这一时代的倾向。他对于商人的看法,与他的学者同人们是一致的:宋应星强调这个职业给社会和国家带来的益处,但是他激烈地反对商人对学者世界的入侵。

社会渗透性与商业化社会:商人

> 宋子曰:人有十等,自王、公至于舆、台,缺一焉而人纪不立矣。大地生五金以利天下与后世,其义亦犹是也。
>
> ——《天工开物·五金》

在《天工开物·舟车》的开卷语中,宋应星赋予商人以人类文明中的核心角色,各地的人群、物产多有不同,正是因为有了交换和贸易才造就了世间繁华(“人群分而物异产,来往贸迁,以成宇宙”①)。贯穿其全部作品,宋应星都因为看到“商贫于政乱”而对那个时代经济状况感到忧心如焚。他感觉到,对商人课以重税会有损作为一个整体的国家。宋应星发出的警告是:必须得让商人们能从事其职业活动,保证国家之内和国家之外的货物交换。盐的贸易在宋应星的时代已经几乎完全转入到私营者手中,宋应星对此的态度很好地表明了他的理念:(假如官府撤掉管理和限制手段,)大盐商、小盐贩都会趁贩盐的便利,同时也运贩粮食。这种办法一旦实行,各地商人都会奔赴而来。用不了半年的世间,粮食就如同小山一样了。(“大小行商贩盐之便,仝贩五谷。此法一行,则四方之人奔趋如骛。不半栽,而丘山之积成矣。”②)

宋应星对商人的态度,与儒家对商人采取蔑视的态度形成直接对比。他认为官府应该向商人咨询,甚至应该通过制度性渠道将商人纳入国家经济当中,以便能让所有人从中受益。宋应星提出这样的初步设想,愿意与精通商业财务的人,共同探讨可行的治理策略:“世有善理财者,愿与相商略焉。”③宋应星对商人的看法,与当时正在出现的新趋势相一致:按照牟复礼(Frederick W. Mote)的观点,这一新趋势开始于16世纪,在此期间一股新的商人风气开始变得明显。④ 如果深入探究一下晚明时期社会在总体上对待商人的态度,我们就会发现商人新风尚并非如人们一般所设想的那么不言而喻。实际上,当时的社会趋势是单维度的,它允许商人们过着奢华的生活,但是在大多数情况下,商人的社会地位本身并不是受人尊敬或者不是人所渴望的。对于一位商人而言,要想获得社会地位,其唯一的途径仍然是成为一名读书人。⑤ 挑战了这种社会区隔的思想家汪道昆(1526—1593)或者前面提到的王源都算是例外

①《天工开物·舟车》,第232页。
②《野议·盐政议》,第38页。
③《野议·盐政议》,第39页。
④ Mote(1999:769);Chiu(2007:127).
⑤ Wakeman(1998:1-14).

(他们二人都将商人角色与文人官员所具有的作用等同起来)。商人们自身也在尽量地模仿文人官员的生活方式,他们让家中最有天赋的后代走上仕途,将家庭财富投入在购置田产上,以便至少能在名义上声称自己进入了最高的知识阶层、属于缙绅社会了。商人们在这样做的同时,等于严守了传统的价值体系:赋予学术知识以思想上超级优势。他们的态度实际上再次确认了原有的社会秩序。[①]

已经有许多研究聚焦于一些私人著述,这些文字抱怨社会限制的消失,悲吟自身所处时代的社会溃败。从一位像宋应星这样走仕途不成功的读书人这一角度来看,富裕商人子弟进入读书人领域,当然会让原本不多的空缺职位增加竞争难度。学者们就算通过了科举考试也得花钱去买空缺职位,否则也得不到任命。面对政府机构人浮于事的状况,学者们感觉到金钱的力量大于能力,一种危及家庭和个人的强烈不安全感由此而生。他们像宋应星一样抑郁不乐,在自身所处社会阶层的下层中进行着注定要失败的战斗;他们害怕,也反对社会等级序列方面有任何变化。从《野议》中,人们可以看到,宋应星几乎完美地代表了这种思想发展趋向:学者们承认利用商人可以带来利益,与此同时,他们却更倡导传统价值而不是社会变化。宋应星认为自己是一位名声显赫的高官的后代,尽管他的宗族成为读书人世家的历史并不悠久;他感觉自己成了社会的牺牲品,而领导这个社会的正是一群低能而尸位素餐的官员,他们以不学无术、扰乱纲纪、行为失德为特征。他一方面承认商人是社会中的一个重要因素,另一方面却因为他们带来社会行为上的改变而鄙视他们。百姓正在放弃农耕,不再甘愿过简朴的生活;人们失去了对思想权威的尊重,在寻找快速挣钱的办法;卖官鬻爵盛行;某些非官之人住在奢华的府邸,穿华丽的衣服。宋应星对商人的斥责,尤其是因为他们试图去模仿缙绅的生活方式,不服从那些规定他们社会身份的原则。[②] 在

① Mote & Twitchett(1988:29-31).

②《野议·风俗议》,第42页。

这样的背景下，宋应星所拒绝的，正是在李渔（1611—1680）以及其他处于明清改朝换代之际的文人文字中所展现的那个世界：消费主义的奢华世界、文化上的光彩夺目以及创新性理念。① 一些人因为社会等级序列松动而感觉自己受到了威胁，宋应星便是这一群体中的一员。他将这种局面归咎于学者同人的慵懒行为：这些人不去服务于社会，而是让社会服务于自己的需求。

在社会层面上，宋应星要推进一个传统理念：学者提出思想，百姓行使日常职责，商人让经济保持运行。社会秩序的安排由学者依据十个等级来进行。依据《左传》，在人的十个等级中，处于最高位的是“王”（1）和“公”（2），继之而来的是“大夫”（3），最底层的是“仆”（9）和“台”（10）（“王臣公，公臣大夫，大夫臣士，士臣皂，皂臣舆，舆臣隶，隶臣僚，僚臣仆，仆臣台”）。在宋应星看来，这一序列的意义，并不是简单地因为它的传统由来已久、能通过引经据典而得到证实，这也是宋应星与其他同代学者出现思想分野之处。这个序列通过十个系数来表明“天”与“人事”的关系：“天有十日，人有十等。下所以事上，上所以共神也。”②宋应星还将这一序列推及到自然界中的金属存量上：在大自然中，不同金属矿石的存在比率表明了自然现象中的普遍性秩序。在这一框架内，宋应星视底层为一个有效运行体系中重要的、让事情臻于完成的因素。尽管如此，他对睿智与愚蠢的思考正如对自然界中的金属存量一样，还是沿着量化的思考线路。尊贵之人罕见，正如金子一样；愚笨之人常有，正如铅锌一般。“贵者千里一生，促亦五六百里而生；贱者舟车稍艰之国，其土必广生焉。黄金美者，其值去黑铁一万六千倍，然使釜、鬵、斤、斧不呈效于日用之间，即得黄金，值高而无民耳。”③（贵金属，大概一千里之外才有一处出产，近的也要五六百里才有。五金中最贱的金属在交通稍有不便的地方，就会有大量的储藏。最好的黄金，价值要比黑铁高一万六千倍，然

① Chang & Chang(1990:152, 174).

②《左传·昭公七年》，第 428 页，天津：天津古籍出版社，1988；英文译本参见 Legge(1960, vol. 1).

③《天工开物·五金》，第 335 页。

而,如果没有铁制的锅、刀、斧之类供人们日常生活之用,即使有了黄金,也不过好比只有高官而没有百姓罢了。)

在宋应星的这段话里,规制展现在自然中,也展现在物质效用上。在这一框架下,作为读书人的宋应星认为自己的角色是天人关系的思想阐释者。人生活在其中的世界是一个宇宙、一个超出人力影响之外的理性系统,而社会、国家和人类文明是人的行为、传统、风俗和习惯的结果,是人在对"气"的普遍性原则做出予以遵守或者不遵守的情境选择时,所带来的结果。

风俗与习惯

凡船性随水,若草从风,故制舵障水使不定向流。

——《天工开物・舟车》

大型航海船——如郑和(1371—1433)下西洋所用的船只——的制造者们从大自然中找到了模型:竹子。他们受到竹节的启发,将大型船造成由不同单元组成的长船,在有水渗入时可以将个体单元封闭。造船时,竹材的应用有不同方式。比如,将竹筒从中间劈开,插在船身两侧用来抵挡波浪("截竹两破排栅,树于两旁以抵浪")。青篾用水煮过而成篾线,可以被用来绞成锚缆,一条锚缆可以承担千钧的分量。按照宋应星的说法,这是因为"凡竹性直"①,能够像草在风中那样弯曲,但是不会折断,也不会失去其真正的品质。这也是一位学者在从事自己的工作时应有的样子:屈从于风俗,同时保持他的真正天性。

宋应星在《野议》中用很长的篇幅来论述,风俗是信仰构成和社会运作中基本的结构性因素。他认为,风俗一经形成便会塑造人的世界,让人坚守某些东西,而摒弃另外一些做法。坏的风俗习惯源于人贪图舒适

① 《天工开物・舟车》,第241页。

以及社会对此的称许，而社会品味中的重物质主义倾向又会使其恶化，比如年轻人穿着与自身地位不相符合的服饰（“有童冠自异于秀冠，而不峨然角竖者”①）。因此，在宋应星看来，人更是精于计算的人，而不是理性的或者有德性的人。况且，在穿越坏风气和既定习俗这片阴暗的水域时，常人没有足够的定力。要想让船不发生偏离，船舵是必不可少的：读书人就是社会中的船舵。

宋应星认为，风俗是人心自然而然的产物，不是由主动的考虑或者意图所形成的。事实上，“人心一趋，可以造成风俗”，这让人变得恣意和矫揉造作。在满是危机的时代，甚至有效用的长期风俗都能在短时间内发生逆转：“三十年来光景曾几何哉！”人们对风俗的改变，仅限于那些已经在实行中的风俗。约定俗成的东西变成传统的一部分，很快人们就忘记风俗并非自然或者上天给定的，而是“人事召致”的。宋应星将务实性也看成一个因素，认为只有在那些不会太费力的情况下，让某些风俗比如恰当的服饰规则得以保留，才会有可能性。因此，那些想通过维持风俗而让人行为得体的做法，注定要遭到失败。只有当人不再因为自己的或者家庭的日子感到忧心之时，道德行为才会大行其道：在和平的岁月，人们宁愿过简朴的生活，而不愿意极尽奢华之能事；宁愿保持自己地位卑微，而不愿意去吹嘘；宁愿守护现有的金钱财富，而不愿意用它们来冒风险博取未来可能的高位和富贵；宁愿将多余的金钱藏在地窖内，也不愿意将钱放出去以求获得利息。（“大凡承平之世，人心宁处其俭，不愿穷奢；宁安于卑，不求夸大；宁守现积金钱，不博未来显贵；宁以馀金收藏于窖内，不求子母广生于世间。”）在社会与政治不安全因素日益增加的时代，人们就开始做这样的事情：“有钱者奢侈日甚，而负债穷人，亦思华服盛筵而效之。”②如果一个人想要利用风俗来发起有道德的行为，或者建立秩序，那么他就必须理解风俗是如何生成出来的，即人渴望过上好日子。

---

①《野议・学政议》，第33页。

②《野议・风俗议》，第40—41页。

领悟了这一点,人就可以左右风俗和习惯,去发起新社会形态和道德态度。因此,学者可以利用大多数人普遍看重的致富、获得尊重这一生活目标:“人情之趋利也,走死地如骛。使行盐有利,谁不竭蹶而趋?”①

在这一背景下,宋应星尊重这一事实:两个不同群体的成员各有其不同的愿望。百姓大多感兴趣过上好日子,而读书人的终极愿望则是履行自己的责任、服务于国家。读书人不想让自己变得富有,他们想得到官府重用、被委以官职,以此来表明自己的“清操”。② 社会的领导者——皇帝和那些握有权力的人,对这一点必须有所尊重,并采取相应的行动。他们无视百姓和读书人的根本愿望和目标,这是混乱之所以发生的根源。其结果是,他们把治理国家这一任务做得一团糟。③ 宋应星还进一步强调说,甚至那些天性良善之人,当自己的生活受到威胁、身边又有坏人做榜样时,也无法做到不做坏事:在那些强盗当中,完全没有任何善念的恶人,百人当中也不过有三五人罢了。那些在开始之时还于心不忍,时间久了沾染上了同道人的恶劣品性,已经做了坏事,最后无法再重做良人的,这样的人占二十多个。其余那些被胁从不知如何是好,中途后悔,但是没有机缘放弃恶性,改邪归正的,十人当中有七人如此。(“斩绝性善之根者,百人之中三五人而止。起初犹怀不忍之心,习久染成同恶之俗,业为不善,终不可反者,又二十馀人而止。其馀胁从莫可如何,中悔无因革面者,尚居十分之七也。”④)

宋应星在这些段落里思考他那个时代的不安全感。他将人的道德认定为具有不稳定性、屈从于满足于人的根本性愿望,这使得匠艺似乎成了一个稳固的事情:工艺生产是那个时代为数不多的尚在运行的职业,还在按部就班地按照要求产出。时尚变换往来,但是,瓷器的制作总

① 《野议·盐政议》,第35页;“行盐”这一术语包括了整个行业的垄断,这也意味着运输和贸易。

② 《野议·士气议》,第13页。

③ 《野议·风俗议》,第40页。

④ 《野议·乱萌议》,第44页。

是使用白色的胎泥、在陶轮上打磨成型、晾干、上釉、烧制，这一程序里有着内在的技术关联性。这提供了宋应星在追寻的那种聚合：稳定性与可靠的原则。匠艺展现了普遍性，因为它们植根于远古。这表明对于社会和人类生活而言，它们是基本性的。在“物”与“事”——它们由普遍性的规制生成，也是普遍性规制的代表——所构成的齿轮当中，匠人只是其中的一个轮齿。当宋应星在景德镇上百个风格各异的器皿、残碎的杯盘、堆在过道里的大锅前走过时，他也许没有看到这些劳作者在如何拼命地完成当天的定额；但是，他对匠艺工作中表达出来的以及那些蕴含其中的普遍性规制，充满了敬仰之情。

综合而言，宋应星对问题的探讨在很多方面是独树一帜的，尤其是因为他精妙而不是粗鲁地挑战了前现代中国思想界对于工艺的思想。从历史的角度看，他的观点并不符合一种关于知识生成的简单叙事，而是表明了历史发展的多元性，以及人类历史在穿越不同文化和年代时能动选择的多样性。宋应星对实用事物的兴趣，源于一种中国所独有的激励驱动，它促使人去制作物品。宋应星观察匠人的技艺，看到知识内在地存在于匠艺的操作当中，断言只有读书人才能意识到这种特定关联。在中国明朝这个活跃的时代，匠艺开始细分化、物品变得丰富多彩，宋应星研究工艺，将其视为提升自身、提升读书人社会地位的一个手段；他将知识的起源定位在“物”与“事”中，认定学术的、理论的技艺具有优越性，视匠人的工作为一种认知对象，而不是“工作着的手”（有主观意志的活动）。宋应星观察世界时身着的是读书人的青衫，而这长衫的青蓝色却也映射着宇宙观-政治观的多彩微芒。无论是宋应星的读书人背景，还是他所持有的宇宙观-政治观，都对其研究周围环境的方式有所影响。他是如何获得了关于技术、工艺和自然现象的知识，以及他如何在著作中展示这些知识中的事实、知识的诸多层面，这是下一章要讨论的内容。

第四章　妙笔著文章——致知与立言

人为万物之灵，五官百体，赅而存焉。

——《天工开物·乃服》

年复一年，一到晚春季节，南方的佃农们就出现在田野里。他们或者使用耕牛来助力，或者完全依靠人力，来翻耕已经晾干的田地，准备种植第二季水稻。当耕过的地被打理成整齐的稻畦之后，各家就可以给田地灌水，在地里整齐地插上一排排秧苗。插秧后一个星期，秧苗的旧叶就会枯黄，而喜人的新叶子已经长出来，这让人不由得赞叹大自然的生长能力。在《天工开物》中，宋应星以文字和图画描写了这一被称为“耔”的过程，描述了里面的细节。图 4-1 画面上展示的两个人，手里拄着一根木棍，他们用脚将秧苗根部的土踩实，让秧苗稳固。宋应星生活的地区耕地丰富，他一定多次看到过这些农耕图景。他对农耕活动的描写既是本质性的，也是世俗性的，包含着非常精准的细节。也许他曾经期待着水车踏板的踢踏声或者牛拉水车的吱呀声，会陪伴他的夜读；而后，也许他会渴望房间里一片静谧，好让他能专心地将自己所看到、所听到的一切诉诸笔端。①

---

① 这段描写基于《天工开物·乃粒》，第 18—21 页；《思怜诗》中《思美诗其六》，第 122 页，以及《怜愚诗其六》，第 127 页。

图 4-1　“耔”:宋应星以图画来展示这一过程,因为他认为这对于转化过程(在这里便是“长”)而言,具有核心意义。因而,他对类似“锄地”这样的日常实践和知识与水利工程等大事以同样的重视。

在前面的几章里,我展示了宋应星的一些作为:他是一位降身去观察匠人的学者,在匠艺的实际操演中去辨识其中体现出来的理论性原则。宋应星是如何来完成他自己的“知识生成”(knowledge-making),如何将我在上面这段开场白中描写的生产细节作为“事实”(facts)放入自己的著作当中,这是本章以及下一章要探讨的话题。这些讨论意在阐明如下问题:在中国 17 世纪关于物质效能与自然现象的文字描写中,引经据典与实证观察二者之间有怎样微妙的纠葛?个人经验、(假定的和实施的)实验以及量化,在其中担当了怎样的角色?这一章以考察宋应星在自己的视觉和言语修辞中如何处理实际观察为入手点,随后去探讨他在生成自己的知识时,如何去使用实践和理论。在这一章里,我将在两个分析层面之间往返,即宋应星的知识探求实践以及他在著作中使用的言说修辞方式,以此来揭示如下问题:中国学者自己如何去观察知识,以及如何让别人在自己的文字和图画中去观察这些(被他记录下来的)知识。

越来越多关于欧洲近代早期历史的研究关注到知识探求的实践和形式,以及在新兴共同体的文字话语中它们的功能如何。许多基于科学社会学方法的研究著作,视这一功能为科学和技术知识生成中变化与连续性的标志。这些研究让人们看到,当假说、计算方法、理性方式、实在依据获得和失去其有效性时,相涉的学科领域会形成或者被抛弃,专业知识领域会因此出现或者消失。这些情况也都出现在全部的中国学术文化当中。学者们往往从社会政治意义或者道德作用的角度来讨论知识之形式及其在共同体中的功能。16、17世纪的文献表明,这一时期文人关于知识探索的形式、知识评判以及知识表征等问题的观点有重大转变。面对生活中日益增加的物品和各种实际话题,大小官员和文人政客试图将这些话题包裹在精致的文字当中,后来也日渐增多地表达在图画当中。宋应星的概念方式与同时代的中国人和西方人有哪些相似之处、哪些差异,这才是让研究宋应星的所作所为变得引人入胜的关键因素。

如果将宋应星获取、保留、评判知识的个人策略与同时期英国的(知识)文化并置,那么,"文化因素"即当时的环境和条件所带来的细微影响就会浮现出来。当宋应星认为,人的"五官百体"对探究"物"与"事"至为重要时,或者,当他赋予某些题目以含义、通过"写下"事实和事件让这些题目进入自然哲学话语时,他的做法与同时代的英国同行并无太大区别。正如夏平(Stevan Shapin)和谢弗(Simon Schaffer)指出的那样,17世纪的(英国)自然哲学家们也用"事实"(matter of fact)来证实他们的理论。比如,罗伯特·玻意耳(Robert Boyle,1627—1691)谨慎地集中于那些实验性的和可观察的“事实”，批评那些仅仅从思辨实验中生发而来的理论。[1]

玻意耳描写他之所见，而后给出理论上的解释，这与宋应星的做法一致。他们二人都认为，一个人的观点注定要有不断的修正和扩展。然而，由于他们各自的文化主旨有所不同，他们探究问题的方式也并不相同。在玻意耳看来，事实反映了在一个人与上帝相对而立的世界中“自然”的永恒真理[2]；宋应星则认为，关于周围世界的事实揭示了宇宙规则的普遍有效性。如果对英国17世纪与中国明代学者所采用的方法和修辞进行比较的话，我们就可以看到它们是两个带着精微差异的变异体，二者之间并没有清晰的反差。

宋应星以提及古代（比如圣王，见第二章）来坚决主张要有直接观察和个人经验，并对他同时代人的观点提出批评。与他持有同样看法的，不光有他的同时代人如哲学家王夫之、政治理论家黄宗羲，还有英国的自然科学家如医生威廉·吉尔伯特（William Gilbert，1544—1603），后者是当时欧洲众多拒绝古典学派权威的思想家之一，他质疑古典学派断言的那些知识谱系关联，好像他们的教条都可以经由这些谱系与那些纯粹的、有效力的、上古的资料联结在一起。[3] 尽管文化、传统和理念有所不同，英国的吉尔伯特、明朝的黄宗羲和宋应星都认为，后世学者带入古典文本中的错误（他们将这些人看作“抄写手而已”），只能通过个人对自然和人的观察才能得以纠正。这些来自两个遥远文化的学者，都受到社会政治不安定的冲击，他们都以类似的方式哀叹重要价值的失去以及他们同代人的无知。

当17世纪的中国学者如宋应星和黄宗羲加强对自然与物品的关注时，当他们将“信”（faith）置于个人经验当中，或者抬高感官与本能的作用之时，这表明他们所信任的是大自然和个人的头脑。这与像吉尔伯特这样的英国自然主义者的想法如出一辙。然而，由于不同的理念主导着

---

① Shapin & Shchaffer(1985：22－26，55)；也可参见 Shapiro(2000：112－119).

② Dear(1985).

③ Gilbert(1633：170－172).

他们的思想,他们所采取的路径有所不同。17世纪中国学者关于自然与文化的理念所因循的,是追寻秩序和一体性的各种理想,这与影响了近代欧洲早期的宗教话语正好相反(见第二章和第三章)。中国的学者,通过读书和科举考试而获得其社会地位,他们也将自己对社会和国家的强烈义务感与自身的求知欲结合在一起。这种状态大大地影响了他们获取知识的方式以及在书面话语中对知识的表征和评判。至于这一框架是否产生了限制性效果这一问题,如果回答是肯定的,那么对于程度如何等问题还有很多有待讨论的地方,尤其是当我们将眼界扩展到知识生成的全部范围,并不让我们自己仅囿于那些我们以为对现代科学范畴的发展必不可少的知识时。我们可以看到,在17世纪的英国,人们已经开始孤立地讨论自然的因素,经常越来越深地进入到一些现象的细节当中,如磁力与电的现象。在被人们普遍认可的领域以外,吉尔伯特和他的同事们必须面对一种情况:他们对自己所说的、所发现的内容没了把握。他那一代的英国科学家们要找德高望重、值得信赖的人来当自己知识探索的见证人,让这些见证人以个人信誉来支持自己的想法,以此来确立可信性。他们也发展出一套新方法和关于可信赖性的论说方式,也就是一套修辞手段,比如证据的可验证性、测度的精准性、查证程序的标准化准则。将视野扩展到新领域的宋应星这一代中国学者,也发展了新的探索实践,让旧实践获得重生。他们改变了知识生成的修辞表述,去观察自己的世界,在其中做实验;他们让自己的心智敞开,伸出双手去迎接满是"事"与"物"的世界。

知识内容只是中国科学技术知识历史讨论当中的一个话题。在涉及自然、物质效用、观察实践和实验等题目中,中国书面文献中知识生成的修辞方式有哪些变化?对这一问题的系统性探究还尚在起步阶段。对思想家个人的生活及其哲学思想的研究表明,他们面对很多可供选择的话题,在操控自己的选择时也有惊人的变通性。[1] 原则上,宋应星对实

① Bloom(1987:12).

证研究遵循的是11世纪那种以文献注疏为基础的学术传统，到17世纪时这一传统仍然是学术培养中的组成部分。通过分析宋应星的选择，分辨他在哪些地方坚守传统、在哪些地方对惯常做法予以拒绝，我们可以从中了解到在晚明的思想话语中，那些看似随机的或者日常的观察所具有的重要性：这些是“见闻之知”，是对物品和自然现象带有目的性的检视（“观”），是对它们的亲历亲见，是对它们的实验和检验。晚明思想界关于“知行”的讨论离开了以文本为基础的方法，找到了发现事实、阐释证据的新途径。韩德琳（Joanna Handlin）注意到，到了16世纪末期，个人经验已经成为知识权威性的一个源头，如果说它还没有取代人们已经接受的看法的话，至少已经变成一种重要的补充。① 她的研究将学者如吕坤、吕维祺（1587—1641）当成那一代人当中光芒闪烁的例子，这些人要求对每一个字都要在实存的事实中获得经验性认可（“体认”）。本书的前几章已经指出，宋应星在思想上将自己放置在这一趋势当中，但是他对同时代人的知识论说手段和方法有所批评。在《天工开物》中，宋应星以直陈事实的风格激烈地声讨道德哲学、社会伦理、审美趣味的正当性，而这些正是他的学者同人吕坤、吕维祺等为给自身努力而正名所动用的资源。在追寻确定性方面，宋应星极不赞同他们那种以文本为权威、考据和训诂的方法。他坚持认为，对事物的理解存在于实证当中，存在于从对一个人周边事物进行仔细探究而获得的事实关联当中。

宋应星转变同时代以及经典的言说风格因素，来发展他的观点并将工艺和技术提升为知识的基础。《天工开物》和《谈天》中的图，展示了他所在文化中的图像修辞方式。这些图像资料也表明，宋应星成功地将这种已经受到认可的表征方式与新内容结合到一起，来表达他的理念和构想。宋应星的文本描述与12世纪的历史学家、博物学家郑樵（1104—

① Handlin（1983：4），韩德琳关于知识文化变化的观点，参见该书的第6—20页；关于对错讹的订正，参见该书的第193—212页。原材料见[明]吕维祺：《明德先生文集》，卷23，第6a页，济南：齐鲁书社，1997。

1162）那种平直的陈述事实的风格密切相连。郑樵主要从事理论上立论；而宋应星表述“物”与“事”的方法和方式则是，将对日常生活中事实和话题的描述置入挖掘普遍性规制框架的重大实践和思想活动当中，这是他在全部作品中采取的方式方法。我在这一章里采取的方法是，将宋应星的理论观点嵌入到我对他的观察方法的描述当中，并以这种方式向他的知识探求方法致敬。

知识探求的修辞：文本与经验

> 事物而既万矣，必待口授目成而后识之，其与几何？
>
> ——《天工开物・序》

如果乘船在夜色中来到明代的瓷都景德镇，人们会看到这样的景象：整个小镇就如同一座余烬未息的大火炉一样，上百个大小瓷窑发出灼热的红光，闪烁在幽暗黑夜当中。以人力或者水力来驱动的捣杵，正在研磨来自镇东山上的高岭土。土尘升腾着，覆盖了山谷。小船将方块土运送到镇上的瓷器作坊，土块在那里转化成精美的瓷器，让这个小镇因此而名声大振。这些涉及运输的相关信息是《天工开物》中提及的。也许，宋应星在进京赶考的途中遇见过这些船只。我们也能推测到，他也曾经亲自去过瓷都景德镇。

到过景德镇的宋应星，也一定会看到大型厂房以及狭窄而拥挤的小作坊，在这些地方汗流浃背的力工和有着高超技艺的匠人一起劳作，生产那些被皇帝和达官贵人们如此青睐的物品。在路上，也许他也看到了满目疮痍的景观：因为采土过度地表遭受破坏，地表完全见不到植被，道路被往来的独轮车压出道道深沟。这样的景象曾经让他的同时代人，比如艺术收藏家和官员王世懋（1536—1588），感到触目惊心，类似的印象也令 19 世纪一位传教士的儿子美魏茶（William C. Milne，1815—1863），为之动容。然而，宋应星的《天工开物》只专注于单纯的与生产相关的事实，而不去关注对周围环境造成的人为毁坏。① 作为一位认真的工艺记录者，宋应星详细地描写了如何研磨原料、调和瓷土、制坯、描画、上釉、装入匣钵（匣钵为粗泥烧制的盒子状容器，为的是在烧窑过程中保护瓷器免于损坏），直到最后入窑举火。他还给最终产品做了分类，并以图文的形式简明扼要地描述了陶轮和炉窑。这些他以自己的笔如此内行地转写成事实，使之得以进入书面文献领域的知识，他是怎样获得的呢？

科学哲学和科学史研究早就强调，应该注意到观察者个人背景对其数据资料搜集所带来的影响。对此，我们还必须再加上一项：这些数据信息是如何被表征的，因为表达感觉经验的修辞方式在不同文化中差异非常大。在宋应星的个案中，这显得尤为重要。研究中国科学技术思想史的历史学家们，往往基于他对工艺生产的兴趣将他看作一位“学者-实践者”的完美典范，认为他与他所描写的内容直接打交道。然而，只有当我们在他的时代大背景下对他的修辞方式解码时，我们才会知道他的方式方法中什么是非寻常的。无论在前现代的中国还是欧洲（或者其他任何文化）当中，实际介入的可行性，以系统性探索的方式对物品分析都受制于专业领域、内容和时尚。比如，宋代宫廷天文学家更热衷于计算而不是观察。沈括这位博学而且精通天文学的科学家就对这种偏见提出批评，认为他的学者同人们不去应用经验性探索方式，这会让这个时代的天文学知识受到损害。② 道教的炼丹家们也在激烈地争论他们采用混合、蒸馏、提取精华等方法是否能直接通向知识，或者采用理论模式的方式更为可取。③ 农书的作者们在涉及种植方法时几乎总是在考虑实践经验的必要性，而那些致力于茶叶生产和花草植物的人似乎在文本文献和

① 王世懋：《闽部书》；Milne（1820：353）；宋应星在他的诗歌中很喜欢用瓷器来做比喻，参见《思怜诗·思美诗其一》，第119页，“却怜俗骨烦陶冶，宁惜蒙淄混世尘”。

② 沈括：《浑仪议》，载于中华书局编辑部主编《历代天文律历等志汇编》，第三卷，第802页，北京：中华书局，1975；原文亦见于《宋史》，《天文志·仪象》，第954—962页，北京：中华书局，2000。

③ Pregadio（2005：13-16）.

实地研究之间举棋不定。① 关于这些问题我们今天所能看到的文献资料,都是这些人自己留下来的。所以,我们很难依此断定,这些文人是真的做过汗水淋漓的实验呢,还是他们不过是在屋檐下的凉台上坐而论道而已。

如果我们考虑到学术话语和哲学话语中那些复杂精密的修辞方式,尤其是中国17世纪的那个复杂世界,情形就变得复杂多了。在晚明这一充满不确定性的时代,人们为自己获取知识的方法所采用的正名策略是常有变化的。这些策略掺杂进社会政治目的,并往往对其屈从。当一种修辞方式得以持续之后,真正的实践才会接踵而至,反之亦然。17世纪初的学者显示出对扩展感官性和体行性知识探索方式日益增加的兴趣,不光将其视为知识探求中文本研究的补充。他们要去"见""闻""遇""验""试"。有些人系统地去探究"象""物""事""务";另外一些人则声称,他们出于偶然而进入自己的兴趣对象。有些思想家离开书房,去查验云朵和树木;另外一些人如王阳明则将实践活动解释为对自我沉思的呼唤,是在研究自己的"心"。读书人解释他们如何去"实践"获取知识这一活动,但是却没有为此提供任何查证。因此,实际上的知识探求可能仍然是一种心智活动,对于大多数读书人来说,"心智"(mind)是普遍真理的所在地。

宋应星时代的一个通用知识修辞方法是,一位学者标记出自己的思想领域,借助于用语上的区别以及引用经典和前人著作来给自身定位。之后,学者通过与其他思想家或者文本相连接的手段来对这些提及到的文献给予独特阐释。当时最为通行的话语是"实学"或者"格物"。宋应星通过《天工开物》这个书名,将自己的著作与"开物成务"联结在一起。然而,他特别谨慎地避免从哲学意义上讨论他的求知方式,或者将它们与其他思想家连在一起。宋应星的文人社会政治背景表明,他把在学术传统中探求感官经验看作学术训练的一种方法。正如他在《天工开物·

---

① 在"谱录"这一文类当中,这表现得尤为明显,参见Siebert(2006:iii-v)。

序》中所强调指出的那样,“物”与“事”都需要先被看到、被听到,然后才能被真正理解(“必待口授目成而后识之”),然后才会有意义。宋应星在这种上下文的关联中也通过引用经典指出,学术实践中更多的是记忆,而非观察。直接介入的目的在于,学者能够遇到他们在阅读、在“过目成诵”中看到的东西。宋应星的引文表明,在他看来,对事物的领会(“识”)是通过在行动中看到知识是如何生成的,比如,通过观看瓷器是如何被制成坯、被烧窑出来获得知识。这也表明,在宋应星的设想中,或者“知”,或者“行”是先行一步的,而不是像王阳明设想的那样,二者是合为一体的。宋应星认为,如果“知”和“行”一体,那么就意味着,知识总是在被激活。他所处时代的混乱表明,这是错误的。宋应星得出的结论是:知识来自对行动的观察,比如技艺操作或者自然现象。在这一框架下,宋应星也赋予文本以重要性。他认为,书面思考可以引导一个人穿越展现在“物”中的规制,去阐明其本质。文本能激发知识探求,也是其最终的结果,因为知识最终是被格式化在文本当中的。然而,在涉及给予知识以可信性时,文本不能代替对行动的仔细探究。与行动脱钩的文本,也就是说不知道“物”与“事”是如何发生的文本,是会让人疑窦丛生的。因此,宋应星对于李时珍的《本草纲目》中的内容只是在验证之后才予以确认,才会将其内容作为事实予以引用。宋应星认可的例外,只有某些早期的经典如《易经》,他认为那里包含了一些本质性的真理。宋应星明确地不赞同自宋代以降、一直延续到他的生活时代的考证学,他完全无视几个世纪以来积攒下来的那种纯粹训诂性质的、基于文本的研究以及注疏文字。他感觉这种学术方法让真正的、普遍性的知识遭到玷污。对于充斥在17世纪学者生活中的那些日渐增加的文本知识,宋应星不屑一顾。在对于宇宙规制原则的理解中,他赋予对世俗世界的观察以举足轻重的地位。

前文已经提到,宋应星在写作风格上仿效宋代学者郑樵。郑樵最先在《通志》中采用的写作风格,后来被用于数量可观的文人笔记当中——

我认为,宋应星的全部著作都属于这一文类(参见第一章)。[①] 宋应星也采用了这一文类中常用的笔法,为自己对经典性的前辈著作借鉴不足而深感歉意。“伤哉贫也!欲购奇考证,而乏洛下之资。”[②](可惜家中太穷困了!想购买一些难得的书籍用于考证,却缺乏洛阳程氏兄弟的钱财。)我认为,宋应星的这一论调,是不可以从字面上来理解的,他在这里用“贫穷”这一惯常主题来对同行进行轻褒实贬。

从表层来看,这句话清楚不过地表明,作者由于经济上的困窘而无法实现自己的雄心,并因此感到愤懑。从关联文本层次上看,如果考虑到宋应星的愤怒和绝望,这也可以被解读成一种愤世嫉俗的批评:有天才的人不需要物质资源,因为他们的知识是天生的,他的行动足以让自己的道德显露出来。宋应星正在表明的是,他的目标是可堪与过去伟大历史人物相提并论的。同时,他在指出自己的境况与这些历史巨擘有不可逾越的差异,这是在为自身的不足找借口。

宋应星提到“洛下”,是洛阳在 3 世纪时的古名。洛阳是“程朱学说”的代表人物程颐、程颢兄弟的出生之地。宋应星的同代人自然会马上从“洛下”一词联想到程氏兄弟所代表的那种讨论哲学问题的学术传统。“程朱学说”代表了明代学术培养的正统路径,而宋应星的族谱表明这一传统对他本人也非常重要。他在这里嘲弄那些有幸获得大量解读原创哲学家的备考材料的人。他们能够负担得起一切辅助手段——读本、私人辅导教师、推荐信,来帮助他们通过科举考试。但是,实际上这些人的研学是肤浅的,因为他们忽略了一种必不可少的做法:在行动中看到知识。宋应星的说法,表达了他对以注疏文字来确立的思想脉络持有疑虑,而这正是明代学术的核心所在。在方法上,他追随郑樵。郑樵认为,

---

① [南宋]郑樵著:《通志·艺文略》,[清]汪启淑校注,香港:香港大学图书馆馆藏,1749,关于宋代笔记文化的讨论参见本书第二章,宇文所安关于中国文学思想的论述(Owen 1992:272—277)以及傅大为、雷祥麟:《梦溪里的语言与相似性:对〈梦溪笔谈〉中“人命运的预知”及“神奇”“异事”二门的研究》,载于《清华学报(台湾)》,1994 年第 3 卷,第 31—60 页,此处见第 35 页。

②《天工开物·序》,第 3 页。

一个人永远也不要盲目地追随文本。真正的学术方法，在于使用不同的感知渠道。作为一位观察者，人可以看、可以听。耳朵代表了言说的层面，其所获知识体现在文字当中；眼睛代表了可视的层面，正因为如此，图像是理解事物的核心所在。一个人只有将二者结合在一起，才能理解事物的用处（“明用”），才能确认事实（“核实之法”）。在此基础上，学者才能建立知识分类的方法（“部伍之法”），也就是说，将知识归类整理。一个人首先应该更广泛、更深入地学习和阅读，而后才能专门致力于某一特定领域。① 宋应星正是在这样的框架下，将观察与个人经验当成一种重要的知识探索形式。

“伤哉贫也！”这句话也透露出一种真实的状况：宋应星确实财力不足。但是，他的学者同人当中少有人会将这句话理解为他在渴求物质财富，因为对于学者这一阶层来说，大多数人会对此不屑一顾。宋应星在提及他的贫穷时，实际上是在言说他在道德方面的高洁（参见第一章）。在那些情操高尚的学者眼中，这会让他变得更加值得尊敬。这也是宋应星在《野议》中所要达到的效果，他在那篇文章中抨击了那些有钱无才的人。他言辞激烈地对这样的现实情况提出指责：富豪之家为自己的子弟买来高位，而那些勤勉的、有天分的、不那么富裕的学者则被边缘化，让自己的学术贡献只限于当一位县学教习，正如他自己所经历的那样。② 他公开提及自己的处境，表达对遭受不公平待遇的愤怒，这些都表明了他的情感卷入。他过着简单的物质生活，处于社会政治权力的边缘。在这种情况下，他以道德上的清正廉洁和学术理想，而不是耕犁和犁铧，将自己武装起来以对抗命运。

宋应星在《天工开物・序》中还对无法与同人们一起进行学术讨论而感到遗憾，因为他“缺陈思之馆”。③ 在表层上，这句话也提到了一个事实：他确实没有一个馆舍来让同代大学者下榻此处，来进行学术探讨交

① [南宋]郑樵著：《通志・二十略》，王树民编校，“Ji Fang libu shu”，第1卷，第15卷。

②《野议・进身议》，第6—7页。

③《天工开物・序》，第3页。

流。但是,这一事实陈述的关键点在于,他提到了“陈思王”。陈思王是后人对诗人曹植(192—232)的称呼,他是三国时期大政治家、军事家魏武帝曹操的第三个嫡出儿子(曹植生前被封为陈王,死后谥号为“思”,因此被称为“陈思王”)。宋应星在这里提到曹植的名字,让一个如此这般的形象呼之欲出:一位具有诗歌天赋的帝王之子,带着满腔的热望要平定那个时代的混乱。曹植曾一度介入继位的权力斗争,但最终失败,因此为同代人所忽略。① 宋应星也许从中看到了自己也处于相似的境况当中,但是他也用这一个案来表明,学术讨论和文学上的精进都不足以平定政治上的混乱。宋应星在将自身与曹植连在一起时发现他这一时代的政治家们所犯的错误,他将自身的努力提升为公正而有序的经世之道这一传统中的一部分。

宋应星的族谱以及他本人的文字里,都小心地回避任何足以表明他参加过体力劳动的线索。甚至也没有任何迹象表明,他从事过农业活动——对所有的士绅来说,这是一个荣耀的活动,正如任何贵妇都不回避纺线织布一样。宋应星的这一做法还是颇令人吃惊,尤其是考虑到《天工开物》中的大部分内容都是可以归结到这两类活动当中:五谷种植(乃粒)、衣料的生产(乃服)、谷物加工(粹精)、纺织品的着色印染(彰施),以及与此相关的油制品生产(膏液)和酒精饮料的发酵(曲蘖)。涉及农业主题的作者,在文中提到个人经验或者本人对农业技术的观察时,他们往往是在强调自己的美德。这也是一种批评当政者或者精英代表的形式:这些人不事稼穑,已经失去了与现实的接触。耿荫楼(?—1638)代表了晚明时期的这一趋势。由于对自己只得到一个低级官员的任命感到失望,耿荫楼全身心致力于钻研农业技术,主张为了国家与民

① [西晋]陈寿著:《三国志·魏书·夏侯玄传》,第208页,香港:中华书局,1971。曹植大多因为他的诗作而受到称赞,他最有名的诗歌之一是《白马篇》,塑造了一个勇敢无畏、为国战斗的年轻武士,“白马”是他的兄弟曹彪的封号。曹植的作品在明代深受喜爱,参见Cutter(1984:12)。

众的利益应该实行“劝农”。[1] 宋应星回避去提出这样的主张，也避免表明他从事过实际的农业活动。这些情况也表明，他在《天工开物》中对所涉及的诸多领域提出的看法，并非出于利他主义的动机。

如果我们将视线扩展到《天工开物》的视图修辞方式上，宋应星对农业价值的重视就变得非常显而易见。宋应星在这部部头最大的书中，集中地使用了大量图像，精确地用技术内容视觉表征来证实他的论点。在木版印刷中使用图像有其悠久的历史，这并非自宋应星开始。自从8世纪开始有木版印刷以来，越来越多的书配有图画，既为了让读者喜闻乐见，也出于装潢的目的。在诸多领域中，非言语类的文献都大量存在，天文学、炼金术、药物学、数学、有宗教性或者社会政治性内容的小册子。在王祯于1313年刊行了有大量插图的《农书》之后，农业方面的文献也开始利用这一方法所具有的潜力。

正如白馥兰（Francesca Bray）所指出的那样，王祯将言与图组合在一起的做法，吸引了从地主到政府官员的广泛读者，这有助于将农业知识提升为一个根本性的知识领域，让农业知识变得对农夫和对学者同样重要。[2] 16世纪初，随着印刷产业的第二次扩张和商业化，图像变成了一种能吸引新读者和市场的竞争性因素。在宋应星的时代，图文并茂的日用类书、仪式指导手册、关于医学与农业的著作、关于风水与神祇的论纲，以及装潢华美的小说、诗歌和笔记泛滥在中国的图书市场上。这一新介质带来的实验，与关于“物”与“事”如何揭示知识、哪些知识探索形式是正当的等话语正好吻合。宋应星制作《天工开物》受到了这些推动力的影响，也许他对图像的使用才是这一现象中最重要的成果。宋应星沿着郑樵的传统，认为图像有其令内容活跃生动的一面，也能达到让人思索的目的，因此他富有成效地应用这一视觉表征手

---

① 耿荫楼于1625年考取进士，被任命为山东省临淄和寿光的知县，见《明史》第22册，卷267列传第155，第6878—6879页；徐光启在《农政全书》(1639)的序言和卷十《农事》中表达了类似的理念，[明]徐光启：《农政全书》，台湾：台湾商务印书馆，1983—1986(1639)。

② Bray(2007:521-522).

段,作为一种补充性的论点来表达自己的哲学观点。这种修辞方式表明,在宋应星看来,“观察”对领会和理解事物是具有核心意义的:研究“物”与“事”可以通过观察图像,也可以通过观察真正的实践来进行。

视图·技术·论点

> “治乱”、“经纶”字义,学者童而习之,而终身不见其形象[①],岂非缺憾也!
>
> ——《天工开物·乃服》

自从南宋(1127—1276)以来,长江下游河谷地带,尤其是浙江北部各府以及太湖周边的江南地区,就一直是中国丝织品生产地。随着明代官营丝织生产机构的增加,丝绸生产带来了经济繁荣,产量达到了前所未有之高。在某些城市和某些地区如苏州、南京、杭州,几乎家家可见织机。带有塔楼的提花机的确让人印象深刻。这种织机长达五米,需要两人来操作。使用这种机器织造的产品,都要使用最精细的丝线、需要织出复杂的花样,只有宫廷和富贵人家才能用得起这些产品。安放这样的机器需要花费些时间。经线必须小心地用水平的木杠单独卷起,以避免与纬线纠缠在一起。如果所织的花样是基于经线的,那么就需要特别的先期准备。在这样的情况下,经线得事先完全按照花样要求计算、设定妥当,提花轴也得做相应的调整。准备就绪以后,如果织工在恰当时刻发出明确的号令,坐在提花楼上的提花小厮(“机花子”)就提起经线,这样设定的花样就会出现。事实上,织机是条理井然的完美事例,它不能容忍任何混乱因素的存在。

宋应星是带着消除混乱的设想而去研究工艺技术的(参见第二章)。在《天工开物》中涉及纺织的部分,宋应星同时使用了文字和图像来突出

---

① 将“形象”一词中的两个字顺序颠倒后变成“象形”一词,这也是“六书”即中国文字构成的六种方式之一,“象形字”被解释为字形代表了一个物体或者现象。

他所看重的问题，来证实他的论点。在文字部分，宋应星从词源学分析入手提醒读者注意到一点，即基于纺织技艺的词汇如“经纬”或者“乱”也被用于“治”（清明的国家治理）和“乱”等政治性话语当中。他提供的“提花机”图像（图4-2）不止于简单地展现实物。如果与《天工开物》中的其他图像放在一起进行分析的话，我们就会发现这张图是最复杂的一张，每一个细节设计——无论精致还是粗朴——都在展示机器中包含的条理和规制。在1637年刊刻的原版（“涂本”）中，提花机的图像占据了两页，与文字中的论点表述搭配得非常好。该图描绘了带塔楼的提花机上的主要细节，而那些无关宏旨的细节和装饰性环节都保持在最低限度以内。提花机的主要成分被用文字标记出来，引导着观察者的眼睛穿过整个画面，揭示出一部复杂机器内部的运行方式。与宋应星的主张相呼应的是，这部分中的大多数图中都有打理丝线的画面，画上的男人打着绑腿，在小拇指上戴着长长的指甲套：这两项都是读书人-官员的标志。

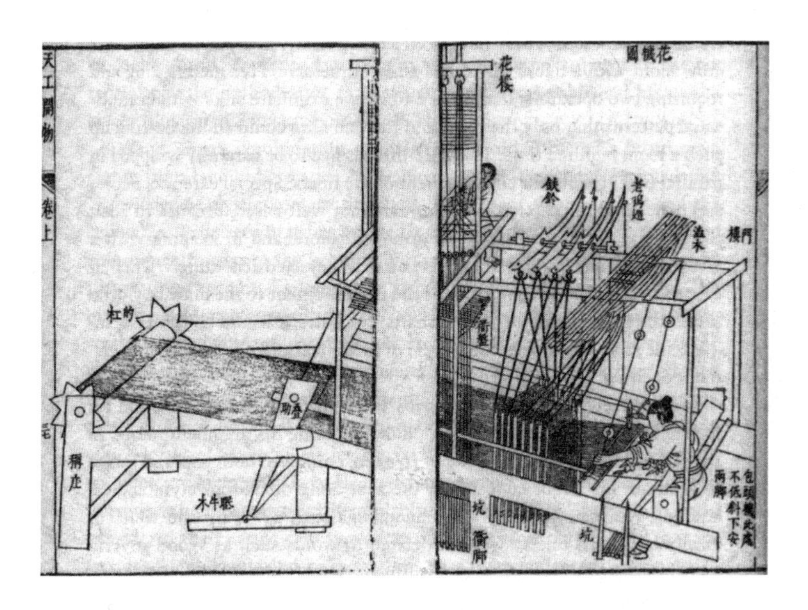

图4-2a—b　花机图图画风格精确，作者也给出重要因素的详细名称。右下方的文字为：包头机此处不低斜下安两脚。

《天工开物》中的图文比例为1∶4,可以说这是一本图像相当集中的书。该书的英译本序言指出,初刊本图像"简明扼要和清晰,给人印象深刻",与18世纪重印本中勾画细致、以动人而高雅的风格来吸引读者的做法完全不同。[①] 初刻版中的某些图画描绘了复杂的机器,有的则描绘了日常之物,如杂草。其中如潜水采珠或者烧制矿石等主题,是中国书面文献中从来没有人提及过的,无论是在文字还是在图像当中都没有过。截至19世纪的三个不同版本中的图像,经常被研究者用作考察中国古代技术史或者插图版图书印刷史的资料。[②] 我关注的主要焦点是:对于可观察的实践活动与知识生成之间的关系宋应星是如何去感知的,他如何看待"物"以及他想让读者如何去看待"物"。因此,我在这本书里只分析初刻版中的图像,将图像看作宋应星论说策略中不可分割的一部分,是文字议论的一个建设性、补充性的部分。在看待这些图像时,不应该将它们与文本割裂开来。宋应星本人在《天工开物·序言》中也强调了图像的重要性:那些生长在深宫大院中的皇室贵胄弟子们,如果在享受锦衣玉食之余想要看一眼生产这些物品的农具和织机的话,就可以翻开这里的图画观览,对他们来说,岂不是如同获得了大大的珍宝一样!("且夫王孙帝子,生长深宫,御厨玉粒正香,而欲观耒耜;尚宫锦衣方剪,而想象机丝。当斯时也,披图一观,如获重宝矣!"[③])

在中国关于自然哲学的书面文献当中,有一类特殊的关于技术的视觉材料,它们被称为"图"。正如白馥兰曾经指出的那样,"图"类材料的功用更多地体现在其传达的内涵,而不在其画法风格上:这些图像用简单的方法传递了体现技能的知识、专业人士的知识以及复杂的含义。[④] 关于中国书籍插图和视觉文化历史研究的新方法已经开始重新聚焦这一重要的图文联结,揭示出在过去的若干个世纪以来,人们以巧妙而多

① Sun & Sun(1997/1966:viii).

② Golas(1999);Wagner(2007).

③《天工开物·序》,第3页。

④ Bray(2007:522-523).

样的方式将图与文、文与图组合在一起用来交流、传授、转换知识。《天工开物》中的图，包括后来各版本中的图像以及宋应星在《谈天》一文中用来揭示日月食或者日升日落的表格形制示意图（图 4－3），都属于这一类。

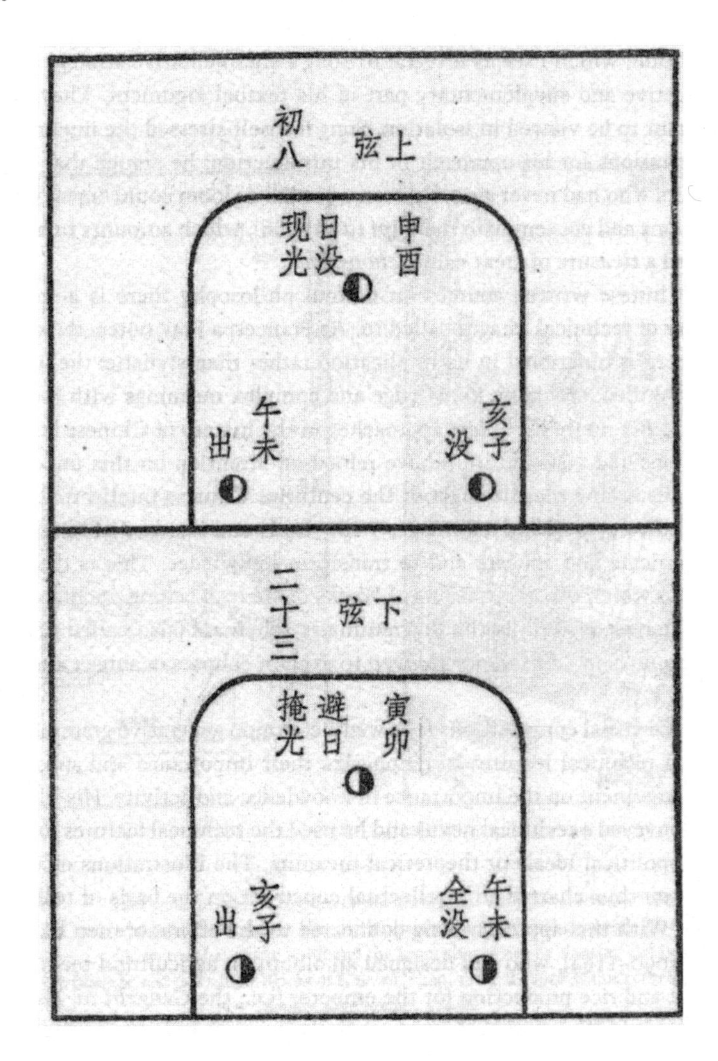

图 4－3　太阳与月亮不同相对位置的示意。上图标出的是每月初八的上弦月，下图标出的是每月二十三的下弦月。宋应星也注意到在什么时间可以看到日和月。《谈天》，第 109 页。

宋应星的视觉素材遵循了通常的生成语法。他描绘了技术上的特征去强调它们的重要性,去证实他关于知识与行动之重要性的论点。他的绘图中传递出来的是一种技术上的关联,他用技术特征导入社会政治理想或者理论含义。因此,《天工开物》中的图,是建立在技术细节上的思想构架。宋应星用这种方法,将自己与一些前辈学者比如楼璹(1090—1162)所做的努力连在一起——楼璹于1130年设计了一份关于农业技术和桑蚕、水稻生成的图册即《耕织图》,被推荐到皇帝那里并得到重视。同时,宋应星的方法与前辈学者如王祯也不无关联:王祯的农业研究“意在让他的图-文式技术描绘能被当成技术图纸一样使用,以便让官员们能将更多的先进技术介绍到落后地区”[①]。王祯的著作的确产生出一种带有补充性质的、符号性的沟通体系,他所采用的既包含实际对象的真实性印象,也有那些复杂结构之表征性、图式性,抑或概念性的描画。在这个意义上,王祯为宋应星对图与文的应用做了铺垫。但是,到了宋应星的时代,“图”所能提供的功能甚至还多于以往。包含表格、图式、图表的复杂结构出现,它们被用来阐明理论推测,或者将文字性内容或者描述了隐喻性图景的文本以形象化。在以“知”与“行”讨论为特征的17世纪,宋应星和他的学者同人们越来越多地依赖于图像,将“图”视为“行”的模板。[②] 宋应星沿着郑樵的观点,采用图像来唤起行动。郑樵认为,当一位学者在“索象于图”“索理于书”时,便是在遵循圣人的核心学习方法。正因为古人还没有放弃这种学习方法,所以学习对他们来说也容易,将学到内容用于实践也容易(“故人亦易为学,学亦易为功”)。在郑樵看来,后世的学者放弃了图而专注于书,崇尚词语和议论。所以,人在学习时就变得困难了,学习得来的东西也很难用在实践上。虽然平时胸中有千书万卷记在头脑之中,等到真正需要用时,又变得一片茫然不知该如何是好。(“后之学者,离图即书,尚辞务说。故人亦难为学,学

---

① Bray(2007:522-523).

② Bray(2007a:4).

亦难为功。虽平日胸中有千章万卷，及实之行事之间，则茫茫然不知所向。”①）宋应星对图像的使用，也意味着对同人们集中于文本知识的做法予以严厉的批评。他在自己的文字当中加入图像，希望读者能够发掘出来里面的知识，然后采取行动。他将理念、态度与一些具体劳作如铸钟或者晒纸结合到一起，给这些技术上的细节赋予具有挑战性的新含义：它们被整合进“揭示普遍性知识”这一思想活动当中。

从这个角度来看，《天工开物》里的122幅插图就并非如以前学者们所认为的那样，只是用来吸引消费者的装饰性因素。② 它们也不光是技术活动的视觉重现。我认为，这些图像是宋应星在对人物和内容做选择，以便来阐明和论证自己的观点。当我们将《天工开物》中的插图与他在其他作品中提出的复杂问题置入在关联当中进行解读时，他的上述意图就变得非常明显。他将使用插图作为自己写作策略当中的一部分，以便将技术事实和社会政治事实融入自己的议论当中。每一张插图都与文字部分非常吻合，而每一张图本身就是被图解的要素之组合，是对物体和自然对象、人和图表的象征性描述。此外，诸如文化标准或者财力限制等问题也可能会影响到设计的实施情况。如果我们将在不同作品中反复出现的形象——比如牛拉耕犁或者布料的折放——进行比较的话，就会发现这些雕版的刻工有可能为减少成本而采用了模板。刻工的能力也影响了整体上的风格，有些形象刻制得比较粗糙。尽管如此，总的来说每张插图的内容都直接与文字上的内容和宋应星的社会政治理想相关，显示出如此多的独特细节，因此我们无法不认为这些插图是宋应星有意识的努力结出来的果实。

宋应星的插图还是遵循着一般的常规，里面充满了学者同人很容易解读出来的细节。他采用了能代表文化建构的图式化构图，比如在那些织机图当中，社会身份等级可以通过指甲、胡子或者头饰来标记出来。各种职

---

① 郑樵：《通志·艺文略·图谱略》。

② 潘吉星：《明代科学家宋应星》；Golas(2007：572).

业中的性别差异有时候也出现在插图上,尽管这在文字当中根本没有涉及。他也使用一些有象征性意义的构图,比如芭蕉树旁有石头,这是代表南方地区的原型景致(图 4-4)。[①] 在棉籽分离的这张插图中,他在图中将石头和叶子放在一起来向读者表明:这个生产过程对当地的气候很敏感。在那幅砍下青竹放在水中浸泡("斩竹漂塘")的插图中,尽管实际上这项工作通常在竹园附近的露天地里来完成,宋应星还是在插图中加上了房屋建筑的石柱脚(图 4-5),以此来表明造纸技艺对官府机构和学者有重要价值。

图 4-4　一种南方技术:赶棉。这幅图描画了轧棉机将棉絮与棉籽分离。画面上的芭蕉叶确立了棉生产的地点在南方。图下方的文字"火烘"解释了棉籽事先用火加热。《天工开物・乃服》

① Hegel(1998:220-224).

图 4－5　文明的砥柱："斩竹漂塘"——背景上矗立的建筑物强调了造纸业在国家建制中承担的核心角色，这一点是宋应星在文字当中要着重强调的。《天工开物·杀青》

社会话题与技术细节组合在一起的一个出色个案，是关于山西省解州县解湖制盐的插图。画面上显示的是一块被高高的、砖墙围起来的场地（图 4－6）。场地中间是简单线条勾勒出来的一个小水池，表示这是解湖。围绕在小水池的上下有两个场景：上方的画面，是两个男人站着，将结晶了的盐扫在一起；下方的画面，一个男人正在赶牛犁地，展示的是制盐者每年都要做的事，"池旁耕地为畦垄"，同时"引清水入所耕畦中"。

图 4-6　盐的耕耘与收获——池盐　下面的图让人看到的是将盐湖水引入盐池中;上图的说明是“南风结熟”,画面描绘的是将晒干的盐扫到一起。砖石墙象征着盐的生产在国家权力的控制之下。《天工开物·作咸》

这幅图上也画了防护围墙,但是没有任何考古学上的证据足以表明这防护墙曾经存在过,而且这座墙也没有任何出于生产性的目的。插图上的防护墙有一个象征性的功能,它表明政府采取措施防止人们非法进入生产区或者偷取宝贵的原材料。制盐被描画成为一个在政府控制之下的事情。[1]

在《天工开物》的某些章节中，宋应星的插图与文字描述是彼此偏离的。对于现代读者来说，去理解这一点有一定的困难。比如，在关于武器制作（“佳兵”）这一章里，有一张图描绘了弓和箭制作的两个阶段。这张插图集中展示了武器制作中的质量检查：上方的画面在检查箭头，下方的画面在检查弓的承重，标题是“试弓定力”。画面上，一个男人提着一杆秤，弓弦挂在秤钩上，弓柄的中间系有重物（图 4 - 7）。[2] 在文字描写中，宋应星这样写道：“凡试弓力，以足踏弦就地，秤钩搭挂弓腰，弦满之时，推移秤锤所压，则知多少。”[3]（测定弓力的方法是：可以用脚将弓弦踩在地上，用秤钩钩住弓柄的中点往上拉，直到弦满之时，推移秤锤称平，就可知道弓力大小。）这段文字描写了两个步骤，而插图上只画出了最后一个步骤。脚踩弓弦可以从总体上检验弓的稳定性，把弓拉开。要想知道准确的弓力数字——弓是按照这个数字来分类的，那么就需要挂上重物。文字只是大体上描写了测量的实际过程，而插图则显示重物是挂在弓柄上。估计这里使用沙子为测量重物，来确定弓的拉力。我们之所以看到文字内容与图画上所见不一致，也许是由于操作层面上有不足之处，比如，刻工的能力不足或者理解有误。然而，我们不能排除的一种可能性是：这种图文不符的张力，只是因为我们的视角与宋应星的视角有所不同。事实上，文和图也可以涉及两个不同问题。宋应星的文字提供了对 17 世纪弓箭制作的描写，而插图则展示了富有意味的更多细节，来有效地表明在武器制作的质量控制中精确测量所具有的重要性。

---

① 柴继光：《关于宋应星〈天工开物〉中的“池盐”部分一些问题的辨识》，载于《盐业史研究》，1994 年第 1 卷，第 30—32 页，这篇文章所谈及的也是纯技术性内容。

②《天工开物·佳兵》，第 383 页。

③《天工开物·佳兵》，第 382 页。

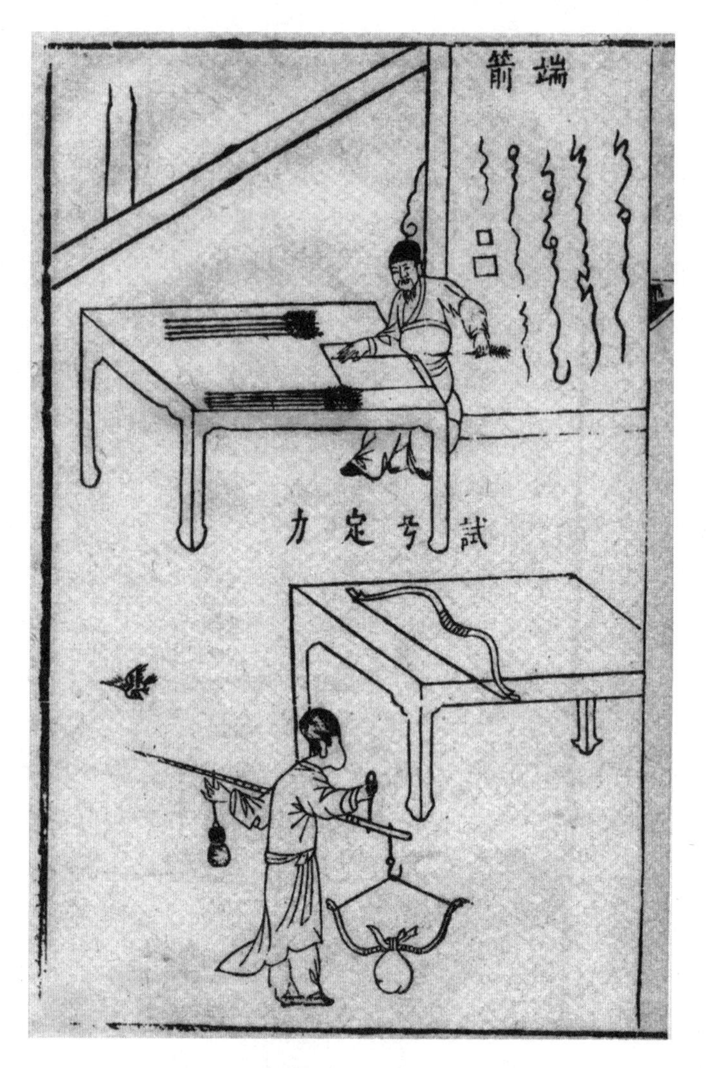

图 4-7 “端箭” 宋应星在这里选择的图题“端箭”一词出自唐代张鷟(大约 660—740)的《朝野佥载》,后来元代诗人马祖常(1279—1338)曾经将该词用于诗题上,即《题明皇端箭图》。这两处文字都在表明,统治层有责任了解并能很好地使用武器。在图画的上方,一人正在让箭杆变得挺直,图画的下方一人在测试弓的拉力。《天工开物·佳兵卷》

在对插图进行分析时,我们也可以看到另外一点:对于那些今天的历史学家可能感兴趣的问题,宋应星却语焉不详。比如,在关于瓷器制作的一节,他在描述陶工完成各自的工作时,使用了不同的比喻图景来阐明生产需要的多重步骤。宋应星对这些画面的安排，并没有按照时间上的顺序来进行，也不涉及协作的形式。这些文字只声称要完成每个产品，“过手七十二方克成器”。他也没有采取任何手法来表明，这样的工作是如何组织完成的，是需要72个人还是72个步骤？如果一个制作程序需要三个步骤，插图中也同样不画出来这三个步骤或者三种劳动分工。然而，如果说《天工开物》的插图对工作过程的解释是模糊的，其对社会身份的不同标志则显示得非常清晰。在制作陶瓮的陶工中，只有一人戴着帽子，有疏落的胡子。另外的两个人正在做简单的工作，比如给陶瓮加把手或者制作碗的陶坯，他们都光着头，简笔线条勾勒出来的样子看起来也年轻很多。宋应星在这里表明，有难度的工作是需要经验的，是由职业中处于等级较高位置的人来完成的。尤其是当图画中出现精心安排的人群时，宋应星采用高地位的标志性记号，按照他所处时代的常规表明地位与工作之间的关联。在另外的一些图像中，构图中人物的位置还额外地强调他们所具有的等级序列。在《天工开物・五金》一章中，一个学者打扮的人站在画面的主导位置上，和旁边的几个人一起站在炼生铁时装铁水的方塘旁边（图4－8c）。[①]

尽管《天工开物》的插图在内容上是独有的，它们的画法风格因素却遵循了当时的惯例。宋应星在文字中描写某种特殊工具之后，就会在插图中展示它们的应用，他采用的这一传授手段与王祯《农书》所采用的方式非常相似。[②] 这让我们能够破解每一张插图后面的最初目的。然而，只有当我们看到图像的总体安排时，才能领会到宋应星的方法中所具独特之处。在关于武器这一节，宋应星将武器应用的视觉化与极度图表化方式成功地结合起来，将整个大炮展示出来，接下来便对不同组成部分进行细致描写。这个系列六张插图（其中一张占据双页面）系统地描绘了火器，将读者导入这一话题领域当中：从概述入手，而后进入图像上的

① 参见Wagner(2007:618－621)，这篇文章认为在将土与硝的成分加入到装着铁水的池子里（朝泥灰）。

② ［元］王祯著：《农书》，王毓瑚校对，如第212页和234页上的图画，北京：农业出版社，1981。

细节。第一张图上显示的是西人的毛瑟枪(鸟铳)如何击溃敌人,而后展示的是大炮的细节。读者从标题中可以知道,这里描画的炮弹武器被称作"万人敌"。画面的设计让人感到,这种武器能够有效地结束围城、攻破城墙、击垮骑兵,这些都在文字描写当中得到进一步的强调("千军万马,立时糜烂"①)。这一组图以不同种类地雷的示意图结尾。清楚明白似乎也是宋应星的一个目标,因为宋应星系统性地给每一幅图都加上标题,如果画面显得太抽象的话,他也会加上相应的解释。为了说明武器使用的目的或者解释比较抽象的功能,他也包括进来一些细节以及较长的描写。宋应星也将这一风格应用到《谈天》当中,他用来阐明自己关于日月食设想而粗略画出来的太阳和月亮的运行状态,都仔细地写上相应的命名和名称(见图4-3)。

宋应星在文字描写之后添加的图表和图像,采用了一系列被认可的主题、修辞策略和方式——这些方式让读者感到里面展示的内容可靠,相信图中所提供的信息。对技术特点他采取如同身临其境般的描写,这唤起人们的熟悉感,让人觉得那是可以被接受的内容。这是一种具有目的性的劝说策略,用来强化核心论点。在这一对织机进行描写的个案中,其论点是关于"治"的概念。他的图像并非简单地去记录在观察技术过程中所能见到的内容,其目的在于让知识变得可见;也就是说,借助于观察性探究变得可以理喻。在这个意义上,宋应星的图画也需要受过训练的读者,正如对现代科学图像进行分析也需要受过专门训练一样。② 当宋应星在指责学者们无视织机这样的事情时,他也同时指出了什么才是观察事物的正确途径,在强烈地要求同人们去承认"物"与"事"的重要意义。如果我们将《天工开物》中的图像看作一种策略性工具,那么我们就可以理解,那些特别选定的图像内容与文字性解释之间存在一种饶有意味的关联。如果我们对《天工开

①《天工开物·佳兵》,第403页。

② Gombrich(1980:240).

物》中的插图——在对技术感兴趣的现代读者的眼里,它们显得多少有些可笑——仔细深究的话,我们就会发现《天工开物》的图像叙事后面的策略性设想:这种解读可以回溯到宋应星在《论气》一文中提出的理论。详细解释可以在哪里找到五种金属——金、银、铜、铁、锡——的《天工开物·五金》一章,包含了四个图像系列来描述这些矿物的生产,从找到原材料到其熔炼过程(图 4-8a—d,图 4-9a—h)。每个系列里的第一张图都首先描写了正常情况下出矿石的地理条件,从而进一步阐发宋应星的理论推测,即矿石的出现有赖于"气"的生成性力量。在宋应星看来,金和银的矿石要求有罕见的"气"的混合条件,这只能发生在地层深处,如果在地表的话,那么就只能在非常边远的山区。与金银形成对比的是——宋应星在文字描述当中也强调指出,那些不那么有价值的金属在人迹易达的地方也能大量出现("所在有之,其质浅浮土面"①),在平原或者丘陵上都有很多,不会出现在高山上("繁生平阳、岗埠,不生峻岭高山"②)。

---

①《天工开物·五金》,第 361 页,"浅浮"一次在这里用作复合词,是"浅层或者浮表"的缩略形式,宋应星在《论气·形气一》中也提到这个词,第 52—53 页,"互沉"在这里指的是与"大虚"对应的理念,在这一个案中"互沉"位于地下,感谢席文先生提醒我注意到这一点。

②《天工开物·五金》,第 362 页;Golas(1999:166)认为"平阳"在这里是一个描写性的词汇,而不是地名,尽管文中后来还提到山西省平阳府这一地名;《天工开物》的校对者注意到,"平阳"指的不是朝阳山坡,而是平地和丘陵地区,钟广言注释《天工开物》,第 209—210 页。

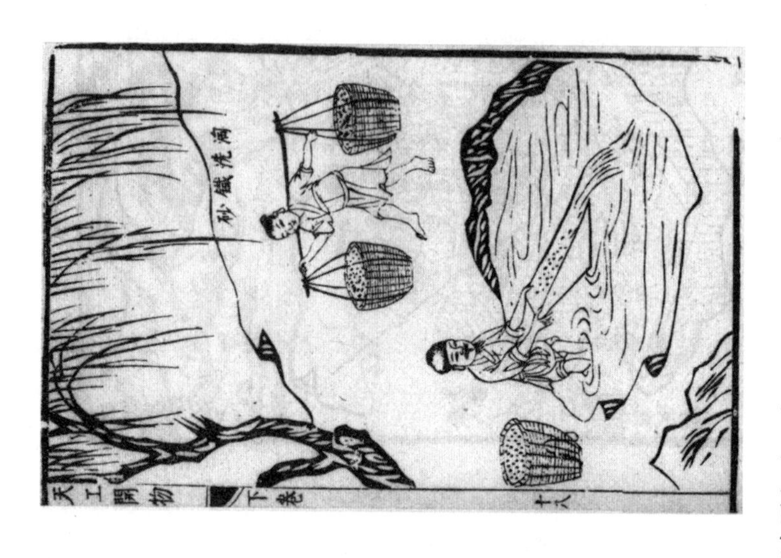

图 4－8a－d　这一系列用四张图阐释了对铁矿石的加工(本页和下一页)。本页图 4－8a 和 b 展示了两种可能的铁矿石来源，即从田地里捡拾(“恳土拾锭”)或者通过淘洗(“淘洗铁砂”)。《天工开物・五金》

图 4－8c－d　“生熟炼铁炉”。图 4－8c(左侧图)展示了一位学者装束的人站在铁水池旁边，周围站立着力工，图上的说明将学者正在抛洒的东西称为“潮泥灰”，熔化了的铁水正“流入方塘”，得到的是“生铁”(图 4－8d，右侧图的说明)。《天工开物・五金》

图 4-9a—h　金属的来源　这一系列包括了四幅双版图(本页和下一页)。

上图 a 和 b 的题名是“开采银矿图”。人们在高山环绕的河谷当中挖掘和收集银子。在这两幅图中,“银苗”都被标记位于河床上。《天工开物·五金》

图 4-9c—d　融礁结银与铅

图 4－9e—f　将铅从银中分离出来

图 4－9g—h　对银的纯化

与这种理论设想相符合，涉及铁矿石加工过程的插图系列中的第一张所展现的画面便是山脚下、小河旁。画面上一个人正从地里捡拾铁块,而另外一人正在用犁耕地(见图4-8a)。[①] 这一图像强调的概念是:铁矿石产自五行当中的"土"。这是中国自然思想中的一个理论性概念,而常人往往将其理解为物理意义上的现实。宋应星在文字中所言的内容,正是耕犁图画中所意指的内容:铁矿石如同植物一样是种在地里的。如果赶在雨后用牛犁耕起田土,几寸深的土里就会找到铁矿石。在耕种之后,铁块还会每天生长,总也用不完:"乘雨湿之后牛耕起土,拾其数寸土内者。耕垦之后,其块逐日生长,愈用不穷。"[②]宋应星在多处文本中使用了"种"这一词汇。在他的文化当中,这并非罕见。比如,"种盐"这一用法相当普遍。然而,值得注意的是,他在这里完全从字面意义上来理解这个概念。他所理解的金属生成,与植物的生长具有完全的模拟性:能够生长,能够繁盛,二者都是从"气"到"形"的转换。这表明了一种特殊的解释模式和原创性理念。宋应星也许听说过,在某些地区农夫们可以从田地里找到生铁块,而这条信息正好与他的理论相符合。他向读者解释说,作为五行当中"土"的产出,铁矿石如同植物一样是从土地里生长出来的。理论和实践在宋应星的知识生成过程中是如何走到一起的,这是下一节要讨论的问题。在对宋应星的理论构想进行一番总览的基础上,我要让读者看到,宋应星如何将他的理论设想、观察性的经验、实验、归纳理性与文献注疏的学术传统组合到一起,来理解他周围的世界。

观察"气"之自然本性:知识建构中的理论与实践

> 依坎附离,而共呈五行变态。
>
> ——《天工开物·丹青》

由于统治的地理区域广大,维持官僚体系的有效运作是中国历代王朝统治者不可撼动的利益所在,统治者以此为手段来维持对地方的控

---

①《天工开物·五金》,第362页;也请参照潘吉星:《〈天工开物〉校注及研究》中的图2—56,第367页。

②《天工开物·五金》,第362页。

制，有效地向民众传递中央政府的要求。宋应星注意到，政府的正确运行并非仅仅依赖于官员们有正确的态度。[①] 规则和秩序、理念和观点必须写在纸上，才能保证它们会被不遭扭曲地传递到全国的每一个角落，而匠人们则提供了国家行政管理的工具手段：纸和墨。与这二者相关的技艺，宋应星在《天工开物·丹青》一章中进行了描写。红色的朱砂，引起了宋应星的注意。一般学者对朱砂的使用限于标点文章和书写评议，只有皇帝才能使用朱砂批阅官员的奏折。朱砂的颜色不会因时间的流逝而褪色，被认为永无改变，如同黄金一样；朱砂也被用于药物当中，人们认为它能让人保持年轻和长寿。中国的匠人在制作朱砂时采用的一般方法是：一百份的水银和二十份融化了的硫黄，而后者往往是从黄铁矿中提炼出来的。这些成分被小心地混合在一起，在泥制的瓮里加热到蒸发点上，这时再将泥瓮打破，从瓮的内壁上将硫化汞（朱砂）刮下来。最后，匠人们再加入一种碱溶液，让尚未化合的硫纤毫不留。的确，制作朱砂并非易事，宋应星评论说，只有在"神精"的助力之下，这文房中的珍宝才能成形。

宋应星在《天工开物》中对朱砂以及所有其他过程、现象和事件的描写，提供了一幅客观的、实在的关于普遍性规制的图景，这些加在一起用来证实他对"气"的理解。他的描述展示了学者如何通过植根于"事实"的推理步骤来呈现自然进程。他的《论气》一文将同样的方法用于从天气到声音的产生等各种自然现象当中，更为细致地展示了他的理论的精致性。这些深入论证是理解宋应星如何去获取知识的关键。它们显示了指导宋应星之观察的阐释模式，他以为自己观察到的是什么，这些观察以怎样的方式对他产生意义。因此，我们有必要仔细梳理一下他对"气"的特殊理解。

我在本书的第二章讨论了宋应星从阴、阳、五行入手去探索世界的方式，以及这一做法以何种方式构成他的世界观。这些讨论表明，宋应

---

① 《天工开物·丹青》，第408页。

星关于周围世界的全部观点都基于这一理论:构成世界的一体性的、永恒性的因素是充盈在天地之间的"气"("盈天地皆气也"①)。在本体论意义上,这是中国物理学概念的元因素。在 12 世纪,张载给予这一概念以新的认可和哲学活力;在 17 世纪,许多学者又在他们解释世界的方式方法中重新定义这一概念。宋应星立足于这些多层面基础之上,找到了自己的路径,认定世界是由普遍性的"气"所具有的不同显示形态、不同阶段之间的互变所构成的。在这一节里,我们将考虑到宋应星在理论与实践之间划出的边线,从而深入挖掘他的"气"理论中的更多细节,探究他如何详细地解释"物"与"事",以及他如何看待"气"作用于自然现象和物质效能。

在宋应星看来,"气"无所不在,总是可以被探知的。不过,在它微妙的变换体当中,它还是很容易逃离人的感官(包括视觉、听觉、味觉和感觉,宋应星从来没有提到过嗅觉)。"气"在其原初条件下是不可见的,不可见的"气"代表了构成整个宇宙的"太虚"。在人的世界里,它渗透在透明的空间里;不过,空气是含有"尘"的"气","尘"的概念我将在第五章中详细讨论。不可见的"气"由"阴"和"阳"两个阶段构成:如果二者彼此相合,其结果便是和谐。不可见的"气"与显示在"形"中的"气"相对立、相补充,后者决定了"气"的(或多或少)可触及的外形。"形"的构成是由于这一事实:"气"的某一阶段,"阴"或"阳"已经累积但是不能找到与之相配的另一半,以便消解进入太虚之中,因此便有了"外形"(shape)。不过,宋应星不认为"形"是实在物,它只是"阴"和"阳"在互动中的一个过渡性阶段。宋应星将"阴"和"阳"等同于"阴水"和"阳火",他也认为,在态度和行为上,"阴"和"阳"都与它们的物化性表征相似。就语汇使用而言,"水"和"火"能代表抽象概念"阴"和"阳",但是也能代表"水"和"火"的现象。我在下面的行文中,对"水"和"火"的双重所指还是做出区分:在涉及抽象概念时,我采用复合词"阴水"和"阳火";只有当宋应星所指

---

①《论气・气声二》,第 66 页;《水尘一》,第 86 页;《水火二》,第 82 页。

的是纯自然现象时，我才使用“水”和“火”。宋应星偶尔也使用《易经》中的概念“坎”和“离”。遇到这种情况时，我会分别写成“坎水”和“离火”。

宋应星坚持“二气”论，将“气”定义为“阴”和“阳”的根基。在传统上，“二气”学说与“五行”学说是融汇在一起的，这意味着，“阴”与五行中的“水”对等，“阳”与“火”对等。二者都与“五行”中的其他三个因素“土”“金”“木”相关。这种所谓的“二气五行”学说认为，“水”和“火”的角色比其他三个因素重要。这与“五行”循环、相生相克的传统看法不尽相同。宋应星以不同方式来对这种观点广而告之：比如，在《论气》一文中，他采用了一个明确针对传统说法的章节标题“水非胜火说”。他认为，“阳火”和“阴水”是对等的，都是“气”在转换中的主要阶段，它们并不相克，而是在对等意义上相融；二者以不同的比例关系参与土、金、木的形成。不过，土、金、木与阴、阳有所不同，因为它们各自体现了“气”转换的一个特殊阶段。它们不如“阴水”和“阳火”那样有力，然而在构成所有其他的“形”即世上的万物万事中，它们仍然是根本性的。《论气》中的第四章是最难以理解的，因为宋应星在这里汇集了若干古代关于“气”的概念，包括炼金术中的因素，以及佛教关于“尘”和“灰”的概念，即特殊环境中“气”的一种状况。“尘”区分了大气中的空气与太虚的纯粹之“气”。宋应星在这里对“气”的解释往往会误导现代读者去寻找原子论的世界观，甚至偶尔会激发读者把“气”解释为现代化学当中的“氧”。但是，宋应星用“尘”的概念来证实，宇宙规制的基本单位是“气”。从功用上看，“尘”和“灰”的概念修复了宋应星理论中的漏洞。在接下来的讨论中我们会看到，他使用这些概念来阐释稳固的“形”抗拒转换这一现象。

宋应星的观察以及他关于自然世界的知识，源于他热衷于获得一种普遍性的“气”领悟以及他对这一问题的思考，在这一思考中他也提及共同的、大众的观点。他讨论日常活动、大自然、物件的制作，想让这一切都变为理性的、可理喻的事物。他确信这一切都服从于同一个逻辑：“气”。他也承认，物品或者活动在人们初看之时未必一定是洽合的，但是他还是认为，他的学者同人们视为怪异和离奇之事物，只是因为他们的理解力不足而已。[①] 宋应星断言,个别性总能代表普遍性,反之亦然。与同时代欧洲学者有所不同的是,常规之外的特例、事件的可复制性都不是他要考虑的问题,而这些却是欧洲同行所考虑的问题。从这个角度看,宋应星把对“物”与“事”的观察,当作一种铺陈论点的方式,当作自己理论设想的证据。同时他也有这样的假定:如果观察所得与普遍有效性原则相抵触,那么从根本上来说这一观察是可疑的。只有当心智来引导所见时,观察才是可靠的。如果观察与理论之间有抵触,这表明观察是有缺陷的:或者分析者漏视了一些重要的因素,或者他们聚焦在错误的问题上。

宋应星对于“虚”的看法,能最好地说明理论与观察在他这里是如何走到一起的。宋应星接受了张载的理论,认为“虚”是“气”的一个阶段。在这个阶段,“气”形成了一个完全的整体即“浑沦”,其间没有任何之物(“气本浑沦之物”[②])。“阴水”和“阳火”合在一起。“虚”的领域离开了人的直接意识,是不可见的。这与佛学概念中的“虚”(也称“太虚”或者“大虚”)所理解的“空”,“无一物”是不同的。“虚”全都是“气”,是阴阳二气完全相合,彼此匹配、补充完整。在这一“虚”的条件下,“气”也可以有一个空间范围,我们可以在宋应星关于声音的理念中看到这一点(详细论述见本书第六章)。每当“气”中的“阴气”和“阳气”彼此分离或者聚合即有所互动时,“气”就变得可以被感官把握,呈现为物质或者现象。当水熄灭火什么都没有留下,或者蒸汽从锅中升起消失时,“阴水”和“阳火”重新聚合,返回“虚”这一看不见的“气”。在这样的过程中,“气”是看不见的(“不见”),但也不是完全隐藏起来(“隐”)。[③] 与此相反,物化意味着“阴水”和“阳火”被分离,失去了平衡,其中的一个已经聚集得找不到匹配对象。产生可把握之“形”的“气”,在各种技术过程中都可见。在油这

① 关于异象的早期发展的概况,请参见 Campany(1996).

②《论气·气声二》,第66页;宋应星提到《淮南子》,强调“混沌”的一体性特征,而不是混乱,淮南子诠言:“洞同天地,浑沌为朴。未造而成物,谓之太一。”此段的英文本翻译见 Girardot(1983:134).

③《论气·形气二》,第55页。

一对于染料、照明和营养都非常重要的产品当中，学者能够看到物是怎样从看起来的“无物”当中产生出来。宋应星注意到一个事实：用来榨油的籽料虽然本身是干的，但仍然是一种“阴阳气”的形式。实际上，它们包含了“阴水”的累积成形。当它们被加热时，浓缩的“阴水气”乘机与“阳气”聚合流入“虚”当中。一部分“阴水”达到了合体，与“阳火”一起消解在“虚”中。但是，并非所有的“阴水气”都能找到匹配对象，它们还保留了液态的成分构成，其形态便是油。

在榨油这一活动中，人们可以观察到“气”中的“阴”和“阳”处于不稳定的挥发阶段，因为“阴水”会依循其“内在的趋势”去与“阳火”相匹配返回到“虚”。榨油工因此得快速而小心地处理油料，防止它们在压榨之前已经变冷。如果榨油工动作太慢，就会让太多的“阴水气”找到匹配对象，而后消失在“虚”中，其结果便会是出油率降低、油量减少。宋应星认为，油的本来存在，就产生于“虚”中的“气”（“凡油原因气取，有生于无”[①]）。去揭示“气”转换的复杂链条，是宋应星详细描写榨油过程的原因。我在本书的第三章中已经指出，宋应星承认，榨工的经验是一个重要的生产因素。但是，要想去领会为什么有这样的相关性，光有经验或者实地观察还不够，还需要一个有抽象思考能力的头脑。

宋应星认为，“虚”是源起，“气”的存在与之相关（“气本浑沦之物”[②]）。他对转化的这种解释，与张载的观点相符合。这一简明的断言包含了宋应星“气”理论中的一个重要预设前提：“气”总在力图回到阴阳平衡状态的“大虚”，回到“大虚”静止不动的阶段。在这一阶段，“气”既不能被看到，也不能被听到。世界之存在，系统性地依赖于这一趋势，因为它促成了改变（“易”）。“易”是非静止的一种形式，在其间“气”从一个阶段变化到下一个阶段，“阴”和“阳”之间的目前关系不是平衡的。原则上，所有的“阴”和“阳”都能找到它们的匹配对象；但是，一般而言，总会

---

① 《天工开物·膏液》，第 314 页。

② 宋应星：《论气·气声二》，第 66 页；张载《正蒙·太和篇》，第 1 页，以及他对《易经·补系辞上》的注释，第 206 页。

有一种不平衡。这也意味着,一种“气”的全部都能找到匹配对象,而另外一种“气”只有若干部分才能找到。这种状态呈现的形式是物质性的,或者是现象。在“不足”或者“有余”的状态中,“阴”和“阳”会两极分化:天上的太阳是“阳气”汇聚的集中区域,与“阴气”汇聚集中的大地一起生成了“物”与“事”的世界。阴-阳的互补性对立以及对立的两极代表了宋应星的宇宙观。在这种宇宙观的阐释中,世界的存在根本就可以完全当作物质化,所有的物品、每一个现象都可以被观察到、被感知到;一切都是阴-阳气复杂交会的结果。在宋应星眼里,这一原理既适合于油和矿石的生产,也适合于全部的宇宙体系。处于不可感知条件下的“虚气”在宋应星看来是和谐的峰巅,在那里所有可见的、可把握之物最终都会消解。不过,宇宙体系永远无法达到这种势在必行的状态,因为天上聚集的阳气和地上会聚的阴气太密集,它们会保持一个对立两极的状态。原则上说,只有在宋应星的模型里才允许有完全消解的可能性。①

就宋应星以“气”来定义“虚”这一点而言,他的方法仍然沿着传统的路径。他吸收了张载的思想——张载也将“阴”等同于“水”,“阳”等同于“火”,在关于五行的理论中他也给予“阴”“阳”以高级的位置,但是宋应星没有明确提及张载来提升他关于阴、阳理论的权威性。也许,这是因为这位大名气的先师张载不时地去强调道德。然而,他们各自对阴、阳的理解还是有所区别的:在张载那里,“阴水”和“阳火”主要被归类为“气”的两极;而宋应星却将它们与各种生成性(或者破坏性)过程密切地联系在一起。② 对张载来说,“阴水”和“阳火”是转化过程中的属性;对宋应星来说,它们就是驱动变化的“气”本身。这两位思想家在概念用语的使用上也有所不同:宋应星很少应用“阴”和“阳”这些用词,他更倾向于用“水”和“火”来指代。李书增和潘吉星都认为,宋应星强调“阴”和“阳”的物化表征即“水”和“火”,这使得他对张载的理论给予了决定性的增

①《论气・气声二》,第 67 页。

②《论气・水非胜火说一》,第 80 页;张载《正蒙》,见《太和篇》,第 8 页;《参两篇》,第 11 页。

添，或者说这是一种推进。[①] 实际上，正如本书第二章已经指出的那样，我们在对思想家给予基于时间顺序的思想传承予以评判时，需要特别谨慎。思想家之间明显的质性差异，是其不同目标导致的结果。张载探究“形而上”的内容，其目标是出于道德理性来完善自我和个人知识[②]；宋应星明确地以规整世界为目标，其手段是发现世界中的普遍性规制，尽管世界由于人的投机而充满混乱和不确定性。对宋应星来说，道德无非是一种规制的结果和副产品，而规制藏身于“形而下”或者“形而上”的显现之中。

宋应星强调“气”在其初始的“混沌”阶段的完整性（“莫或间之”），这与从“理”出发的一般性宇宙论和宇宙观理念有很大的不同，后者认为“气”在初始的“混沌”阶段处于“乱”的状态，因此必须通过“理”而形成结构、赋予“气”以条理和形式。[③] 宋应星对“理”完全忽略不计，他要表明，单有“气”就可以形成结构。在这一点上他是极端的，但是在拒绝将“理”作为结构性原则之首要因素这一态度上，他并非没有同道。正如莱波德（Michael Leibold）让我们看到的那样，宋应星的同代人、“气”思想家王廷相也在沉思这些问题，并强调“气”要大于表明世间差异原则的“理”（“气为理之本，理乃气之载”）。王廷相认为，“理”思想家们关于“元气”的看法是完全错误的。[④] 宋应星关于“虚气”的理念所具有的特别之处在于，他将“虚气”也视为一种临时性的活动或者状态，如同其他情形下的“气”一样。他的这一概念方法认为，（“气”的）体系具有一种内在的趋向变化趋势、回旋于相向而立与和谐融合之间，他用这种方式解决了什么是变化的推动力或者刺激因素（“机”）的问题。[⑤] 世间的万物万事都屈从

---

① 李书增、孙玉杰、任金鉴：《中国明代哲学》，第1439—1441页，郑州：河南人民出版社，2002；2002年，作者与潘吉星先生面谈时他曾多次指出这一关系，他在《宋应星评传》一书中提到关于声音的那部分，见第448—453页。

② Ching(2000:59－60)，她在这里提到张载《正蒙》中的《诚明篇》。

③ Girardot(1983)；关于明代思想界将“混沌”定义为“乱”的理论，参见[明]王廷相：《王氏家藏集》，卷33《太极辩》，第597页，台北：伟文图书出版社，1976。

④ [明]王廷相：《雅述》中的《横渠理气辩》以及《五行辩》，见《王氏家藏集》，第1334页；也参见Leibold(2001:43, 293).

⑤《论气・水火四》，第85页。

于"阴"和"阳"的互动。

宋应星将自己关于"阴水"和"阳火"的理念回溯到《易经》中,并使用"坎"和"离"这样的语汇:"坎水为男,布置道途,耕耘畎亩,贵临贱役,在人耳目之前;离火为女,正位宫中,隐藏奥室,见人而回避,此水火之情也。"①(坎,也就是水,是男性,他们行进在路途当中,耕种土地种植庄稼,无论地位高低贵贱,各自履行自己的职责,这都是在人们能够看得见、听得见的情况下从事的活动;离,也就是火,是女性,她们应该处身的地方是在房子里,隐藏在秘密的内室里,知道有人来就应该回避。这就是水和火分别具有的特性。)

按照宋应星的解释,"阴水"和"阳火"的交会发生在人的视听之下:在所有种类的自然现象中,"气"的活动都可以被观察到。宋应星通过提供一些观测证据的实例来声称,他关于阴-阳合并的观点具有普遍有效性。他举例解释说,水的精魂落入火炭中,能吸引火的精魂挣脱出来("涓滴水神,送入薪炭,际会勾引,火神奋飞而出"②)。二者转换为"虚"的精细过程,是人的感官在注意日常生活过程中就可以观察到的:

> 从釜鬵之介,侧耳而听之,如泣如慕,如歌如诉,此相合还虚之先声也。浆无继注,而炊者撤薪,则师旷不能闻矣。是故由大虚而二气名,由二气而水火形。水火参而民用繁,水火合而大虚现。③

在这段文字之后,宋应星在行文当中将"阴水""阳火"与"阴气""阳气"对等使用。更具挑衅意味的是,他竟然将"阴"与"水"、"阳"与"火"互换使用。在给出如上面所举的或者类似的事例以后,宋应星也经常特别提出,阴-阳并合发生在很多技术性工序当中,但是影响因素各不相同。

---

①《论气·形气二》,第 55 页。"奥室"这一表述是一个地点名词"阴阳奥室"的缩略形式,指的是宫殿后面供嫔妃居住的地方,范晔《后汉书·梁冀传》有句如"堂寝皆有阴阳奥室,连房洞户",第 1181 页;《易经》将其解释为房间中最暗的角落,它描写了典型的"阴"的状态,与"掩盖"和"隐藏"相应,见《易经·系辞上》,第 42 页。

②《论气·水火四》,第 85 页。

③《论气·水非胜火说一》,第 81 页,师旷是春秋时期晋国的著名乐师。

这些因素可能是“阴”和“阳”在一个特殊条件下的展示。当“阴水”或者“阳火”凝聚于各自的“元神”当中时，就无法看到它们的“形”的呈现（“水火元神之所韫结，而特不可以形求也”[①]）。在这一阶段上，“阴水气”与“阳火气”处于极端对立状态中。在对“气”转换研究的基础上，宋应星展示了他对“元神”这一概念的观点——在传统医学概念中，“元神”是“五气”的一个特性。[②] 这些情况意味着，“阴”或者“阳”是纯粹的，没有找到匹配对象。这类物品都来自特别之处所：“地”已经是相当纯粹的，“阳火”在太阳这一天体中找到纯粹之形。纯阳的所处之地在天上，“阴水”的最纯粹之形只能在最深的地穴里才能找到。这两处都是人所不能达到之处，但是，当物体或者成分被生成并被释放出来时，人就可以接触到它们。完全由“阳”的“元神”所构成的物质会拒绝任何变化，除非人强迫其与对等物融合，让“阳气”和“阴气”交换，正如在火药制作中所做的那样。

宋应星在对火药的解释中认为，“元神”中的“纯阴”和“纯阳”彼此间的渴望极端强烈。出于这一理由，二者一旦得遇，便无法不马上消解在“虚”中。二者的极端对立，导致了再度会合之后一定会迸发出高度的张力。宋应星认为，火药成分中“纯阴”的硝石击退了“纯阳”的硫黄，“元神”的概念以这种方式帮助解释了火药爆炸带来的巨大效果。

人世间的许多物品之所以存在，是因为“阴”与“阳”的会合受阻，或者它们的会合只是以一种特殊的方式才成为可能。炭的出现，是因为“阳火气”与空气中的“阴水气”会合受阻，因为木中的“阴水气”找不到足够的匹配对象，炭才得以存留下来：

> 火燃于外，空中自有水意会焉。火空，而木亦尽。若定土闭火于内，火无从出，空会合水意，则火质仍归母骨，而其形为炭，此火之变体也。[③]

---

①《论气·气声五》，第 71 页，“韫结”的字面含义是“集中于某物当中，如同种子一样”。

② 李书增、孙玉杰、任金鉴：《中国明代哲学》，第 1439 页。

③《论气·水火二》，第 82 页。

(如果火的燃烧是在外面,空气中自然会有水来与火会合。等到火灭时,木头也都烧光了。如果用土修建炉灶,让火在炉灶里燃烧,火无法出来,空有遇水会合的意愿,阳火气的本质仍然会回到它的本来处所,它所具有的形便是炭。这就是火的另外一种形体。)

这个例子也表明,“阴水气”和“阳火气”甚至在不能得遇与会合之时,也能转化。实际上,这种转化在整个凡俗世界当中都是可以观察到的。在烹饪时,这二气被物质分离开来,比如金属或者陶器。在这种情况下,转化也发生了,因为二气从烹饪器中蒸发出来,火从下面升起到“虚”中,留下了被转化过的遗留物。在对阴-阳合并的转化之力所进行的描写中,宋应星注意到这样的一个事实:尽管阴与阳,水与火之间有不同的空间安排,还是存在一个总体上的原则:“水上而火下,金土间之,鼎釜是也。”让二者分离开来,有助于熨烫衣料。按照宋应星的说法,熨斗的情形是火在上,水在下(“火上而水下,熨斗是也”)。如果用容器“罂缶”温酒,则是“水左而火右”。宋应星推测,“此三者,两神相会,两形不相亲”(以上引文均见《论气·水火一》)①。

“阴”与“阳”的交会不光能生成“物”,它也有助于转化“物”,这在很大程度上解释了宋应星周围世界所具有的形态。按照宋应星的观点,“阴”和“阳”所具有的形态及特性与“水”和“火”所具有的形态和特性类似。比如,代表着液态化过程的“阴水气”解释了为什么糖浆是液态的;反过来,糖的可溶性也意味着“阴水气”被保留在糖里。宋应星承认,这些都是简单的定性,只能解释“物”的一两个特性或者其过程中的一部分。大多数现象都不能被纳入这一框架之中,因为生成“物”与“事”的阴阳互动过程是复杂的,许多过程是彼此交织在一起的。比如,在使用密封陶器提取朱砂时,尽管用火在下面加热,在陶器上面不停地刷水,为什么密封容器里阴阳的交会没有完全转化为看不见的“气”?对宋应星来说,解释这些精微之处的答案在于要理解到:在“气”的全部构成中,“水”“火”之外还有“土”

①《论气·水非胜火说一》,第80—81页。

"金""木",而且要理解它们与"水"和"火"的关系。宋应星将这三种"气"设想为"阴""阳"交会的条件:在转化的过程中,它们有一种典型的力量,即能够自我生成("自为生")。它们的形态和特性,大多也可以通过观察它们的物性表征而得到解释,这与"水"和"火"的情形很相似。

"气"转化之复杂性:"气"的合成与构成因素

> 宋子曰:五行之内,土为万物之母。
>
> ——《天工开物·燔石》

明清时期的陶瓷制品上有高雅的图案设计、鲜艳的釉彩、大量的珐琅、多姿多彩的花纹图样。上层精英人士的宴饮聚会也是视觉的盛宴,所用器皿流光溢彩,令人感到心旷神怡。餐饮器具与仪式礼器上有明蓝、紫红、黑紫、深绿和黄色等颜色装饰。制作这些器皿所需的釉料取自大量不同矿物质,它们或者出产于中国,或者从外国进口而来,或者是邻国的贡品。所有这些釉料都要加入不同数量的石灰,而石灰里要掺和进草木灰、碱-铅-硅酸盐、苏打、铅和矽土,用来控制釉料的可溶性、易朽性、光泽和渗入性。在宋应星的分类范畴中,石灰也属于"石"这一类别,与煤、矾石、白矾,青矾、红矾、黄矾、胆矾,硫黄、砒石等为同类。石灰也是"土"母的贵子,与金属不相上下,只不过这种最有用,然而却不为人所重视的材料就在身边,人们不必非到远处去寻找就能得到这种宝物("不烦历候远涉,而至宝得焉"①)。

石灰在中国文化中有广泛的用途。它被用于建筑、用于填充船的缝隙("固舟缝")和砌墙、用于造纸、用于治病,以及用于个人卫生用品上。石灰的制作首先要经火焚炼,而后在露天中风干。宋应星解释说,这种处理方式让石灰首先暴露于"阴水气",然后是"阳火气"。他也注意到,石灰的可见质地一直保持不变,并不消失在"虚"中。从这一观察中宋应

---

①《天工开物·燔石》,第282页。

星得出这样的结论:石灰是“土”的产物,这让它有能力保持一种稳定的“形”,当“阳火气”与“阴水气”并合时能抗拒那种进入“虚”的瞬间转换。

正如上一节所述,宋应星赋予“阴水”和“阳火”以特殊角色,但是他还是坚守“五行”的概念,认为“阴”和“阳”还都是“气”的五个基本质性中的两个。另外三个,即金、木、土,在转化的过程中也各有其不同的角色。人周边不同的“物”与“事”,实际上是水、火、土、金、木五气的成分与合成。在下一节当中我要讨论的内容是,宋应星在涉及“土”与“金”的背景下如何将理论与实践连在一起,以及“土”与“金”同“阴”和“阳”的关联。宋应星关于“木”的看法,我将在第五章中讨论,因为它们很好地展示了他关于生长和衰颓的观点。

宋应星认为,“阴水”和“阳火”的地位高于土、金、木,因为后三者只能在与水、火相关联下才能发生作用。宋应星在对此进行阐释时将自己的观点与一部重要的经典,即《尚书·洪范篇》联结在一起。他断言,《洪范篇》将“木”与“金”解读为“阴水”与“阳火”的混合,因而这些物质也能改变,也有曲直,有流态和固态。这些文本也给“土”以突出的角色,因为它的根本性质(“本性”)在于产出他物(“生物”)。[①] 宋应星在定义“五行”与木、金、土的特性之间的关联时,还比经典更向前迈进了一步。他认为,“金”和“木”从属于“土”,因为前二者由“土”而生。况且,五行也各自具备其物性表征的特征,因而对物质世界的观察变得至关重要。[②]

宋应星看到物品、它们的行为、理论上的必然性之间的强关联,这使得他与同代人当中那些将“五行”看作道德价值问题和政治威权的学者保持距离,后者中的一个突出例子便是袁黄(1533—1606),一位编写道德指导书的学者。[③] 讲究务实主义的政治家、宰相张居正则从政治角度

①《书经·洪范》,第77页。

② 何丙郁认为,关于“五行”这一概念最早的记录下来的文献出自邹衍(公元前305—前240),基于对物理特性的观察,木克土,因为木比土硬;金克木,因为人可以用金属制作的斧子砍树;火克金,因为火能让金属溶化;阴水克火,因为阴水能浇灭火。邹衍没有进一步发展这一理论,邹衍是第一位提出相克理论的人,参见Ho(1985:19-20).

③ Brokaw(1991:29-30)。

来讨论“五行”问题，视其为朝代更迭之合法性的概念性框架。① 宋应星的目标和成就，都在于去修正这些同人们几乎完全脱离实际问题的理论，而每个人都能观察到的事实和事件，无论自然界的还是俗世间的，在宋应星看来都是理论所应该考虑的、坚实的实践背景。为了寻求世界的规制，他系统性地剖析大自然的过程和物质效用，而“五行”的各自特性以及它们在理论上的意义在这些活动凸显出来。

最常见的五行循环基于它们之间的相生或者相克。宋应星在他的理论模式中，基于五行各因素对变化的主动参与构建了一个等级序列。在这一构架中，“土”成了“金”和“木”的生成因素。在宋应星看来，“土”代表了一个极度失衡的阶段：“阴气”高度聚集，无法找到足够的可以与之匹配的“阳气”而返回“虚”当中。由于“土”中的“阴气”非常集中，它有一种特殊的转化潜力。但是，它还是被“阴水气”和“阳火气”的交会掌控，也因为它们的行动而被生成出来。宋应星的描述，没有精确地说明这一生成是如何发生的。宋应星将“土”作为一个有生成能力的因素放置在他的“阴阳五行”学说中，有志于让他的“气”理论显示出具有连贯性的理由和说服力。他所考虑的，不是去全方位覆盖所有重要细节。

人们可以观察到，受制于“阴水”和“阳火”并合而成的“土”能够转化为看不见的“气”，反之亦然。在烧制土陶时，一些“阴水气”离开了黏土，与“阳火气”合并，消解在“虚”当中。按照宋应星的解释，如果想理解那些存留之物，即烧制成的陶土器物又如何转化回到看不见的“气”，那就必须看陶器破碎成小块之后的情形。当“阴”找到与之匹配的“阳”时，残片就会一步一步、一块一块地分解掉。由于陶土器里面的“阴”高度聚合，找到相匹配的对象并不容易。正因为如此，完成这一过程需要一个长时间段。宋应星得出的结论是：大多数人或者耐心不足，或者活得不够长久，无法了解到这一点。于是，他们错误地解释了“物的生成”过程

① 韦庆远：《张居正和明代中后期政局》，第 20 章，第 810—815 页，广州：广东高等教育出版社，1999。

中的内在逻辑,错误地以为某些“物”如土和石会永存下去。然而,事实上所有这些“物”都在不断地消解,进入看不见的“虚”,而后再度物质化,呈现为“物”。

在宋应星所理解的世界当中,“物”与“事”一直都在变化当中。因此,在宋应星看来,沙和石并非如一般人所看到的那样,仅仅是土地的碎块,它们是“土”气在转化成物质的过程中所出现的另外一种体现形式(“沙与石,由土而生,有生亦有化”)。宋应星指责同时代人不理会石头与矿物都源于“土”,他们将一个矿完全用尽,没有认识到这会让“土”无力再生成新的石灰、沙石、金或者玉。矿脉会因此而消失。那些懂得“气”原理的人都知道,对一个矿井的开采永远不要穷尽,因为留存石头是再生过程中不可缺少的部分。[①] 宋应星解释说,比如被开采过的煤矿总是要用石和沙填充,这不光是要防止地面下沉或者相邻矿坑坍塌,这也是为了让“土”来恢复矿脉。对这些关联根本一无所知的社会,注定要失去他们的物质财富。那些将矿脉当作可持续性资源来处理的人,在二十年或者三十年以后又可以重新开采煤矿(“凡煤炭取空而后,以土填实其井,以二三十年后,其下煤复生长,取之不尽”[②])。这一论点,与宋应星关于金属生成的论点完全相符。他认为,金属当中含有“阴”,所以它们能够成为溶液。[③] 在他看来,去观察物质转化的过程,一件事情就变得显而易见:金属依赖于“土”,它从“土”中而生:“夫金之生也,以土为母,及其成形而效用于世也,母模子肖,亦犹是焉。”[④](金属的生成,以“土”为母体,等到成为金属的“形”以后,可以为世人所用。铸造金属时,用其母体“土”来打造模型,作为“子”的金属和母模一样,也是一样的情形。)

金属的依赖性使其地位在“土”之下,能发生改变和转化。不过,

---

①《论气・形气化五》,第 62—63 页。
②《天工开物・燔石》,第 290 页。
③《天工开物・锤锻》。
④《天工开物・冶铸》,第 209 页。

“土”参与了金属的生成，这解释了为什么金属不会失去其重量：正是“土”才防止了“阴”的消解。“土”的参与也解释了金属能够溶化以及再度变硬。宋应星关于矿石和金属的观点很全面丰富，这得益于一个事实：金属加工是中国文化中的一个有机组成部分。仪式用的礼器用青铜来制作，武器和劳动工具的制作则采用铸铁或者由铁匠直接浇铸，银、锡、铜被当作制造钱币的原材料，黄金大多被用来做成装饰性的财宝。在地表之下，或者深挖到地下，就可以发现矿储，因此中国的开矿技术包括深钻和开隧道，与16世纪欧洲人采用的方法大同小异。人们开采浅层的不规则小矿储，往往会采用竖井或者近似竖井的方式进行地下开采，如宋应星绘制的煤矿开采（图4-10）。到了晚明时期，水平隧道、横坑、出坑口都成为主要问题，因为它们都需要有木材来进行加固，而此时木材变得奇缺，因为木材用处繁多，供应日益增长的消费品市场的产业都使用木材作为燃料。竖井当中很容易弥漫毒气，因此采矿者力图通过竹筒做成的管子将这些有毒的烟气（“毒烟气”）从竖井中排出来。《天工开物》中的其他图（在《珠玉》一章中）通过描画采矿者倒地失去知觉让人看到采矿的危险。[①] 在炎热的季节，矿一般都会被关闭，因为矿坑里面的“毒烟气”无法散出来。这期间有经验的矿工就出去寻找新煤田或者矿田。按照宋应星的说法，从表层土的颜色可以知道地下有何种矿石。好像他在这方面询问过有经验的找矿人：如果周边的脉石为棕色，那么就有望找到金矿脉；如果地表上找到的小石块，“微带褐色者，分丫成径路”，那就表明在岩石和洞穴里有银矿。对于观察到的矿石与地表结构之间的关系，宋应星也给予理论上的解释，他认为，铁的质地轻，能流到土的表层上（“其质浅浮土面”[②]）。与此形成对比的是，金的生成——按照宋应星的说法——是在与天地的“真火”融合过程中才实现的，这种融

①《天工开物·珠玉》，第444页。
②《天工开物·五金》，第361页。

合发生在地下深处。① 石和金属是生成过程中的产物,彼此相关,不是稳固的、不变的材料。这种传统在中国文化中很是通行,尤其体现在一部12 世纪的著作当中,这便是杜绾编辑的《云林石谱》。孔传在这本书的《序》当中诗意地表述了关于石头生成的知识:“天地至精之气,结为石,负土而出,状为奇怪。”②

图 4-10　南方挖煤　图上的文字解释说,竹筒是为了将井中的“毒烟气”排出。《天工开物·燔石》

① 《论气·形气四》,第 59—60 页。“真火”这一概念指的是最原初的火,被认为创造了生命并生成了一种强壮的元气,这两种意义当然是互相关联的,可以被看作是“天地真火”这一表达的缩略形式,在内丹术的概念里,真火位于“肾间动气”之中,这意味着,“真火”是存在的,但是它的特质如同热和光一样是不可见的。

② [北宋]杜绾著:《云林石谱》(1720 年刻本),[清]诸九鼎、高兆编辑,序,第 2 页,北京:中华书局,1985;也参见 Schafer(1961:12,34)。

对宋应星来说，金属的形成是“亏母而生”[①]。然而，一旦成形之后金属总会保留其原有的量和质，再不会失去其重量或者体积。因此，没有“金”气能脱离出去，与它的匹配成分一起回到“虚”。在这一均衡阶段，金属中的“阴”和“阳”有一种特殊的比例关系，它们无法脱离物化的实体。不过，当金属受到火烧时，金属中的“阴气”会被激活。人们可以从对矿石加工的过程中观察这一原理：当矿石被暴露于“阳火”和“阴水”之下后，就会熔化和变硬。

宋应星的这一理论，也许是基于他本人对家乡村落中熔炼过程的观察。就这一方面的理论而言，他的推测大都能在传统的理论中找到依据，因而这些理论本身没有什么非同寻常之处。传统上，五行循环中的“金”被认为是“阴水气”和“阳火气”融和的产物。11世纪的思想家张载也通过阴-阳学说来强调金属在转化中的特性。张载认为，“阴水”和“阳火”隐含在金属当中却无法被感知到（“金之为物，得火之精于土之燥，得水之精于土之濡，故水火相待而不相害，铄之反流而不耗，盖得土之精实于水火之际也”[②]）。燃煤中的“阳火”吸引着金属里面的“阴水”。当“阴气”试图与“阳火”在一起消解在“虚”中时，它就会变得不稳定，但是，金属中的“土”因素阻止这种情况的发生。其结果是，金属变成液态，但是没有失去无法脱离开的“阴水气”。当炽热的金属被放入冷水中淬火时，它们就会返回到原初的凝结状态下的关系。如果找到了“阴水”和“阳火”之间的适当均衡，金属就形成了。铁和钢可以让人看到，同样的材料可以达到不同的硬度。但是，“阴气”和“阳气”的构成成分保持不变。由于金属是从“真火”中生成出来，因此宋应星认为液态是它的原初状态。在《论气》一文中，宋应星在阴阳气理论的框架下描绘了他关于金属理论的细节，他在《天工开物》中对冶铸的解释与这样的观点保持一致：工具是通过将金属浇铸在模子里而制成的。在洪炉之内，金属熔化成液态，

① 《论气·形气五》，第62页。
② 张载：《正蒙·参两篇》，第12页。

返回其真实状态("真仪")当中。"阴水"之精与"阳火气"完成了金属之形。"真仪"这个表达方式经常被提到,它描绘的理念是:在地下深处的某个地方高密度地聚集着"阳火气",在那里,金属在固化之前的存在状态是液态。这一概念的来源,也许是对火山活动的观察。对于宋应星来说,这是一个认识论意义上的标准。他详细地解释说,锤锻之物要首先被置于火中,直到钢和铁中的全部软性都已消除("乘其出火时,入清水淬之,名曰健钢、健铁")。宋应星认为,这个过程是一项"气"的交会,一个"取其神气为媒合"的过程。①

通过对金属生产和煤矿的观察,宋应星得出了这样的结论:"阴水"和"阳火"之间的关系决定了物质的特性以及它们在转化中如何表现。金属能成为液体,因为其中包含着"阴水"。不过,"阴水气"只能求助于火才得以显现:"阴水气"渴望火的出现,以便消解在"虚"中。"阴水气"被囿于"金气"当中无法出逃,因此只要火停熄,金属就会回到其成形的状态。这一理念后面隐藏的理论是:像黄金这样的金属永远也不会损失其分量,哪怕在经历过水与火的"阴-阳气"转化之后也不会。

宋应星关于金属与土相关的详细论述确证了一点:他是从状态而不是从内容入手来看待世界。对他来说,全部"物"与"事"都来自"阴水"和"阳火"的交会,这二者的内在趋势是和谐相融。"阴"和"阳"的二极形成了"地"(坤)和"天"(乾),它们显现在任何互补的、双极的配对中,比如女和男、软和硬、易变与坚定。周围"气"中的"阴水"和"阳火"成分可能是不均衡的,于是生成"暑"和"寒"。因此,"暑"与"寒"不是由太阳引起的,而是由于"阴水"和"阳火"成分的不均衡存在。宋应星对其"阴阳气"范式的坚持,是他的描述中量化担当着一个重要角色的原因。转化过程之所以多种多样,便可以有这样的解释:这取决于在某一特定时间上存在多少"阴水"和"阳火"。如果某一种"气"特别强,那么就不会有变化发生;如果二者都在非均衡中流动,转化就不稳定;如果两种"气"的当量或

---

①《天工开物·锤锻》,第267页。

者说体积不匹配，那么其中的某一种就会有剩余。这就将我们引入宋应星探讨“气”之世界的另外一个层面。他曾经断言，某些因素如量、位移、速度、力量对于“物”生成和消失的方式有重大影响。他认为，通过一些更为系统性的实验，将相关实践精细化，这些因素是可以被推导出来的。在接下来的第五章，我们将考察宋应星如何在天然发生之事与实验之间建立起一种关系。（在他看来，）天然发生之事与实验所见必须相符合。若非如此，那么理论就需要被加以校正。

第五章 变“形”记——造化“形”与“气”

凡红铜升黄色为锤锻用者,用自风煤炭百斤,灼于炉内,以泥瓦罐载铜十斤,继入炉甘石六斤坐于炉内,自然熔化。

——《天工开物·五金》

市场上对赤铜的需求有两项:一是用于制作日常器物和仪式器物;二是与锌、锡、铅化合,成为铸币的原料。为了把握供应量使国家财政状况稳定,政府必须处理好一件很棘手的事情,那就是铜币与铜的比值往往有相当大波动。在整个中国历史上,人们一直在这种波动中伺机交易:或者将铜币熔化,铸造成有市场需求的黄铜器物;或者重新将它们铸造成铜币。在中国历代的官方史书《二十四史》中的《食货篇》里,对铜币成色不足的指责随处可见,这也经常被认为是货币危机的原因所在。从技术的角度看,铸币的确是一个小问题,无非需要火、坩埚和一些冶炼经验而已。这项工作的困难在于准备币模以及决定不同金属的恰当比例。铸造者花费大量时间,来确定他们最多能将多少铅加入到铜币当中;官员们必须了解最新的技术,才足以洞察这种欺骗。赤铜生产中的比例构成,只是宋应星采用的多个事例当中的一个而已,他要以此来表明:在“物”与“事”的生成这些表面现象之下,是“阴-阳气”转化的比例逻辑,尽管这些过程无法为人彻底观察到。①

在第四章里我向读者展示的是，宋应星如何在自己的理论设想框架内观察世界、检验世间现象；这一章立意考察的是，宋应星如何整合那些通过个人观察和经验无法确证的问题；他如何在某些时候去扩展探究问题的现象学框架、某些时候去调整自己的理论以保持自己的断言具有普遍有效性。宋应星谨慎地让自己的理论范式与他所关注的事实结盟，从根本上重新阐释了“阴-阳气”与“五行论”的传统框架，用一些新概念如“尘”“埃”“灰”等使其得到扩展。这一章也要表明，宋应星如何以这个世界为实验场：这里会讨论“量化”与“计算”在宋应星对世界的看法中担当着怎样的角色，描述他如何通过指出自然发生和物质生产的可重复性来建立可信性。宋应星与欧洲科学与技术领域中的同时代人一样，采用实验和量化的方式让读者相信，他所获取的信息是客观的、可靠的。他在《论气》一文中指出，“阴-阳气”的关联性行为可以通过系统性地测量转化中“水”与“火”的分量和体积得到证实。如果将宋应星的理论放置在他自身的文化背景当中我们就会发现，他这种关于比例调和的观点与那些涉及炼丹和医学的文献中经常采用的关于仪式和宇宙论的设想非常吻合。当我们去深入检视宋应星如何使用数字时，就会发现他非常用心地在全部著作中保持贯穿始终的方法和论点，在每篇文字当中有目的地变换知识导出策略与言说策略。在实验领域里，宋应星和 17 世纪英国和法国的自然哲学家们一样，他们已经不满足于光有比例关系和推测。在《天工开物》中，宋应星做得更为精细些。当他记录下来自己所见原料的精确数量以及不同成分所占比例，或者测量房梁的长度和宽度时，这种精确性让人信服他的技术描写中展示的内容。这种方法上的差异让宋应星有别于那些地方官员，后者在组织生产、征敛税收的过程中也完成测量、计算并记录下这些工作的程序，那是一种在数字中修复世界的

---

①《天工开物·五金》，第 357 页；《论气·水非胜火说一》，第 80 页；关于明代的造假钱，请参见 Glahn(1996:84 - 94)。

方式。总而言之,我们可以看到,在宋应星眼里,事物与现象的世界显现为一系列不同的“气”的状态,其转化依赖于诸如时间、移动、环境状况等因素;它们的行为原则和物质质性是它们生成过程的产物。宋应星认为,在这个复杂的世界,关联有助于去解释那些通过感觉经验无法证实的事件,比如尸体或者排泄物的分解。

追寻“阴-阳气”的蛛丝马迹:甲烷·盐·风·雨

> 未见火形而用火神,此世间大奇事也。
>
> ——《天工开物·作咸》

云南位于大明帝国的边陲地带。读书人都知道,那是一个能为这个国家提供很多宝贵资源的地方。制作奢侈物品的名贵木料,取材于云南的森林;在那里收集而来的珍稀植物和草药,在繁华都市里的精英人群中有很大需求。云南也提供大量的铜、锡、煤资源,输送给明代日益扩展的铸币业,保证了中央政府在这一地区的利益。官员们被定期派往那里,去监管和调查不同的官营矿山和企业、收缴课税,或者押送货品和原料前往沿海地区与北京的宫廷。学者官员们往来行走在通往这一边远地区的路上,也帮助传播明帝国边陲之地各种奇异之事,比如,人们在云南与富裕的四川交接地发现的“火井”。宋应星在《天工开物》里将它称为“火济”:一种没有火焰也能产出热量的“阳火”现象。

到底有多少文人受到吸引,不畏旅途艰辛来到这隶属明朝政权之下的荒蛮之地,对此我们无法做出估算。这会是非常艰难的行程:旅行者不得不乘坐笼子般的小船在浑浊的河流当中颠簸,或者让车轮碾压在崎岖的道路上,住在肮脏的小客栈中,或者一天下来在野外度过“天当房、地当床”的夜晚。至少,宋应星有一个理由去一趟那个自从公元前2世纪就用燃气煮盐的地区:如果他在17世纪30年代去看望任职四川的老朋友涂绍煃的话，他应该正好行经这一地区。[①] 但是，我们没有任何历史资料能证明，宋应星确实有过这次旅行。然而，在《天工开物》中他以非常具体的细节描写了盐工们如何剖开竹筒、去掉竹节，然后再用布将竹筒绑合在一起，安全地将气从井中输送到大大的煮盐锅下。在这段的结尾中，宋应星这样表达了他的兴奋：盐煮好以后，打开竹筒一看，里面一点儿烧过的痕迹也没有。这也提出了一个问题：他真的亲眼看到过这一过程吗？

我们无从得知宋应星对甲烷的知识是怎样获得的，但是我们知道他在《论气》一文中深入地讨论了热和燃烧、燃气（他一贯称之为“火神”）以及与其相随的火焰。宋应星对燃气的探讨，让我们看到他如何去处理那些无法被感官观察到的事物和现象，以及在这些情况下传统的解释模式或者理论设想担当着怎样的角色。在这一背景下，宋应星根据“气”无所不在的特性，认为“气”的结构图式总是可以理喻的。我们可以这样说：宋应星认为，“阴-阳气”和“五行气”总会留下其“蛛丝马迹”，会有某种模式或者某种效应；只要应用的方法正确，一个有知识的学者就可以没有任何困难地去分析它。《论气》揭示了“气”结构中的某些细节，即那些对《天工开物》中详细描写的现象有重要意义的内容。比如，被宋应星称为“世间大奇事”的火井，在《天工开物・作咸》中被描写为在平常状态下井中有常温之水。没有任何依据表明那里有“阳火气”（“其井居然冷水，绝无火气”）。火井的“火意”体现在：没有任何可触的、可见的“阳火”形式，水就被烧得滚沸。宋应星还补充说，那些来自火井中的燃气，或者温泉上涌出的泡沫，都是多余出来的“火气”（“火气余”）。[②] 不过，宋应星只在《论气》一文中表明了这些观察之后的背景性理论思考。他解释说，在火井这一个案中，重要的是去意识到人们正在观察的是一种“阴-阳气”的

---

① 陈椿的《熬波图》刊刻于 1333 年，描绘了明代以前的制盐生产中采用的各种不同方法，这本书已经被翻译成英文，见 Yoshida& Vogel(1993)，其中关于中国的盐业生产见第 4—25 页；宋应星在他的诗歌里提到云南，见《思怜诗・怜愚诗其十一》，第 128 页。

②《天工开物・作咸》，第 156 页。

直接交会,并消解于“虚”当中。在他看来,火、热、燃气之所以不稳定,其原因在于:“阳火气”以及与其匹配的“阴水气”都不稳定,它们的转换快速而明显(“水火与气化,捷而著”《论气·形气二》)。正是出于这样的原因,人无法用感官来跟踪火井的变化状态。

如果将《天工开物》中的描写与宋应星在《论气》一文中给出的“阳火气”例证放在一起来阅读,我们就可以发现,宋应星从人的感觉能力出发来对“阳火”的两种显现形式予以区别:其一是肉眼能见的火焰,是火的本性(“火性”);其二是燃气和由蒸汽释放出的热,只能被闻到和感觉到,这被他称为“火意”。宋应星指出了人的知觉具有迷惑性,认为对自然和物质效用的探究必须是系统性的、目的性的,是去揭示真正的知识:人必须得知道去观察什么,以及什么时候去观察。在《论气》一文中,他用很大篇幅来讨论这一事实:尽管转化过程总可以归结为“阴-阳气”的互变,但是,对于“由气到形”之转化(及其相反方向之转化)的观察与“阴-阳互变”这二者,还应该有所区分。在前者,需要去观察的是在“阴-阳互变”的协助下“由气到形”的转变(以及反之的“由形到气”),“由气而化形,形复返于气”[①];在后者,“阴-阳互变”本身成为探究的对象。宋应星接着论述道:对人的心智来说,“形”和“气”看起来是稳定的、不变的,因为转化发生的强度低(“舒”)、速度慢(“徐”),人所具备的感觉能力不足以在有生之年掌握这种转化。[②] 就肉眼无法看见的“气”而言,转化之所以舒缓,是因为“阴水气”和“阳火气”几乎完全饱和;就肉眼可见的“形”而言,是因为其中的某一种“气”的聚集非常集中,给它的匹配对象留下的余地非常小。如果直接去看“阴水”与“阳火”的互换,比如火井,那么就会出现这种情况:“以为气矣而有形,以为形矣而实气。”在这里有必要重提我在前一章已经指出的一个要点:按照宋应星的说法,如果没有人力相助,“阴”和“阳”不能相见,会各自保持它们的“形”(“水与火,不能相见也,借

①《论气·形气化一》,第52页。
②《论气·形气化三》,第57页。

乎人力然后见”)。一般而言,“阴”与“阳”相见之后总会马上消解在“虚”中。接下来宋应星对“阴”和“阳”的关系还有这样的描写:“当其不见也,二者相忆,实如妃之思夫,母之望子。”[①]“阳”与“阴”的互相转化在“气”中出入,或有或无都发生在瞬间(“其与气相于化也,刹那子母,瞬息有无”[②])。在另外一处行文中,宋应星还使用了“顷刻”这一词汇。[③] 在对“阴”“阳”彼此渴望的关系进行描写时,宋应星采用了明显具有情色意味的意象以及多处用家庭关系来设喻——与他平常的枯燥文风大不相同,其中一部分是传统的阴阳转换研究中所使用的语汇。宋应星也参考了《易经》,认为“阴水”与“阳火”可以出于爱意而紧紧地相互拥抱(“爱抱”),它们之间可以互变(“交”)、可以互相渴念(“望”)、可以互相介入(“干”)。[④] 这些比喻都在强调,“阴”和“阳”自身都感到无法自足,它们总是在想到转变。[⑤] 这些描写让我们看到,在宋应星看来,“阴”“阳”之间的亲密和它们之间的互动给整个体系带来动力。不过他也看到,也正是阴-阳之间的这一层关系赋予整个体系以暧昧性:阴-阳交会的速度和不同形式意味着,人无法用感官去感知到阴-阳的交会,因而会忽略它们或者否认它们的存在。

在《论气》一文中,宋应星试图去证实存在于自然现象和技术生产过程中“阴-阳气”转换的普遍性公式。这些公式的逻辑在人的面前隐而不现,其原因在于它们发生得太快或者太慢,或者太过于复杂,或者发生在晦暗不明之处。他认为,气象学现象如风或者雨、人身体上的变化过程都可以用两个事实来解释:第一,一切都是“气”;第二,阴-阳的转换、它的离散或者消解进入“虚”中,总是在特定的比例关系中发生。为了证实

---

① 所有引文均出自宋应星的《论气·水非胜火一》,第 80 页。

②《论气·形气二》,第 55 页;此处对“刹那”(skana)这个语汇使用,取的是最小的时间单位这一含义,参见杨维增:《宋应星思想研究诗集诗文译注》,第 168 页,广州:中山大学出版社,1987。

③《论气·水非胜火说一》,第 80 页。

④《论气·水非胜火说一》,第 80—81 页。

⑤《论气·水非胜火说一》,第 80—81 页。

第二点,宋应星在《论气》里描写了以水和火进行的试验,记录了要熄灭一定分量正在燃烧的木材,多少水是必需的。他认为,如果在场的两种“气”在量上对等,那么水和火就会完全消解在“虚”中。只有当二者的量不匹配时,才会出现可见的遗留物:“倾水以灭火,束薪之火亡,则杯水已为乌有,车薪之火息,则巨瓮岂复有余波哉?”(浇水去灭火,想让一束柴的火熄灭,用一杯水火就会灭掉;要想让一车柴的火熄灭,一大瓮水也不会有剩余啊!)宋应星没有考虑到水可能会渗到土里,或者火可以在木炭里继续闷烧。他坚持做了看起来很精确的计算:锅里面的水枯干掉十升,锅下面的火就会被费去一豆(“釜上之水枯渴十升,则釜下之火减费一豆”①),柴多必然要求水多,一车柴与一瓮水才是彼此匹配的量。

这些原则具有普遍性,因此,对任何问题都可以从“量化”上入手。天气的冷与热、干与湿取决于“虚”中彼此关联的“阴水”与“阳火”的量;对不同季节,甚至在一天当中不同时间点上的不同状况也就可以做这样相应的描写:“尘埃百仞而下,参和二气,冬至则水气居七而火居三,夏至则水气居三而火居七,二分而均平。日丽中天,则水气为妃之从夫,脱离火气,直腾而上,以相瞻望。斯时也,郁烘凡火,暂辞滋润,低压而下燃。”②(尘埃从百仞高空下来,调和水气和火气。冬至时,水气为七成,火气为三成;夏至时,水气是三成,火气是七成。春分和秋分两个时节,水气和火气达到均衡。正当午时,水气就如同女人追随丈夫一样,从火气中分离出来,直接上到空中,与火气相守望。在这个时候,炎热的火气暂时没有水气的湿润,压向低处,地面上就变得很热。)

从气象学现象中,宋应星得出这样的结论:人一旦能理解到阴-阳的比例关系是由它们找到匹配对象的能力来确立的,那么就有可能有效地控制水、火之量,让二者完美匹配,做到“炉中之火不尽丧,则罂内之水不全消”。宋应星做实验来证明“阴”与“阳”的关系,但是他还是认为,应该

---

① 引文均出自《论气·水非胜火说一》,第80—81页。

②《论气·寒热》,第94页。

首先去考虑阴阳交会是怎样发生的、哪些因素影响了其过程。要达到阴阳交会和消解，水和火必须直接相遇。在观察蒸汽或者水熄灭火时，人们可以看到这一点：“与倾水以灭火者同，则形神一致也。”当水神与火神作为腾起的蒸汽彼此相遇时，“阴”和“阳”彼此靠近，然后消解。在这种情况下，人所见到的并不明显，因为“阴”和“阳”的相关比例已经达到了很好的平衡（“均平分寸”①）。当少量“阴”和“阳”不匹配时，转化过程是微弱的，很难被观察到。

宋应星通过实验方式来证实在直接转化中“阴水”和“阳火”的比例关系，而后他也承认，大多数“阴水”与“阳火”的交会形式是模糊的。乍一看来，似乎这与他的理论相抵触。宋应星在表明同样的原则在其他情况下也适用时，用了一个很有意思的例子，即人体消化过程中液体的出现和消失似乎并不成比例。人甚至在数小时未喝入任何液体之后仍然会排尿，这一事实证实了他的观点：人不光从营养物当中，也从周围环境当中吸入“气”，之后从吸入的“气”中分离出“阴水”。与这种情形相似的是，人体中的“阴水”也最终会回到其原初的、看不见的“气”的阶段。实际上，人一直在不间断地吃进“气”，再转化里面的“阴水”，有时候将其储存，有时候将其排出，依据相互间的比例关系，“阴水”量会有所改变。他写道：有的人每天饮量大而排尿量小，那是因为水进入内脏后转化为“气”；有的人白日滴水未进，而夜晚还频繁排尿，那是因为“气”进入内脏后转化成了水（“固有日饮数石，而小遗不过一升者，水入脏而化气也；有勺饮未进，而晚溲频溢者，气入脏而化水也”②）。宋应星关于人的身体变化过程的一部分想法来自个人的经验和实验；另外一些则来自同时代学者对身体过程的描写，他依据自己关于“气”的设想进行了阐释。

人们可以在身体的过程当中看到“阴气”和“阳气”转化的整个序列，身体内发生的一切都在力图将“阴”和“阳”分解到对等的量，以便保持和

---

① 所有引文均出自《论气・水非胜火说一》，第80—81页。
②《论气・形气二》，第55—56页。

谐之“气”。在宋应星眼里,不光排尿这一现象能说明阴阳的转化,一切在人的眼前消失的水都证实了他的观点:“阴水”与它的匹配对象“阳火”以特定的比例关系消解在“虚”中。在这一问题上,宋应星没有做简单的推测或者盲目地追随某一个范式。他认为,人在试图解释暧昧不明的事物时经常得出错误的结论,因为他们相信自己亲眼所见的证据,胜过那些存在于表象之下的理性规则。他集中关注“气与形杂”的阶段,即“阴水”和“阳火”交会的阶段,人们可以从中看到一切生物的临时性特征,然后就能意识到整个世界就是不间断变化中的“气”。[①]

人(对事物)的看法之所以会有所偏离,是因为人忽视了一个问题:“阴水”与“阳火”之间发生的聚合、分离会以不同速度发生,它们有的“迟而微”,有的“捷而著”。[②] 火可以被快速点燃,不能被抓住,这是每个人都能证实的;它的外形一直在改变,能迅速消失。跟“阳火”形成对比的是,“阴水气”能形成一个物性的实体;不过,其“形”是可变的、流动的。消失的露水这一事例也可以表明,“阴水”的许多物质性表达形式不如“气”或者“形”那么稳定,倾向于非常快地消解在“虚”当中。宋应星援引《易经》,将“阴水”和“阳火”之体的特性区分为“妙”和“窾”。按照郑玄(127—200)对《易经》的注释,“妙”指的是转化中的万物“有变象”,是可以被探究的(“可寻神”)。转化中的“阳”和“阴”也可能是处于“窾”的状态,按照郑玄的注释,这是万物转化中“道可道,非常道”的现象。[③] 比如,“妙”可以是“阳火气”从“有”转化到“无”的状态,或者反过来从“无”到“有”:它们转化而成的现象是分散,从来没有获得一个可追寻或者可触及的形,可以通过阳火之体来观察。“阴水气”与“阳火气”一同消解于“虚”当中,或者与“阳火气”分离,这一状态是“窾”,因为它可以呈现的转

---

①《论气·形气一》,第52页。

②《论气·形气二》,第55页。

③《易经·系辞上》。[春秋]老子著:《老子新编校识》,王垶编释,第202页,沈阳:辽沈书社,1990。

化之外形甚至在雾中也能看得见，尽管‘阴水气’会快速分散。[1] 在宋应星描述的景象中，在消解以及返回“气”这一问题上，“阴水”与“阳火”所经历的状态有质的差异，因为“火疾而水徐，水凝而火散，疾者、散者先往，凝者、徐者后从”[2]。

宋应星解释说，“阳火”总是等待（“待”）着“水”，以便消解在“虚”中。了解这一点，对分析“阴-阳气”在何时转化以及如何转化非常重要。宋应星将火星溅起的时刻认定为“阳火”转化为“虚”的关键性时刻。这正是“阳”在试图获得“形”，而后在火星（“电”）被点燃时又失去“形”的时刻。若要分析“阳火”转化为“气”的情形，观察应该集中于瞬间划过的闪电而不是在燃烧的火堆中（“气火相化，观其窍于流烁电光，而不于传薪之候”[3]）。这一段不光表明了宋应星所采取的心智引导观察的方式，同时也让人有机会看到，在宋应星的描写和结论中浸透着不同层面上的考虑。在描写观察火的正确方式时，宋应星也暗指宋代宰相、参知正事（正一品）经济改革家王安石（1021—1086）：王安石认为，老师教导学生是要保证知识的代代相传。[4] 在这一个案中，宋应星的解释也意味着：在这一过程中，老师或者学生、烈焰或者柴薪，都不重要；重要的是知识，是点燃二者的火星。

现在让我们再回到宋应星对如何进行系统性观察以及“发见知识”的观察所进行的描写。宋应星从阴-阳交会的行为方面入手，认为“阴水气”构成了世间绝大多数物化世界的主导部分。正如本书的第四章已经提到的那样，纯阴只存在于地的深层洞穴中，而世间的“阴水气”现象都是阴-阳的混合：在水中，“阳”还是存在的；哪怕在人看不到“阳火气”之时，它的效果依然存在；当水中的“阳火”减少，水就会从液态转化为一个固定的形态，即结冰。水的温度变化是另外一个指标：冷水中的“阳火”

---

① 基于《论气·形气化二》，第55页。

②《论气·水火四》，第85页，“徐”这一表达方式被用来描写水的一种状态，声音震荡的状态宋应星将其描写为“疾”，相关的引文见下一章。

③《论气·形气化二》，第55页。

④［北宋］王安石：《王文公集》，《拟寒山石得》诗之九：“若未解传薪，何须学钻燧！”，第442页，上海：上海人民出版社，1974。

少,而热水中的“阳火”多。单一事物的“阴阳气”的构成会发生改变,因为“物”与“事”在推移,相互吸引着对方的“阴”或者“阳”。宋应星认为,“阳火气”的脱离,可以是强风直接或者间接造成的:如果地面上刮着阴冷的风,火气在几十丈高以外的地方,那么水就无法保持原本的流动状态,它的形就会成为冰。这是水的最大灾难。(“若地面沉阴飕刮,鬲火气于寻丈之上,则水态不能自活,而其形为冰,此水之穷灾也。”①)关于“阳火”,宋应星没有加以评议,但是我们可以从他的解释中推导出,在他看来,“阳火气”在世间没有一种可堪与“阴水气”的凝聚形态冰相对等的凝聚形态,因为他设想“阳”的汇聚只能发生在天上。太阳是人可以看到的“阳”的聚结。但是,“阳”转化的不同形态是不为人所见的,因为人生活在地上,不能接近天。

宋应星对气象学问题的兴趣与传统的关于“气”的思想并行不悖,但是,他的非常独特之处在于,他认为“气”自身就能提供结构以及由这一设想提炼出来了能对“气”发生影响的因素,尤其是运动和距离。比如,如果将宋应星关于雨和雷的原因及其效果的想法与宋代大思想家张载的想法进行比较,我们就可以从中窥见一斑。张载认为,“阴聚之,阳必散之,其势均散。阳为阴累,则相持为雨而降;阴为阳得,则飘扬为云而升。故云物班布太虚者,阴为风驱,敛聚而未散者也。凡阴气凝聚,阳在内者不得出,则奋击而为雷霆;阳在外者不得入,则周旋不舍而为风”②。

---

①《论气·水火二》,第82页。

② 张载《正蒙·参两篇》,第12页;也见《动物篇》,第19页。Ira Kasoff将这一句中的“气”理解为有形的物体,英文翻译是:“When yin causes it [thatis qi] to condense, yang must cause it to disperse.”见Kasoff(1984:44);本书的作者薛凤对这段引文的英文翻译是:“whenever *yin* is condensed, *yang* must disperse. Their positional relation (*shi*) is balanced, they are equally dispersed(*san*) [throughout]. If *yang* acts as a consummation (*lei*) of *yin*, then theygrasp another and rain falls (*xia*). Whenever *yin* acts and achieves (*de*) *yang*, then they are blown into the air as clouds and rise (*sheng*), and the *qi* of the*yin* [kind] entirely condenses. Whenever there is *yang*, which cannot comeout, there is a strenuous attack that performs like thunder (*leiting*). Wheneverthe *yang* is outside and not allowed to come in, it revolves in its surroundingswithout ceasing and appears as wind.”见本书英文版第184页。

在张载看来，“阴气”和“阳气”的不间断交会以及二者之间的相对位置，引发了自然现象：“阴”和“阳”的相互渗透生成了雨，“阳”被局限则会生成雷；在宋应星看来，雨、雪、雹都是“阴水气”在穿越大气中的不同层次或者范围时生成的。在这一相关背景下，宋应星所定义的“大气”是“虚”中充满了“尘埃”的气。宋应星关于“尘”的概念，我在后面还要专门论述。由于“气”下落的时长和速度不同，会有或多或少的“阳火气”脱离“阴水气”（或者反过来说，“阴水气”脱离“阳火气”）。距离和速度的增加会引起更多的“阴水气”聚集在一起，因此会产生出从雨到陨石这样越来越实在可感的现象：“气从数万里而坠，经历埃𡏖奇候，融结而为形者，星陨为石是也。气从数百仞而坠，化为形而不能固者，雨雹是也。”①宋应星还进一步解释阴阳交会带来的天气现象：“天泽相交，密云不雨，飞身其上，怒声一振而云者为雨，云消雨散而神光寂然者，雷是也。”②

在这里我们也能看到宋应星和张载在理念上的一些差异：在张载看来，风、雨、雷、电并行的雷雨现象只是一个阴阳交会瞬间带来的若干效果而已。然而，宋应星的分析则集中于阴阳交会的不同情形，这些不同情形产生多重现象，而这些现象又彼此相互影响。因此，雷雨是阴气和阳气彼此交会的一个复杂过程，雷是一种上升运动的反应，宋应星对于这一层面带来的启发没有进行详细说明。对于张载认为“阴气”和“阳气”的交会产生风这一理念，宋应星也持反对态度。风是虚空气的一个移动体，对“阴气”和“阳气”的交合会产生作用和影响：火能燃烧旺盛，并非是风在起作用，而是“由风所轧之气也。虚空中气、水、火，元神均平参和，其气受逼轧而向往一方也”③。

作为“虚空气”的一个活动体，风将“阴水气”和“阳火气”分离，或者让它们组合到一起。宋应星也是这样来描写露水或者表面水的蒸发现

---

①《论气・形气化一》，第 52 页；王咨臣、熊飞在《宋应星学术著作四种》第 62 页中改正了 1976 年版本本段中的印刷错误。

②《论气・气声九》，第 79 页。

③《论气・水火四》，第 85 页。

象的:“一鼓、一扇、一吹,勿懈勿断,而熯天之势成矣。夫气中之有水也,观吹嘘于髹木腻石之面,如露如珠,何其显现耶!”①

《论气·水风归藏》中下面这一段文字可以表明,宋应星没有将风看作临时性的现象。在他看来,风是“气”的载体,可以隐退,但一直都在场:“水在百川,与海当其量平,不能久静于下。其气湿,湿上升,迎合重云浓雾,化而为水,归于其墟斯已矣。风在清虚之郛,当其藏满,不能终凝于上。其气隐,隐下降,聚会游氛微蔼,化而为风,或北或南,驱驰旋转而后仍归于其郛,归郛而风息矣。”(水在江河湖海之中,当其水面一致时,也不能长久地静止于地面。水气润湿上升,迎合浓云密雾,又化成水,回到藏水的地方。风在天上,当其充满的时候,不能总是凝聚在天上。形成风的气隐约下降,会聚游散云气,而化成风,或南或北,驱驰旋转,然后仍回到藏风的天郭。这时风则停了。——本段白话译文引自杨维增编著《宋应星思想研究及诗文注译》,第207页。)在某种意义上,正是风的运动、风具有分离和合并“阴气”和“阳气”的能力,才能让水产生流动性。因此,“池沼之或平或流者,使之不凝”,就变得关乎重要。在对风、天气、水的描写中,宋应星揭示出复杂的关联,实际上是“阴气”和“阳气”交会的理性时间顺序。通过逐步地分析一个个现象就可以看到,这些现象背后起作用的原则是同一的。宋应星认为,风不是像张载设想的那样是“阴-阳”行动带来的结果,也不是二者在虚空中的相对位置所致。风之所以产生,正是被浓缩在一起的“气”在试图回到自己的领域,回到原初和谐的空间分配中它所占据的特定地方(“郛”)。不同的天气现象都是“阴-阳气”交会中暂时性的表现:是“阴水气”聚集进程中的特定阶段,或者是与“阳气”重新聚合带来的转化。露水只是“阴水”消解和显现中的一个过渡阶段。和雾一样,“阴水”能够保持,是因为在它力图获得一个而后将消失的模糊形式时,在某个时间点上“阴水”的量恰到好处。天上不下雨的浓云(“密云不雨”)是这一过渡阶段的另外一种表现形式。

① 《论气·水火四》,第85页。

这与热水沸腾并产生蒸汽(“沸釜之间”)的这一过渡阶段不同,因为前者是“阴水气”活动减慢,而后者则是“阴水气”与“阳火气”合并一起融入大虚的一个预先阶段,会在瞬间消解。云、大雾、薄雾的持续呈现就意味着,阴-阳转化已经停留在一个暂时阶段上。“阳火”总是在等待着“阴水”以便合并而返回虚中,正因为如此,对阴-阳交会而言,运动非常重要。在一个几乎平衡的阶段,“阴”的运动变得慢,“阳”必须去接近它以便消解进虚中。在这种条件下,人必须对去观察什么要小心谨慎,要考虑到转化经常以人的肉眼无法追踪的方式发生。从这个意义上说,世间天气现象是两种因素组合带来的结果:观察的时刻与阴-阳转化速度。①

宋应星对天气现象的详细解释表明,他认为“气”的不同阶段在转化中相互影响;在天气现象中,他认为特殊条件和环境因素都对“气”的转化过程以及阴-阳交合发生作用。他提出,要解释人世间之所以“物”与“事”各不相同,与“阴”和“阳”相关的因素都应该被考虑进去。首先,转化开始或者停歇的时间点;其次,“阴气”和“阳气”的相遇是在运动状态还是静止状态,是直接还是间接。事实上,宋应星关于“物”的生成以及人之所见现象是如何产生的等问题所持的观点,在他对制盐过程中风和天气所起作用的表述中,体现得最为清楚。宋应星认为,由风产出盐的形式与由太阳产出盐的形式有所不同。风是“虚空气”,通过运动让“阴”与“阳”分离,或者让二者会合后消解;而太阳则将“阳”汇聚在一起,让在场的“阳火气”暂时提高,从而剔除“阴水气”。这两种情况带来的结果,都是盐水的干涸;然而,同样的成分可以获得多样化的外形,因为风造成盐水干涸结晶而成的盐颗粒粗大(“待夏秋之交,南风大起,则一宵结成,名曰颗盐”);相反,通过海水的慢慢蒸发而结晶出来的盐,则外形细碎(“以海水煎者细碎”②)。在宋应星关于盐结晶之物理过程的公式中,关键性的因素是“阴水气”与“阳火气”的交合。环境性因素是时日和季节、

---

① 引文见《论气·水风归藏》,第91—92页。

②《天工开物·作咸》,第153页。

交合发生的地点,以及阴-阳渗透或者分离的发生速度。

因此,要想了解“物”与“事”,所有情形下和所有阶段上的阴-阳交合都应该被观察。当“阴-阳气”不稳定,因而转化得特别快的时候,以及转化得特别慢,因而“物”的外形显现为稳定的时候,这就显得尤其重要。“气”变化的不同交合条件、“阴-阳气”的聚合和消解,导致多样性的结果。显然,在那些转化发生得非常微弱或者缓慢的情形下,人的一生短得不足以去认识到它的转化,但是这并不意味着转化没有发生。至于山脉和岩石、土石建筑物的转化,只能通过将它们与一些转化步伐快的事物——植物或者树木的生与死,或者人的尸身——进行对比,才能从中推导出来。“长”与“消”以相关的方式出现,这与人对其进行观察的时间节点以及探究目标相关。有知识的人会认识到,一直处于变化中的“气”世界是一个自足的再生体系,万物不灭。什么都不会失去。

“长”与“消”:木料·尸身·阴阳比例关系

> 凡稻,土脉焦枯则穗、实萧索。勤农粪田,多方以助之。
>
> ——《天工开物·乃粒》

烧掉杂草和平整休耕的田地,是备耕的第一步。在人烟稀少的地区,农民每两三年烧荒肥田一次,然后让土地休耕四到五年。在人口稠密地区比如江南,人们对土地的利用则非常集中,每年要有两到三季收获,佃农和土地主人都热衷于通过施肥让土地肥力得以稳定或者提高。对田地实行季节性的浇灌或者淹没,可以利用淤泥来肥田。此外,农民也收集塘泥、河道的淤泥施放到田地里。在中国的大部分地区,农民也经常使用人畜粪便以及用各种动物、植物的残余,发酵杂草,稻秧和树叶等来进行肥田实验。榨油坊和酿酒坊可以将剩余的废料卖给邻居的农民当肥料,顺便增加收入。黄豆便宜的年景,甚至直接将黄豆扔到田里,以便能让更有价值的谷物获得更高的产量——这是宋应星在《天工开物》当中所提到的。[1] 大豆、黄芪、苕薯、萝卜、菜豆等都可以用来与禾本庄稼轮种。人们都知道，石灰岩、硫、贝壳粉、骨灰等能使酸碱性土壤恢复地力。[2] 种田人尽管知道这些东西的价值，但是很少有人去探讨隐含于这些肥田和发酵过程的基本原理，他们只看到了实际用途。他们当中没有人认识到，“消”也和“长”一样，需要同样多的时间，这不限于粮食、植物和动物，对金属矿和石头来说也同样如此。正因为如此，一切资源都需要谨慎处理，以避免损害、侵蚀和消耗。宋应星将世界描绘为一个“气”转化的有机体，主张可持续发展，在《论气》一文中他甚至主张，连矿坑也要以填充石头的办法来增加生殖力，以便促使新矿石和煤得以产生。

宋应星注意到，人们很少能将问题想得透彻，在看待“消”和“长”的问题时，尤其如此。人们为什么不会去追问，尽管总有新东西加入到土地当中，怎么却见不到地面增高？或者，正如他在《论气》中提出的那样，为什么制陶人每天用土制作器皿，可是土却没有消失呢？为什么这么过了成千上万年以后，器皿没有多得不可胜数，土也未见少呢？（“陶家合土以供日用，万室之国，日取万钧而埏埴之，积千年万年，而器末见盈，土未见歉者，其故胡不思也？”[3]）宋应星承认，黏土的构成成分是掺有“土”的“阴-阳气”，因而它的“长”与“消”的步伐都非常缓慢。但是，正如一切都在变化当中一样，它也在改变。如果仔细地观察陶瓷器皿，追踪一个陶土制器在经过火以后“裂爆”的过程，就能理解土壤的消失和重新汇聚。[4] 事实上人们可以看到，正如“气”的世界当中一切的“物”与现象一样，黏土的“长”和“消”都需要同样长的时间。

将宇宙中和地球上的生命进程与变化过程理解为一种循环，这在中国哲学中非常普遍。宋应星还在一般意义上推导出，“长”与“消”有一种

---

① 《天工开物·乃粒》，第 38 页。

② [明]张履祥：《补(沈氏)农书》，序，第 2 页，北京：中华书局，1956(1658)。

③ 《论气·形气五》，第 61 页。

④ 《论气·形气五》，第 61—62 页；“埏埴以为器”一语出自《老子》，[春秋]老子著：《老子新编校识》，王垶编释，第 11 节，沈阳：辽沈书社，1990；杨维增在《宋应星思想研究诗集诗文译注》第 164 页解释这个词的含义为，将水与土混合在一起的一个技术过程。

密切的平行性。他以植物、动物、石头、矿物,尤其是人的降生以及尸身的归宿为例,声称“长”与“消”所需的时长度相等。他从木头入手来描述这一主张。世间每一个“物”与“事”以及它的“气”与“形”之间相互转化的速度都是成比例的。至于有人对这一原则持有怀疑,他也大度地予以理解,毕竟,让普通人相信自己不能亲眼见证的东西是有难度的(“此即离朱之善察,巧历之穷推,不能名状其分数,而况于凡民乎!”①)。宋应星借助于对植物生长的观察来证实他的理论,实在物的生成依赖于阴-阳气的转化。有些植物,如苎麻,其物质化形态来自“土”,将“阴水气”的实体“形”与“阳火气”交合,转化为木与茎的形式。另外一些植物,直接从光秃秃的岩石上长出来,直接将周围的“气”转化为叶与木。如果不是由于有“阴水”的聚合并与周围的“阳火”交合,一粒小小的种子怎么会变成一棵能挡住整头牛的参天大树呢?为了详细地描述这一论点,宋应星在下面一段里将木的消解仔细地还原为一个足以追踪的历时性过程。

> 即至斧斤伐之,制为宫室器用,与充饮食炊爨,人得而见之。及其得火而燃,积为灰烬,衡以向者之轻重,七十无一焉;量以多寡,五十无一焉。即枯枝、榴茎、落叶、凋芒殒坠渍腐而为涂泥者,失其生茂之形,不啻什之九,人犹见以为草木之形。至灰烬与涂泥而止矣,不复化矣。②

(人们用斧子砍伐树木,用木头制成房屋器具,以及用来烧火做饭,这是人都可以看得见的。等到木头遇到火燃烧起来以后,就变成了灰烬。称量分量的话,不到此前的七十分之一;计算体积的大小的话,不到此前的五十分之一。即便枯枝、树根、落叶等凋零陨落到脏水中成为泥土,失去了其原有的生机勃勃的外形,原来的十分之九都已经不复存在,人们看到的还是草木的外形。等到成了灰烬和污泥才算中止,不再转

① 《论气·形气化一》,第 54 页。

② 《论气·形气化一》,第 52—53 页;参见杨维增在《宋应星思想研究诗集诗文译注》中第 165 页对这段印刷错误的解释。

化了。)

几乎中国的每一部农书都讨论植物的腐烂以及人和动物的排泄物，其详细程度各不相同；一些医学书籍也涉及腐烂以及人的消化等问题。但是，能像宋应星在《论气》中那样做量化分析还是罕见的。

宋应星将世界看作为一个“气”交换的封闭体系，其逻辑目标在于将转化的过程以及关于这一过程的哲学设想去神秘化。在这方面，他与那些在超自然范式中寻找庇护的学者同人们有所不同。宋应星指责那些人将感知层面之后的精神层面理论化，而没有认识到大自然就在他们的眼前展示其原则。① 宋应星尤其攻击了佛家关于“消”的概念。他指责说，“佛经以皮毛骨肉归土，精血涕汗归水”是太过于肤浅的想法。② 让人惊讶的是，他几乎因为这些理论而感到愤怒，他主张人们去睁开眼睛看到真实，看到所有的“物”实际最终都是“气”的产品。宋应星指责他的学界同人，在涉及具体事物时引用他人理论，并不加以任何怀疑。他相信，他们经常只思考语义上的问题，对描写的“物”与“事”则进行不着边际的臆测。为什么他们不简单地走出去、去看、去从已经知道的事实推导出不知道的内容呢?

宋应星在论述确证事实的重要性时，也对一些知识偶像进行了批评，比如公元前 2 世纪的名医、通常被称为仓公的淳于意(公元前 205—前 150)。淳于意曾经提出，腐烂和植物的生长是由不同因素的组合导致的结果：温度、营养、充足的水分。③ 我们也必须考虑到，当宋应星认为这些理论过于玄奥而对其拒绝之时，这些理论已经经过历代的注疏被剥离成了含混不清的抽象说法。宋应星本人的做法正好与此相反，他对植物生命周期性的解释与具体事例密切地联系在一起。他解释说，某一品种的瓠瓜(葫芦)生长需要 180 天，它的彻底腐烂也需要同样多的天数。宋

---

①《论气・形气五》，第 62 页。

②《论气・形气化一》，第 54 页。

③ [西汉]司马迁：《史记・扁鹊仓公列传》，第 2785—2820 页；关于淳于意和他的临床医案记录，请参见 Lu & Needham(1980：3 - 4，106 - 113)。

应星太过执着地应用这一理论,也得出一些稀奇古怪的说法。比如,烹调一只母鸡与一只鸡雏所需时间不同,这与“长”和“消”的相关性有关。如果将母鸡和鸡雏放在同一口锅里来煮,则会出现“雏已熟烂,而母鸡皮肉方坚韧也”①的现象。在宋应星看来,煮母鸡所需时间之所以长,并非由于母鸡的体积大或者所需要消耗的能量多,而是因为它的生长时间比鸡雏长很多。

宋应星这样的看法,会让读者不由自主地提出如下问题:如果“长”与“消”确实彼此相关,为什么一位长寿者的遗体并不比一位夭亡者的遗体腐烂得慢多少呢?宋应星提到了民间传说中的长寿人物彭祖。他提出,如果比较彭祖的遗体与一位17岁举子的遗体的腐烂过程,其情形与烹调锅中的母鸡和鸡雏相似。在这两种情形下,“消”都是由“火”和“水”的交合引起的。在烹调过程中,如果将锅放置在火心上,火会很快让水达到沸点,让水保持滚开;如果将锅挪到旁边,水就会翻滚得比较慢,变成慢火小煮。在煮母鸡或者鸡雏时,转化的真正原因是“阳火气”和“阴水气”的交合。宋应星承认,火旺、水多能起到加速的作用。他也注意到,烹调所需要的时长与所需的火与水的量相互间依据一定的比例关系而变化。在土地里,“阴”和“阳”在某些地方交合化物会特别强有力,而在另外一些地方却几乎根本没有活力。墓穴的地点,或者能延缓,或者能加速遗体的腐烂,直到其完全消解,就如同汤锅里的鸡被文火慢炖,最后变成碎块一样。这就是宋应星来追寻其理论的方式:在“气”的世界里事物之间的关联是普遍存在的。

宋应星还进一步阐释这些相关性:正如同鸡要被放入开水中以后才能开始烹调的过程一样,“气”的所有稳定阶段的形式——人的遗体、木、石、陶瓷,或者由这些物质构成的“物”,都得先渗入了土泥的“气”才能消解。他认为这是一种特殊的转化,与经由空气中的“阴-阳气”所完成的物质转化应有所区别(“蒸气盛而速朽者,非虚无之化,乃熔化之化”)。

①《论气·形气三》,第57页。

他用一个日常生活中的例子来描绘自己的理论：用于房屋、桥梁和其他建筑上的木材，只要不与泥土接触，可以保持几百年不朽。[①] 他也举了焦尾琴的例子，虽然其制作材料为草木之质，但是能历经长久，因为它“不入土泥之中，合会混元蒸气”。他认为，当人们在力图保持尸身避免快速腐烂时，也在应用这一原理：骨肉与泥土混杂在一起，要等到百年以后一切都化为乌有。要想人为地不让尸身迅速腐朽，就给尸身灌上水银，装殓时陪葬珠和玉，泥土里的蒸气会因为回避这几种物品而不侵入尸身。（“骨肉土泥混杂，必待百年而后虚无净尽也。至人力不欲速朽者，灌以水银，敛以珠玉，土中蒸气原避此数物而不相侵逼。”[②]）

“长”与“消”的转化依赖于所涉及的“气”。此外，研究者也必须考虑到，并非所有原理都在同一时间内发挥作用。木头的“长”与“消”在时间上的相关关系，只适用于木头的真正生长期间，而不是其被用于建筑、保持原样、停止转化的时期。然而，当木头被火点燃，其转化的速度便不再受制于“长”与“消”的原则，因为这时“阳气”的介入非常集中。在论述中，宋应星将作为物质性存在的木头等同于作为五行之一的“木”，这与中国的认识论是一致的。他也认为，与金属一样，木头的生长也受制于其内在的“土”气。不过，金属主要出自“土”气，金属中的“阴气”和“阳气”被深深锁闭，而木材却额外地依赖于虚空中的“阴-阳气”因而得以生长。在木材中，“阳火气”和“阴水气”都可以很容易被看到，它们的物质性存在也容易被证实：“取青叶而绞之，水重如许，取枯叶而燃之，火重亦如许也。”[③]其结果是，木比土和金要更容易失去其物质化的形式，消失在“虚气”当中。因此，在“五气”的顺序中，“木气”是最后的，也是最弱的。在木材燃烧时，里面的“阴水气”就会脱离，与“阳火气”会合，快速地呈现为烟的形式，并与周围残存的“阳火气”会合而消失在虚空中。与此同时，在转化中木中的“阳”出现的形式是闪烁的火苗这一可见形式。木材

---

①《论气·形气三》，第58页。
②《论气·形气三》，第57页。
③《论气·水火三》，第83页。

的燃烧,是其内里的“阴气”和“阳气”进行转化的一个相当极端的形式,它发生在短时间内,因此也容易被观察到。同样的转化过程也出现在木头和植物被太阳烤得枯黄之时,但是人们很少会去花时间观察这一过程:木材燃烧时出现的烟,是水火相遇而造成的。如果木材在风和太阳下暴露的时间长,其内里的“水气”基本上都归回到虚气中,木材里所剩的只有“火”。这时木材被点燃,就只会产生少量的烟。(“焚木之有烟也,水火争出之气也。若风日功深,水气还虚至于净尽,则斯木独藏火质,而烈光之内,微烟悉化矣。”①)

在《天工开物》一书中,木材以及木材作为燃料的用途并不十分重要。但是,在《论气》一文里,木材成了一个主要的话题。在讨论“消”和“长”的问题时,宋应星几乎是从机械的角度来描写木材。他将木材完全解释为自行生长的产物。它的消解,正如它的生成一样,是在不稳定的“阴-阳气”“土气”和“虚气”的协力下才得以完成的。这一巧妙的解决使宋应星将作为物质的木材所具有的特性与他的“五行”理论相合拍。贯穿在全部著作中,宋应星都摆出一副对他的理论进行反驳的言说姿态,用以表明他有着不迁就、注重研究的思想态度。在描述采用水和火做的实验、将焦点转向木材在转化中如何表现时,他的这一特点就显得尤为突出。宋应星认识到在他的解释框架当中,出现了一个重大的空白和严重的问题:木材在燃烧时,并没有完全消失在虚气当中。事实上,燃烧之后留有相当数量的灰和尘。

这些灰和尘让宋应星感到极度困惑,这在《论气》里已经显露出来。宋应星原本坚持一种数量关系的理念,描写了若干个跟火相关的实验。他认为,特定重量的木材要求特定量的“阳气”(以火苗的形式)和“阴气”(以水的形式)来消解,以便能让木材完全消失。每次燃烧之后,他测算(或者估算)所消失的物质性形式与所余之灰之间的关系。② 宋应星的描

---

①《论气·水火三》,第84页。

②《论气·形气化一》,第52—53页。

写听起来如同管理测试一般，能让人产生对他的实验的信任。然而，描述实验中采用的计量单位则是含糊的：木材以“捆”或者“堆”来计算，而水则以各种容器为计量单位。可是，宋应星不惮于去改变数和量去证实一个现象：不管他如何去安排实验，他总是发现有灰的存留，这是某些拒绝消解在“虚气”中的东西。正是在这一点上，宋应星给予当下的事实以优先地位，承认在面对世俗世界时“阴-阳气”理论和“五行”理论是有缺陷的。他用很多实验研究的数据来告诉读者，灰是一种特殊种类的“阴-阳气”，必须经由另外一个过程才能做到彻底转化到“虚空”当中。宋应星认识到，在他的理论模式和实际经验之间存在差异。他选择了经验的权威性，认可在某些时刻实践的分量高于理论。因此，他将“灰”的概念引入他关于“气”与“形”的基本框架以及关于“五行”的认识论当中。

“气”理论格局中的瑕疵：灰与尘的概念

灰

凡煤炭经焚而后，质随火神化去，总无灰滓。盖金与土石之间，造化别现此种云。

——《天工开物·燔石》

煮盐、熔炼矿石、烧制陶器、煅烧矿物、印染纺织物，或者燃烧树脂制作墨烟，所有这些过程都需要燃料来产生热量。宋应星可能从涂绍煃这样的朋友那里了解到，在边远地区也有用气来燃烧加热的。但是，他生活在江西省，更熟悉对木材、煤炭和焦炭的使用。在《天工开物·五金》中他解释说，每个熔炉能装载铁矿石 2 000 斤，大约为 1 吨。铁矿石和焦炭掺和在一起放在熔炉里。焦炭会彻底烧尽，不留下任何残余物。几个小时以后，让熔化为液体的铁从炉腰孔中流出。在这一个案中，宋应星只是约略地给出了一次熔烧所需燃料的量化关系。[1] 在对烧制瓦的描写

① 《天工开物·五金》，第 363 页。

中,他显示出对比例性计算的兴趣。宋应星算定出来,烧制 100 块瓦片,需要正好 5 000 斤木材("每柴五千斤烧瓦百片"①)。宋应星在《论气》一文中描写了他用水和火做实验表明,他相信通过测算物质的分量和它们的损失是可以来证实"阴-阳气"在均衡中得以消解的。宋应星在《论气》中的描写也表明,他可能不仅仅依赖于那些焙烧匠人提供给他的信息,他可能还亲自测算炉中存余的灰烬来做出自己的估算。其结果让他得出这样的结论:某些由"阴水"和"阳火"组成的物,无法完全地转化回到"气"。他自己的理论因此受到了挑战,于是,为解决这一问题,他将"灰"这一概念引入他的"气"世界中,将"灰"定义为"气"的一种物化形式,它只在特殊的条件下才能化为虚无。宋应星认为,源于植物或者树木的"物"——无论直接也好,间接也好,在燃烧之后都会留下"灰"。然而,去理解"灰"的生成却是复杂的,因为植物和树木的生成过程精密而复杂,包括了绝大多数层面上的"阴-阳气"的转化。为了能理解为什么"物"在燃烧之后会留有灰,那么我们就必须追踪这些物的"长"和"消"过程中的每一步。况且,人们也必须考虑到,植物和树木也参与到其他"物"、活动和生物的成长中:

> 草木有灰也,人兽骨肉借草木而生,即虎狼生而不食草木者,所食禽兽又皆食草木而生长者,其精液相传,故骨肉与草木同其气类也。即水中鱼虾所食滓沫,究竟源流,亦草木所为也。②

"灰"中的阴-阳状态只能在借助于"蒸气"下或者通过与"元气"融合而转化为"虚气"。只有当"会母气于黄泉,朝元精于沍穴"③时,这才会发生。"黄泉"是一个一般说法,以某种诗意的方式来指地下和天上阴气与阳气得以安静停留的地方。一切"物"源于此处,因此,那里也是所有的,不管多么复杂的"气"构成都能转化回到"虚"的地方。"太清之上,二气

①《天工开物·陶埏》,第 182 页。
②《论气·形气四》,第 59 页。
③《论气·形气化一》,第 52 页。

均而后万物生;重泉之下,二气均而后百汇出。"①

有一类特别浓缩的"气"被称为"蒸气"。这种"气"只存在于"黄泉"当中。当"灰"完全转化回到"虚"中时,它们加进存于"沍穴"里的天地"元精"当中。"沍穴"的观念意指完全回复到"大虚"的想法。② 生成"气"的特殊领域在天上和地下都有。在黄泉,甚至最精致的物品如金、珠、玉也能在"蒸气"的协助下返回到"虚"中。③

宋应星提出"灰"的概念,这表明他意识到自己理论中的非洽合性,并调整了自己的概念方法来解释世间万物,包括生物。"灰"的概念让他在那些被他的学者同人当作奇特或者常规之外的"物"比如芒硝中找到了洽合性和逻辑。学者们给每一个奇特之物以一个特殊类别,宋应星则认为它们的活动之所以如此,再明确不过是因为这样的一个事实:它们都不属于植物,因此它们不包含"灰",它们的活动也不像金气和土气那样。"若夫见火还虚,而了无灰质存者,则硃砂、雄雌石、硫黄、煤炭、魁、朴硝之类。"④

所有那些能像木材一样燃烧却不留下灰的物品,都是"混生物"(hybrid)。它们既不属于这里也不属于那里。他解释说,芒硝倾向于金气,尽管它属于土气。由于有着居中身份,"混生物"可以完全被"阳火气"转化,不留下任何残余。"混生物"在转化中的特征才能表明它们的本质,它们外在显示的形态会误导人,不足以来做分类依据,而这正是他的学者同人所犯的错误。另外一种被宋应星认定为"混生物"的是水银,因为水银没有足以留下灰的质地。在对"质"(substances)的估算方面,宋应星与常人并没有什么差异。这也表明,他与当时的炼丹理念相呼

---

①《论气・水火三》,第 83 页。

② 感谢席文(Nathan Sivin)先生提醒我注意到这一点。

③《论气・形气化一》,第 53 页;《气声五》,第 71—72 页;《天工开物・珠玉》。

④《论气・形气四》,第 59 页。

应,想要显得能兼容并包。[1] 他解释说,“水银流自嫩砂,明珠胎于老蚌”[2]。

总而言之,宋应星定义“灰”为“气”的一个重要构成因素,内在地存在于大自然的“物”与“事”当中。这又表明,宋应星感兴趣的首要问题是,自然事物如何能支持他的世界统一于‘气’中这一理论。在宋应星的概念当中的另外一个因素有着与“灰”相似的功能,这便是“尘”这一概念——这是在看不见的“气”中能找到的。与“灰”一样,“尘”也是关于“气”的传统理论模式的扩展,是对漏洞的修补。借助于这两个概念,所有那些有可能对普遍性的“气”理论格局构成挑战的事实与现象,就都可以被纳入到这一得到扩展后的理论设想当中。

尘

> 裁纸一方,卷于其上而成纸筒,灌入亦成一烛。此烛任置风尘中,再经寒暑,不敝坏也。
>
> ——《天工开物·膏液》

一位勤勉的皇帝每天的工作日程从早上五点到六点开始,这便是所谓的“早朝”,即召集大臣议事。宫廷仆人们届时会填满灯油、剪好灯芯,保证皇帝和大臣们进入大殿的路上照明充足。官员们为了完成皇帝交办的任务,也不得不早起工作。事实上,仅仅利用天光不足以让官员们完成他们繁重的任务。至于那些专心研读、力求通过科举考试而获得仕途前程的学子来说,将做事的时间延续到夜晚(“继晷以襄事”)则更是必不可少。每一个但凡有承担能力的家庭,都会在夜里点上油灯和蜡烛,以便使家庭成员学业精进,力争达到更高的目标。质量最好的灯油出自“桕仁”(乌桕树籽),即“水油”,因为这种油燃烧的时间长,发出的光

---

[1] Sivin(1968:6-7),也参见他的著作中的附录G,他将“雄雌石”认定为“雄黄”,“魁”可能意味着“大蛤”,加进蛤壳的话,火达到高温时就会产生遗留物;宋应星也许知道这一点,因为蛤壳被用于烧制石灰,他在《天工开物·燔石》中大体上描写了烧制石灰的情形,不过里面没有提到蛤壳。

[2]《论气·形气四》,第59页。

稳定、清亮，几乎没有熏人眼睛的烟。[①] 乌桕树籽的黑皮也可以榨油，即“皮油”，适合制作蜡烛，其火苗也持续稳定。如果在外面罩上保护性的灯罩，那么灯光就可以抵挡住强烈的风，不然灯火就会熄灭。不过，在空气这不可见的“气”领域里，也有一些东西是火苗所需要的。不然的话，为什么罩器密封太严时，火苗就会熄灭呢？

宋应星热衷于观察，他也认识到一些自然现象和事物是无法用“气”的传统构成来解释的，它们既非不可见，也非有“形”。他完全清楚，再诉诸水、火、土、金、木五气是找不到答案的。采用“灰”的概念，也无法提供一个可行的解决方案，因为“灰”是明确可见的、是物质性的。能让火苗持续燃烧的东西，也就是说火苗需要从不可见的“虚气”中得到的东西，是不那么容易为人所感知到的东西。这不是不可见的“气”，因为“气”无所不在，而这一成分却无法透入灯罩或者灯盏。因而，宋应星在他的“气”理论中包括进另外一个构成因素，即最初来源于佛教思想的“尘”的概念。[②]

有必要首先在这里强调指出，“尘”的概念与分子或者原子理论没有对应关系，因而不能将其与现代理论模型相混淆。与“灰”的概念一样，“尘”的意义也在于去填补宋应星的“气”转化理论中的一个空白地带。“灰”构成了“阴-阳气”的某一特定状态，这一状态要求有不同因素的特定组合才可以转化回到“虚”中；而“尘”则是依据物质质性被定义的。宋应星关于“尘”的概念的确不容易理解，因为这一概念缺少重要的规定性。比如，他从来没有清晰地说明，“尘”是否能转化为“气”；他也没有解释，“尘”的存在如何与固定的“形”、土、金、木、灰关联在一起。“尘”构成了物理世界中不言自明的、根本性的因素。然而，宋应星提到，他在概念上将“尘”与“气”“形”“土”“金”“木”“灰”视为等同。“尘”只存在于不可

---

①《天工开物·膏液》，第 306—310 页；芝麻油最受青睐，然而这种油特别昂贵而稀缺，因此大多数是用于烹饪，参见 Huang(2000:102 - 107,440)。

② Cabezon(2003:60, 65,注脚 38)；杨中杰：《佛经邻虚尘——最终基本粒子、真空及量子之源》，载于《佛经与科学》，2006 年第 7 卷，第 34—45 页。

见的“虚气”和水当中。它们是人周围的大气中的一种实在性的质:从总体上说,处身“尘”当中的每一样东西,都浸透着“气”(“大凡尘埃之中,皆气所冲也”①)。

宋应星强调一点,他所指的“尘”不应该与“灰”相混淆。他让人看到,这是在对“气”的世界进行解释时引发出来的困难之一。在谈及这些问题时,宋应星愿意将观察所得当作判断标准。在谈及“尘”时,他也提醒读者要注意辨析:“尘”也具有通透、澄明的特点,“元气”当中的“尘”,不可以与平日所见的尘土混为一谈。(“尘亦空明之物也。凡元气自有之尘,与吹扬灰尘之尘,本相悬异。”)宋应星解释说,最好可以将“尘”与反射在水面上的月光相比较。“尘”是空虚之物的镜像,并非从“虚”中生成,因此也不能回到“虚”中。从这一角度看,在宋应星的普遍性的“气”构成中,“尘”并不具有一席之地。宋应星本人对这一点从来没有加以特别的注意,在他的描写中,“尘”作为一种物质,盘桓在“虚空”当中。它具有不动的“形”。它的整体是透明的,人可以透过它看到千里之遥。(“其为物也,虚空静息,凝然不动,遍体透明,映彻千里。”《水尘二》)宋应星坚持说,人在把握独立的“尘”时,可以与之相遇,尽管它没有“质”。然而,它是一种象,遍布人间中。因此,当黎明太阳的光线从明亮的窗口射进来,天上的暧昧不明被驱散、万象变得明晰之时,人们也许能得见“尘”的存在。(“自有之尘,把之无质,即之有象,遍满阎浮界中。第以日射明窗,而使人得一见之。”)然而,这种非常典型的不可见性也同时表明,仅仅相信眼睛所见也可能造成误导。“尘”是纤微的,所以难以把握。人们在日常生活中,也容易形成对事物真实本质的误解:从透入窗口的光线中看到“尘”,便以为“尘”就是灰土,凡俗之人做出类似的误解,又何止这一件呢?(“世人从明窗见尘,而误以为即灰土所为,日用而不知,岂惟

① 《论气·水尘一》,第 86 页,宋应星在这里集中于“尘”的质性;李书增、孙玉杰、任金鉴主编的《中国明代哲学》第 1438—1439 页中对此有不同的解释,他们认为宋应星在这段里描写的是“气”的质性;也参见杨维增的《宋应星思想研究诗集诗文译注》,第 202 页。

此哉?”[①])

宋应星由此得出的结论是:人们可以观察到“尘”的在场与不在场所产生的效应,但是看不到“尘”的自身,也不能与“尘”直面相遇。他认为,“尘”和“气”一起构成了空气,也就是我们周围的大气。但是,与“气”有所不同,“尘”并非无处不在;观察所得也无法验证,“尘”能穿透某些特定物质。实际上,人绝对需要“尘”。为了论证他的这一观点,宋应星讨论了人和鱼生存所需要的条件。他认为,人不摄入“气”就会死掉,如同鱼不吃进水就会死掉一样。人经由鼻子摄入“气”,如同鱼经由腮来吃进水一样。人置身于不可见的大气中的“尘”当中,与鱼置身于水中具有等同性。如果人进入水中,或者鱼离开水,都会很快死掉,因为另外的环境与人和鱼原本出生的环境相对立。(“人入水,鱼抗尘,死不移时,违其所生之故也。”[②])

在某一领域中的生存者可能会看到其他领域内的典型特征,然而身在其中者却往往不知晓,因为他们/它们已经习以为常。比如,鱼生活在水中,人生活在“尘”中。人向下俯视,知道所见是水,而鱼却不知;鱼向上仰视,知道所见是“尘”,而人却不知。(“鱼生于水,人生于尘。人俯视知为水,鱼不知也;鱼仰视知为尘,人不知也。”)如果承认有这种关联,宋应星建议可以用一个简单的实验来验证人依赖于“尘”——我们只能希望这个实验是假设性的,而不会真正实行:“试函水一匮,四隙弥之,经数刻之久,而起视其鱼,鱼死矣。……试兀坐十笏阁中,周匝封糊,历三饭之久,而视其人,人死矣。”(试着在一个容器里装满水,经过几个时辰以后,再看里面的鱼,鱼已经死了。……试着让一个人坐在科考的小阁子里,周围都密闭,经过三顿饭的时间,再去看里面的人,人已经死了。)在对这个实验进行描写时,宋应星认为,因为“气”无所不在,所以“气”总能彼此沟通、交换,甚至可以透过各种障碍,比如墙或者屏障。这两个实验

---

① 以上引文均出自《论气·水尘二》,第88页。

②《论气·水尘一》,第86页。

中出现的死亡,只能由这样的事实来解释:有某一种生命必需的东西被阻隔,内外无法沟通和交换,这便是“尘”。[1]

宋应星本人并没有深入地讨论这一论点。他只是强调,在空气和水当中一定有一种特殊东西,是某些生物——比如人和鱼——所必需的。他假定,“鱼育于水,必借透尘中之气而后生。水一息不通尘,谓之水死,而鱼随之”。与之相似的情形是,“人育于气,必旁通运旋之气而后不死。气一息不四通,谓之气死,而大命尽焉”[2]。

在《论气》的这些段落里,宋应星采取了对非确定性予以解析的言说策略。他首先提出疑问,进而破解这些疑问,自己提出对立的观点以及反对性的观点并对其反驳,力图让读者信服自己的结论是必然的。他将自己的论点建立在不同的事例以及对实验和经验的描写上。他甚至主动提出,任何一位观察者都可能认为,没有必要引入一个如“尘”这样的概念来解释人和鱼在不同环境中的生存行为。为什么不可以提出这样的观点,比如是“气”本身才导致了这样的不同行为,即“阴水”是“气”中的转化因素,是只可以供鱼呼吸却不能供人呼吸的?他反驳说,这种设想根本没有考虑到,“气”的原初状态是根本性的、是不可分的。“气”是一种普遍性的存在,它无时不在并组成任何一物。为了消除读者对他的“尘”的概念以及“尘”在环境中存在的最后疑问,他提出这样的问题:为什么一个人坐在密封的小空间里就会死掉呢?假定食物和水都充足,“气”无所不在、能够穿透任何物质,那么该如何对这一死亡给出解释呢?显然,人若想活下来,“尘”和“气”就都需要。

鱼和水的实验表明,“气”虽然是贯通一体的,但是有不同的显现形式,可以生成多样的物质质性,它们又会影响到沟通或者转化的潜在可能。鱼缸尽管是“气”,但是,“尘”无法透入;被密封的小室也具有同样的质性。宋应星的解释是,物质的不同特性是这些物质经历的不同转化进

---

① 《论气・水尘一》,第 86—87 页。

② 《论气・水尘一》,第 86—87 页。

程所造成的结果。因此，不同的物质也能够避开其他类别的“气”，在鱼和人的死亡实验当中，那就是含有“尘”的“虚气”。宋应星将他关于“气”有不同的质性和穿透力的理念引入到下一个话题当中，他认为在蒸制黏面圆饼时，可能会形成一个无法被穿透的外层，这发生在当“阳火”和“阴水”没有会合、交换、融为一体，而是和谐地“会结”之时。[1] 尽管“气”自成一体并且总是在与自身交流，但是，当“阴”和“阳”不能透入之时，便也无法出现“形”。“稻黍之粘者，制为环饼，注水燃火而蒸，水火之气，业已及其外郭，而未达中扃，忽然绝薪止火，外熟内生，重入釜甑，扬薪注水而蒸之，即薪尽于樵，水穷于汲，其中无复熟之候。以水火一往之气，坚固其外，而后者无由入也。鸡子亦然，一滚不熟，而提起再煮，即旬月，其黄不结。”[2])同样的原理也可以解释，为什么干土坯搭建的墙看起来结实，却并不稳固。它们没有形成一个无法穿透的外壳层，所以水还能再次进入砖当中，会让墙倒塌。[3]

上文提及的不同情况让人看到，当宋应星将他关于“气”的理论系统应用到日常生活中时，将会面对怎样的挑战。在某些情形下，宋应星会对自己的理论加以调整，以便应对这些挑战；在另外一些情况下，他会强调转化的特殊性。宋应星通过聚焦物理世界的问题和经验上的验证，发现了他关于具有普遍性之“气”的论点中所存在的瑕疵，因而引入了“灰”和“尘”的概念来完善他所提出的有关“气”的理论系统。宋应星所采取的有所保留或者进行深化的手段表明，当他的理论不足以解释自然现象和物质效用时，他也乐于用“二气五行说”将传统认识论方法扩展到对自然的解释。反过来，传统的认识论体系也被证明具有充分的灵活性，可以将新方法包括进来，用来解释自然展示给人的那些内容。在这一框架内，宋应星以演绎和推理的方式提供了按照他的看法这个世界最需要的

---

①《论气·气声五》，第 71 页。

②《论气·气声五》，第 71—72 页；宋应星在《形气二》中也以略为不同的方式提到这一论点，见第 55—56 页。

③《论气·水非胜火说一》，第 80 页。

东西——一种富有启发性的模型,来阐释世界的规制。

宋应星用他的基本理论来发展这一模型,并用来解说个案。他没有引入许多同代人所使用的“理”这一结构性因素。在他看来,一切都是“气”,它提供了事物的结构;而后,他引入了诸如时间、速度和力量等质性因素来解释为什么会有多种形式和现象。在这一点上,他在中国17世纪众多讨论“气”思想的学者中,是独树一帜的。他不去考虑宇宙起源学说,在这方面他也与众不同:他的世界,是一个永恒的、稳定的两极“阴-阳气”的世界。天是“气”中的“阳火”汇集之所,“气”汇聚在一起,没有再转化为“形”,于是形成日和月;地是“气”中“阴水”的极端聚集,成“形”之后没有再转化为“气”,保留为土和石。(“气聚而不复化形者,日月是也。形成而不复化气者,土石是也。”①)这个世界的稳定性之所以能够实现,在于二者彼此依照比例关系发生变化,因而可以保持它们的两极平衡。这也是为什么世界的基本二元对立不太可能发生拆解的理由:大地是承载万物的,如果土也同“物”一起转化,那么世界也许就终结了。(“土以载物,使其与物同化,则乾坤或几乎息矣。”②)

宋应星在《天工开物》中一直在弘扬普遍性构造中的神性;在《论气》和《谈天》中,他的言说方式表明了其观点中的理性。比如,宋应星在《论气》中用很长的篇幅解释了腐烂的原理,然后用一个很强的反问句来表述自己的结论:尽管这些原理已经被如此明确地显示出来,为什么没有人意识到这些问题的因果关联呢?(“其故胡不思也?”③)在讨论另外一些问题时,他采用的言说方式是,用一位假定的质询者来确证他的理解(“知”“闻命”),在转入新问题之前默许他的逻辑。宋应星在《论气》中采用了新的知识传授策略,与他在《天工开物》中强调知识获取手段的描述性风格有所不同。这种知识传授策略分三步走。第一步,他描写一个现

---

①《论气·形气化一》,第52页;对用字的校定,请参见杨维增:《宋应星思想研究诗集诗文译注》,第164页。

②《论气·形气五》,第61页。

③《论气·形气五》,第61页。

象，提出一个有理论导向的问题，这一问题往往基于一个被普遍接受的设想。有时候这体现为对话，以假定性的询问“或曰”以及“或问”开始。这是中国古代文人在写作中广泛采用的一种方法。第二步，宋应星提出一个理论设想，然后详细描写其现象，揭示其多重含义。在某些情况下，宋应星会提供一系列的经验，在系统性的观察或者(真实的或者假设的)实验之上立论。在第三步中，宋应星对知识进行表述，构造一个大的解释模型和总体模式。宋应星在每一个步骤当中，都将自己的观点——以文字和图像形式——与人所共知的内容和人们的共同经验系统性地联系在一起。宋应星在有关“气”的理论中引入“尘”这一概念时所采取的手法，就是一个很好的例子。在这个假定性的实验当中，他非常巧妙地让读者/他的学者同人回想起坐在小小的、参加科考的房间里难以呼吸的情形。宋应星在理论上坚信普遍性的“气”构成了世界，他对自然现象和物质效用的观察都以这一理论信念为指导。他将肉眼可见的现象与不可见现象的结构联结在一起，假定这两类现象具有结构上的平行性。在勾画事物转化的进程时，宋应星对一些非寻常之物比如矿物以及一些难以处理的事实，都予以关注，并用它们来检验自己理论模型的洽合性与可靠性。宋应星的意图在于，借助于“气”的特征将自然力描写为理性的、切实的、可解释的。他认为，有关“气”的原理的普遍性不仅能在可见、可触、可感的世界里得到证实；在不可见的“虚气”范围内，同样的原理也行之有效。因此，宋应星还要继续对声音和静谧构成的世界进行解释。

第六章　大音有声

> 世无利器，即般、倕安所施其巧哉？五兵之内、六乐之中，微钳锤之奏功也，生杀之机泯然矣。
>
> ——《天工开物·锤锻》

这段文字当中提及的公输班和工倕是传说中匠艺大师的典范，他们被认为发明了多种行之有效的工具。公输班后来也被称为鲁班，被敬奉为木匠的祖师爷。他也被认为是锯和刨的发明者，人们相信他曾经设计出了超凡的机械装置，比如能飞三天的鸟。至于工倕，相传他曾经被黄帝召来主理百工，也是罗盘和铅锤吊线的发明者。

每当春节或中秋节等节庆到来之际，中国的城市里就充满了喧闹之声。当拥挤的人群导致轿夫无法前行时，轿夫们会大声口出恶言；即将被宰杀的鸡鹅家禽，伸着脖子大声哀鸣；快乐的孩子们兴奋地燃放鞭炮；机灵的商贩们竞相吆喝来兜售各种物品。这些市井声音中，也掺杂进各种乐声——青楼女子哀婉幽怨的吟唱、舞蹈者的韵律鼓点、搬演通俗故事的地方戏曲和着丝弦音乐的伴奏，给听众带来愉悦和休闲。与宋应星同时代的小说《金瓶梅》，以其精于勾画的文学描写手法，将中国的音乐传统带入市井生活之中，描写了男伶、乐师和青楼女子如何取悦客人、富商和官员。[①] 不过，音乐绝非仅止于为市井生活增加更多旋律而已。音乐也是与“天”沟通，让宇宙得以和谐的有效手段。从祭祀祖先到佛家说法，在许多官方仪式和多种宗教活动中，音乐都担当着核心的角色。因而，对于晚明时期的思想家以及有政治抱负的学者来说，音乐变成了一个他们务必要涉猎的重要话题。事实上，这一时期的社会中上阶层人士都认定自己是音乐的行家里手。学者研究“声”，将它作为发声学上的一个问题；哲学家探讨音乐的构成成分，以便去揭示其中蕴含的重要原则和伦理模式。当时最为显赫的音乐学者当属皇室贵胄朱载堉（1536—约1610），他成功地在数学计算与旋律构成之间建立起富有成效的新关联，发明了新法密率，即十二平均律。[②] 学者对音乐的探讨，也不光停留在理论上。依照博雅之士的文化理想，这些社会精英也都要精通琵琶、古琴。[③] 无论在文化上还是思想上，音乐在明代生活中占据着核心的位置。

在宋应星的原初计划中，《天工开物》中还有“乐律”一卷。后来他考虑到“其道太精，自揣非吾事，故临梓删去”（《天工开物·序》）。从他存留下来的著作中可以看出，他更多是一位理论声学的探讨者，而不是音乐理论的热衷者。在《论气》一文中，他对“声”进行的探讨是在哲学层面上的。在他那里，猪的叫声、飞箭的响声和磬发出的优美音调，具有相同的重要性。在宋应星看来，所有器具——鼓、笛子、琵琶、唢呐、枪炮、弓箭、凿子、锤子——都是在“气”的世界中发出声响、形成共鸣的。本书的前面几章已经指出，关注世俗世界是宋应星认知策略的一部分，其目的在于表明，在以“气”为背景的条件下，世界是可以解释的。宋应星对“声”的探索是要让人看到，他从物体和自然现象中所见的根本原则，

---

① [明]兰陵笑笑生：《张竹坡批评〈金瓶梅〉》，[明]张竹坡评点、王汝梅等校点，济南：齐鲁书社，1991，作者的真实身份不确定，参见 Zhang(1992:107)。

② Lam(1998:4)；关于鉴赏家和业余理想，参见 Clunas(1996:152-154)；朱载堉编辑若干作品，其中三部讨论平均律问题，1596 年，他完成《律学新说》，大约在 1606 年完成《律吕精义》，大约在 1603 年完成《算学新书》，参见 Chen(1999:332-336)；关于这个时代对于“物”的一般性探究，我采用了 Clunas(1991:166-167)的观点。

③ Gulik(1939:82).

也同样适用于"虚"这一不可见的范围。本书的这一章将阐释,宋应星对于听觉、人声、声响和静谧的物理性征等问题所持有的观点,以及"合"与"应"在他那里意味着什么。宋应星把"气"看作"声"的载体,"声"是"气"中之"势"的改变所造成的结果。在这一基础上,宋应星考察物质及其外形和特征如何影响"声"的出现,不同的"声"是如何发出来的。他解释声的音量、长度以及它穿越的距离,以便从中揭示"气"究竟为何。在对"声"的探讨中,宋应星逐步建构起一个"虚中之气"的解释模型,将"虚气"当作一种可听见的现象。然后,他系统地将在可听的"气"中得出的结论与他在可见的现象中发现的原理予以并列。他的模型包括了一个关于共鸣与震动的全面构想,以及对声传递时的波浪状运动的精当描述。

宋应星关于"声"的观点,在多大程度上与我们所理解的现代声学相关?为了寻求这一问题的答案,很多科学技术史领域的学者如戴念祖等人,开始研究宋应星讨论"气声"的文字。① 然而,正如古克礼(Christopher Cullen)所指出的那样,后世学者并非完全没有可能通过宋应星的著作还原声学的发展历程,但是我们必须保持警醒的是,"宋应星既不是一位现代物理学家,也不是一位头脑杂乱的思想者"②。我沿着古克礼的思路,采用宋应星自己使用的概念来阐释他对"声"的研究,也就是说,对所观察到的、展现在"声"和"静"中的"气"进行系统性分析。

宋元明清时期中国人对"声"的探讨,是其宇宙观思考和自然哲学的一部分,这与启蒙运动之前欧洲近现代早期关于声音现象所持观点是一样的。18 世纪以前,无论在中国还是在欧洲,都几乎看不到任何文献会孤立地讨论声音或者声学。要想探究声学知识的历史发展,我们不得不去考虑的问题是,人们关于声音现象之功能的观点与关于声音之应用的

① 戴念祖:《中国物理学史大系·声学史》,第 17—47 页,长沙:湖南教育出版社,2001。
② Cullen(1990:306).

观点有哪些重合之处。音乐理论或者应用声学本身几乎从来未曾成为独立话题，但是它们是关于乐器制作、建筑的一部分，从而也是关于数学关系各种讨论中的一部分。[①] 在中国文化中，仪式研究、语文学研究、训诂与音韵学等著作是讨论音乐、“声”“静”等问题的主要领域。[②] 仪式基于宇宙为一整体的信仰：在这个宇宙整体中，各种事物彼此之间相互影响、相互作用。“声”就是这种互动的一种表达形式，表明人与天相互关联。音乐成为一种让宇宙构成得以和谐的手段，让天人之际的沟通路径得以敞开。[③] 仪式音乐的功能在于，它作为一种手段可以将野蛮人教化为文明人，让庶人变成君子，让君子变成统治者，让统治者成为圣人。[④] 从这个角度来看，对于中国的思想界和国家建构而言，无论怎样去强调研究仪式音乐、“声”的重要性都不为过。因此，宋应星在他关于“乱”与“治”的讨论中，给予“声”以核心地位，这表明他是在经典范式之内讨论问题。他的做法表明，他完全认识到“声”对国家和社会、仪式和宗教信仰的重要性；他遵循的理念是，只有让繁杂的“物”与“事”彼此一致相合，宇宙才能和谐。“声”和“乐”彰显了宇宙的原则、模式和“道”，因此，“声”和“乐”是让各种关系得以和谐的一种手段。《国语》（宋应星最喜欢的经典著作之一）是明确记录音乐对国家治理作用的早期经典著作之一，内容涉及与“声”、音高、旋律、杂音等相关的实验。[⑤] 宋应星将自己的观点与这部经典关联在一处，以此来让他那些关于音高、音量、音质以及声响的物理特征的观点获得权威性。宋应星将“气”当作其认识论的锚点，这表明他停留在传统模式当中。如果我们从 17 世纪的角度来看，宋应星

① Hunt(1978:3).

② Kaufmann(1976:533－566)讨论了中国早期思想（至公元前 3 世纪）关于音乐、仪式与和谐的观点。

③ DeWoskin(1994)中的第四章有讨论音乐的物理性的早期文献；Le Blanc(1995:57－78)采用《淮南子》当中的关于感应理念的例子来讨论这一问题；Sterckx(2000:4－5)注意到音乐在转化进程中的角色，描写了将音乐作为一种教化工具的中国理念。

④《乐记》成书于公元前 5 世纪，在公元前 1 世纪被合入到《礼记》一书当中，司马迁《史记・乐书二》，第 1214 页。

⑤《国语・周语下》，第 4b—5b 页。

可以被看作是一种新趋势中的一部分,而这种趋势无论在量上还是质上都呈现为加速度发展的态势。然而,宋应星却游离于他的前辈与同代学者之外,因为他以实实在在的方式来强调一点:天、人、地之间的关系处于平常人可以理解的框架当中。这一点与任何定义含混的道德权威有所不同。宋应星与同时代学者的不同之处在于:在这种讨论中,他坚持认为乐器与工具(比如锤子、斧子)之间没有任何区别。宋应星这种打破原本的认识论界线的做法,我们也可以在《天工开物》当中看到:他将描写如何制作乐器"钟"的内容放到《锤锻》一章中。通过这种做法,宋应星不仅强调乐器与工具这两类不同东西其制作过程的技术相似性,他还着重指出:在他看来,钟和锤子都是可用来揭示"气"是如何运行的工具。宋应星在《论气》一文中也持有同样的主张:如果一个人想要理解将天与人联结在一起的原则,那么就应该研究凡俗世界当中的"声"。去听煮水的锅或者飞驰的箭所发出的声音,与探索研究仪式音乐具有同样的可行性和启发性。宋应星对"气"的和谐与不和谐的持续性研究,一方面证实了在中国存在我们今天称之为"理论声学"的知识;另一方面,他的研究所具有的特殊价值也在于,他开启了考虑问题的新角度,这促使 17 世纪的中国学者去探索"听",去探究"声"与"静"的精微之处。

"声"的机理

> 精粗巨细之间,但见钝者司舂,利者司垦,薄其身以媒合水火而百姓繁,虚其腹以振荡空灵而八音起。
>
> ——《天工开物·冶铸》

在前现代的中国,乐班中的乐师数额通常是偶数以达到和谐的效果。晚明时期一幅著名画轴描绘的唐玄宗(685—762,在位时间为 712—756)与宠妃杨玉环(719—756)听乐的情景,便是一个很好的例子。画面上描绘了18位女乐师在高贵的听众前面排成新月形，前后两排席地而坐。① 在前面一排的是一位手持拍板的表演者；两位身材纤细、身着垂至脚踝的百褶长衣的演奏者怀抱鸭梨形状的曲颈琵琶，上面有木质雕饰和象牙镶嵌；筝和竖箜篌的演奏者侧面是大大的方响。技艺精湛的乐器演奏者都是成对的：横笛、笙、筚篥。在这些人的后面，正好在新月形的中间位置上，两位鼓手站在大鼓旁边：一人正在有力地舞动两个木质鼓槌，敲打镗鼓；在她的后面，一人正拿着都昙鼓，等着轮到她开始。在另外一幅15世纪的，被署名为周文矩（10世纪中叶）的画轴上，描绘的也是与上图类似的18人的女乐班。在这幅画上，并非每种乐器都有两个演奏者。乐班列队的中间位置保留给一架大鼓，鼓的两面都蒙着皮面，罗伞罩在鼓架的上方（见图6-1）。②

鼓能发出低沉平静的音调，能对听者起到抚慰的作用，让听者心思集中，因此，鼓是俗世音乐之首，在仪式表演中担当一个主要的角色。③ 不管是那种威风凛凛的大鼓，还是五六个匹配为一组的小鼓，鼓身总是被漆成红色用来象征统治者的权力。来自不同乐器的声音——体鸣类乐器和膜质类乐器、拍板、锣、手鼓、转铃、吊鼓，它们可能是由黄铜、竹或者木制成，鼓内可能中空，可能填充米糠——合在一起，在轻柔的声浪中，或者构成精致的背景音乐，或者形成扣动人心的渐强音。鼓皮通常采用猪皮或者水牛皮，经由改变鼓皮的张力，鼓手几乎可以敲打出来任何音高。鼓的多样音调的确不同凡响，也的确是不可或缺的，因为它发出的声音会影响宇宙的和谐。依据这种逻辑，中国音乐家们对鼓的分类依据的是鼓的音高，而不是制作鼓所用的材料。在17世纪，通用的乐器

① 《明皇与贵妃听乐图》，藏于美国伍斯特艺术博物馆，设色绢本，手卷，上有钱选（1235？—1300之后）的三枚印章，关于这幅画的讨论，请参见Rowley（1969：13-19）。

② 《明皇听乐图》，明代，15世纪初，手卷，绢本设色，现藏于美国芝加哥艺术研究所，编号1950.1370. 传统上被认定为10世纪（五代时期）的周文矩所绘，尽管现存本成画时间为1401—1433年；《中国历代绘画：故宫博物院藏画集》第一卷第91页显示画轴上女乐师局部。

③ 关于中国的乐队组织，请参见Han &Gray（1979：尤其23-25）。

图6-1 明皇与贵妃听乐,1368-1400。手卷,伍斯特艺术博物馆。

音色体系被分为金属、丝、竹、石四个类别，每一类都被定义有某种宇宙论意义上的特质，都与五行理论相关。[①] 在《论气》一文中，宋应星提到了更为古老的分类体系，即《尚书·虞书·舜典》中依据乐器制作材质的八个类别：金、石、土、革、丝、木、匏、竹。[②] 尽管如此，宋应星还是强调指出，那种以为材料对于乐器制作至关重要的想法是错误的，形成"声"和"静"的原因及逻辑都只在"气"当中。因此，他将这些分类作为自己的宇宙论参照点，将乐器的制作材质与乐器发出的声音质地相分离。

正如我们在本书的前几章所看到的那样，在宋应星的眼里，世界上的现象和事物由阴阳交会而生发，并在它的掌控之下。对宋应星来说，不同的声音现象表明"虚气"是如何运行的。或者我们可以换个说法，即"气"的作用只能在声音中才会被观察到。宋应星与传统的研究"气"的思想家沿着同样线路，将"声"看作由"气"构成的世界所具有的典型的、内在的特征。他坚持认为，"气"之所以能够被听到，是因为"气"在它最小的单元中也包含了"声"的原理。他为自己关于"气"的观点寻找论据，认为必须将"声"与形成"声"的其他因素加以区别：人和物是由于得到"气"才生成出来，有"气"以后才能有"声"（"人物受气而生，气而后有声"[③]）。"声"是"虚气"的一个行为性特征，是"气"正在换位，不是处于能形成"物"与"事"的阴-阳转化阶段。在"气"的世界中，"声"是一个客观的真实存在，不依赖于人的感官，不受人的听觉能力或者主观判断的影响。

与张载关于"声"的理念相呼应，宋应星认为"气"的原初状态是浑然一体的："气本浑沦之物，莫或间之。"[④]古克礼（Christopher Cullen）认

---

① 伍国栋：《中国音乐》，第330—352页，上海：上海外语教育出版社，1999；Major & So(2000：13-33).

②《尚书·虞书·舜典》，第18页；《史记·乐书二》，第1214页；Needham(1962：140-141).

③《论气·气声一》，第64页。

④《论气·气声四》，第69页；张载著：《张载集·正蒙》，章锡琛校注，北京：中华书局，1978，《动物篇》，第20页；王夫之在他著名的《张子正蒙注》（北京：中华书局，1956）一书中对这一段给出长篇评论，见第203页。

为,宋应星在对与生成“声”相关的物体和形式进行分类时,非常倚重张载的遗产。① 然而,对张载而言,“声”的产生是“气”与“形”相碰撞的结果(“声者,形气相轧而成”),“气”与“形”交会的不同方式和情形才导致了多样声音的产生。在张载的理论中,物体积极地参与了“声”的产生。② 也许两位思想家的出发点是相同的,即“虚气”;然而,他们的结论却有根本性的不同。在宋应星看来,只有“虚气”是重要的;他的结论是,“声”与物体相脱离,“声”是“虚气”活动的必然结果。如皮革、石、木等材料以其物质性特征,扰乱、分割、毁坏了“虚气”的整体性以及和谐的止息状态。况且,物体的任何移动都会引发出声响,因为它打破了“虚气”的均衡和一体性。③ 如果“气”之体遭到扰乱,声响就出现了;如果“气”之体被分离,不同部分之间就处于张力状态之下。由于它们原本是一个整体,不同部分试图彼此同步,以便保持联结并能够重新合为一体。从张载和宋应星二人对鼓的发声给出的解释当中,我们可以看到二人在理念上的不同。张载认为,鼓之所以发声,是因为鼓受到了一个物体即鼓槌的打击,于是“气”受到了震动而产生了声音;宋应星却在自己的描述中集中于另外一个问题上。他所关注的事实是:声音之所以产生出来,是因为在鼓的里面和外面的“气”都想突破那个阻碍它们相会合的屏障(“有隔膜之恨焉”④)。“虚”中的一部分处于和谐状态的“阴-阳气”被关闭在鼓腹之内,无法与外面的“阴-阳气”相聚。不过,内外之“气”仍然可以相互沟通。“气”被屏障分隔开来,位于不同的空间当中,它们渴望成为一体,作为一体而行动;它们“相忆相思”,保留着彼此间的关联。如果其中的一部分被搅动,另外一部分就会“恨恨地”对其后果做出反响,尝试着与分离的“气”同步化:这种同步化生成了声响。正是出于这样的理由,鼓在

---

① Cullen(1990:302,313).

② 张载:《正蒙·动物篇》,第20页。

③《论气·气声二》,第66—67页。

④《论气·气声四》,第69页,宋应星在这里将“隔膜”一词当作一个技术性术语来使用。

被槌时就会发出声响（“适逢撞伐，而急应之”①）。如果“气”的同步尝试无法实现，比如障碍物特别厚重，声响就无法生成出来。“声”的物理性来自“虚气”的力图同步而行，这一点可以通过实验得到验证：如果把鼓皮铺在地上或者将钟的空心填满土（“张革地面，实土钟中”），鼓和钟就都不会再发出声响。由于“声”产生于“气”的分离之际，或者正当“气”处于活动之时，因此，当“气”的同步化完成之后“声”也会消失：这时“气”的重聚已经完成，或者，曾经处于动态的“气”（不是物体！）已经止息下来。宋应星指出，当“气”完全止息下来时，一切声响都不能听到（“是故听其静满，群籁息焉”②）。宋应星将“静”看作“气”的一个自然状态，“气”体系的动力在寻找重归于“静”。

宋应星想要强调的是，“声”是被隔离开的“虚气”力图会合导致的结果，或者是“气”之运动带来的效果，于是他在描写“气”之运动时采用的术语相当特殊。当“虚气”相撞时，“声”就产生了。有时候“气”会“冲”或者“震”，这表明两部分“气”被强力挤压在一起，或者作为一个整体的“气”被破为两个或者多个部分。宋应星认为，当“静”出现时，那是“气”处于静的状态，所以任何事物都不发声；当“动”出现时，那是“气”在动，一切事物都会发声（“静则气静而皆无声，动则气动而皆有声也”③）。宋应星对这一点反复强调，这也从另外一方面证实，他明确地意识到，自己看轻物质的重要性这一做法，与他那个时代的主流做法是背道而驰的。

从现代的角度看，他的这一做法的原创性还体现在他采用了来自日常经验的实例，似乎意在揭示世俗世界的形而上意义。射箭、弹琴、裂缯，所有这些行动都证实了一点：“动”让“气”相撞，从而产生“声”。像拍手、锤打金属这样的活动，是他乐于采用的例子。他用这些事例来解释，用力压“气”如何能产生“声”。在所有这些事例当中，宋应星或者用精确的表述，或者用反问句的形式来坚持自己的观点：“声”虽然由物体引出，

---

①《论气·气声四》，第 69 页。

②《论气·气声二》，第 66 页。

③《论气·气声七》，第 75—76 页。

却从属于"气"，为"虚气"所传送。在描写挥动椎棒打击物体从而发出声音这一现象时，他认为之所以有"声"，是因为"气"随着被挥动的物体（椎）碰击到被打击的对象物（"气随所持之物而逼及于所击之物有声焉"[①]）。在发出"声"的物体上，宋应星看到的是"虚气"中一部分处于运动中的"气"与"虚气"中的其余部分相撞。

宋应星的描述解释了"声"的出现。但是，他真正的着重点是，"声"能证实"气"的存在："气"有所动，这是"气"存在的表征，以"形"来打破"气"便有可能产生"声"。（"微芒之间一动，气之征也。凡以形破气而为声也，急则成，缓则否；劲则成，懦则否。"）"声"的生成总是短暂的，转瞬即逝，因为在偶然的撞击之后"气"总是力图马上回到静止不动的状态。（"盖浑沦之气，其偶逢逼轧，而旋复静满之位，曾不移刻。"[②]）"声"能像"阳火气"一样，"刹那子母，瞬息有无"[③]。对宋应星来说，"声"的非持久性证明，"声"并非如"气"转化为"形"那样是一个渐变，而后又归于原初状态的转化过程，"气"转化为"声"是在刹那瞬间完成的。（"是故形之化气也，以积渐而归，而声之化气也，在刹那之顷。"[④]）因此，"声"无自身之体，只能借助他物生成，不能自我生成（"不能自为生"）。"声"的出现需要某个引发因素（"机"）。正是出于这样的理由，"声"应该与"五气"有所区别。"声"是可以观察到的现象，是"气"在动点上的表征。因此，任何运动都能带来"声"：两部分"气"互相压挤而生成的"声"，是风声；人的呼吸气压挤"虚气"而生成的"声"，是吹奏乐器声……疾飞的箭所具有的"声"，是"气"受到快速而猛烈冲击时所生成的；挥动鞭子发出的"声"，是劈开"气"所生成的；弹拨琴弦发出的"声"，是让"气"震动时生成出来的；撕裂丝绸发出的"声"，是"气"被撕裂时生成出来的；鼓掌时发出的"声"，

---

①《论气·气声二》，第66—67页。

②《论气·气声二》，第66页。

③《论气·形气二》，第55页，"刹那"这一来自梵文的词汇被佛教徒用来描述最小的时间单位，在唐代时期，这一语汇被纳入汉语语汇当中。

④《论气·气声一》，第64页。

是让“气”受到压缩而生成的。（“两气相轧而成声者，风是也。人气轧气而成声者，笙簧是也。及夫冲之有声焉，飞矢是也；界之有声焉，跃鞭是也；振之有声焉，弹弦是也；辟之有声焉，裂缯是也；合之有声焉，鼓掌是也。”①）

对宋应星来说重要的一点是，用来改变“虚气”的乐器形状会对“声”以及它的音色、音高产生影响。他也承认，“声”的数量之多与“形”的数量之多一般无二，人世中可用材料的数量会让“声”和“形”的数量变多（“形声一也，形万变而不穷，声亦犹之”②）。不过，他还是坚持认为，物体只是一个影响因素而已。他声称，这种推论是不言自明的。所有这些产生“声”的活动要有不同的材料和物品，“声”的产生意味着“虚气”的和谐受到干扰。“气”的不同部分处于张力当中而产生共鸣，力图回到一体性的原初状态，或者至少达到合同为一而恢复总体上平衡的状态。在《论气》一文当中，宋应星非常小心地使用不同用词来描写让“虚气”得以分离的各种不同方式，他非常强调“气”的空间安排。当匠人用刀来切断物品时之所以能生成“声”，是因为“气”随着“势”而来，而天地之气又与相随而来的“气”相呼应。（“方匠氏之游刃与持断也，势至而气至焉，气至而天地之气应之。”③）鼓之所以能发声，是因为鼓身内外都有“气”；人的呼吸之气（身体内的“气”）也与外面的“虚气”有所区别。空间的概念是宋应星关于“声”的观点的核心所在。当宋应星在描写凝聚的“虚气”及其量、运动的方向，而后对声响生成的长度和距离做出推测时，他的这些观点就显得非常明确。这是宋应星的概念与他同代人通过物体的长度、厚度和糙细程度来解释音量与音高的各种观点，所具有的本质性区别之一。但是，宋应星所谈到的“二气”，并非如李书增等学者所以为的那样是“阴气”和“阳气”，而是指和谐的“虚气”被物体分割为二，或者“虚气”

---

①《论气・气声二》，第 66 页。

②《论气・气声八》，第 77—78 页。

③《论气・气声三》，第 68 页。

被运动撕裂。[①] 宋应星在论述中所举的例子,其中只有一个涉及"声"的生成与"阴阳气"的交会相关。他举了烧水的锅这一事例用来说明,在某些情形下,甚至有限的人之感官也能感知到这种伴有声响的阴阳气交会。他认为,如果要分析当"阴水"和"阳火"在融合为"虚气"时发出的声响,观察者就应该靠近烧水的锅,然后就能听到"阴气"和"阳气"的融合。[②] 宋应星反复提及这一题目,这也表明他对"阴-阳气"原理的普遍性深信不疑。在宋应星的定义中,"声"和"静"的功能形式建立在"虚气"的同质性和连续性基础上;因此,宋应星认为,阴-阳气的交会给"虚气"的同质性和连续性带来的扰乱,其后果必然是"声"的生成。不过,总体而言,宋应星对"声"的描写集中于将"虚气"分离为不同的部分。宋应星强调共鸣的原则,坚持对"气"的量化分析,认为"声"的生成以及宇宙的和谐有可靠的模式。从这个角度看,在宋应星客观地分析"天"之秩序的各种概念工具中,"闻"是对"见"的补充。

人的声音

物声万变,而人声皆能效之。

——《论气·气声一》

中国的传统戏曲无需舞台布景,而是通过演员的特定服饰、化妆、具有象征意义的演技动作来展开故事,并伴随着时而柔和妙曼、时而震耳欲聋的音乐。戏曲的前身可以追溯到很久远的时代,远古的宗教仪式和公共仪式、7世纪的唐代合乐歌舞、13世纪以后的宋元南戏和杂剧,这些都可以看作明代戏曲的前驱。以昆山腔为代表的明代戏曲融合歌、舞、

---

① 李书增、孙玉杰、任金鉴:《中国明代哲学》,第1439页;杨维增:《宋应星思想研究及诗文译注》,自179页起,作者也解释为两种原本互相碰撞的"气",没有更多地对此作出解释;黄明同:《从〈论气〉看宋应星的自然观》,载于《华南师范大学学报(社会科学版)》,1982年第4期,第24—28,34页。

②《论气·形气化二》,第55页。

诵为一体，是一种新的艺术形式。演唱者要经过专门的训练，他们采用的是介于唱和说之间的一种修饰性很强的发声方法。男性扮演女性和少年的角色，他们必须精通高调门的假嗓音。通常他们在表演中也加入鼻音。大多数戏曲演员都能掌握大范围的音域，能够以不同的速度、不同的声音效果来有力地突出旋律，念诵出抑扬顿挫的效果。即便一生苦学不辍，少数最有天分的演员也只能精通十几出剧目。在每一出剧中，舞台上的一颦一笑、一声怒吼都需要体现出无数的细微差别，况且每个地方都尤其看重本地风格和故事。

文人们一方面很珍爱自己并非以戏曲为本行的业余票友地位；另一方面，他们对提高自身戏曲艺术水平方面的雄心却一点儿也不比艺人逊色。一些受过良好教育的文人将很多时间和精力花费在研习对白和念诵以及情感表达的技巧上，或者花费在文人“雅集”时成功表演要求严格的戏曲种类之上，比如昆曲。① 这些知书达理的士人才女无意于以其演艺上的成就出人头地。他们的兴趣在于音乐，他们的雄心在于让声音臻于完美，这与文人所追求的正当目标是一致的。音乐具有社会功能，能规范人的不同思想和行动，“人声”的趋同能增加社会的和谐。（“故礼以道其志，乐以和其声，政以一其行，刑以防其奸。礼乐刑政，其极一也，所以同民心而出治道也”。②）

宋应星在《论气》一文中从“人声”入手开始关于“声”的讨论。“人声”在“声”的世界当中究竟处在何等位置，宋应星关于这一问题的想法大体上沿着张载、谭峭（10世纪）和王充的思想线路，这些思想家都对口与“气”的关系予以特别的关注。③ 与宋应星同时代的人，如罗钦舜和王

---

① Levenson（1957：321－323）.

②《礼记・乐记》卷七，6b—7a（204）.

③［五代］谭峭著：《化书・术化篇・声气》，丁祯彦、李似珍点校，第27页，北京：中华书局，1996；也参见Needham（1962：208）；［东汉］王充著：《〈论衡〉析诂》，郑文校注，《卷二十论死篇》，第808页，成都：巴蜀书社，1999，王充关于人的身体的理念见第76—80页，第108—113页。

廷相，也都在对自然的研究以及对语音学的探讨中研究“声”“人声”和“气”。[1] 如果将宋应星的观点与这些思想家的观点进行比较，宋应星理论的特质就可见一斑。宋应星的主要理念是，“气”的分离生成了“声”，因而他认为口、舌、唇是产生“人声”的主要因素。宋应星与他的前辈以及大多数同代人强调人体特征不同，他集中在“气”的流动上。“声”是由被搅动的“气”引起的，这一想法也出现在王充的著作当中。在涉及“人声”的产生时，王充认为是人的口将“气”密闭，让“气”发生震动（“动摇”）；人之所以能发出声音，是因为人能够经由口腔持续地让“气”被密闭，而后被释放。[2] 宋应星也采用了人口腔发声的例子，但是他要让读者注意到的是“气”的运动和方向，他认为人声从腑脏内经由唇舌的控制和把握而发出，然而出自腑脏和唇舌的“气”必须与空中的“虚气”相碰而融合（“参和”），才能产生出人声（“人物之声，即出由脏腑，调由唇舌，然必取虚空之气参和而能成”[3]）。王充集中于“气”的分离和聚合，即“气”之体的保持和循环。王充与宋应星之所以得出不同的论点，是因为二人定位的目标有所差异。王充感兴趣的是人的“气”中能激发生命的力量，因此，他在著作中对声音和呼吸的讨论目的在于揭示死亡的秘密。宋应星却立足于将人声以及其他各种声音看作“气”的具体体现，因此他聚焦的是两个体量的“气”之间的交会，尤其是冲撞。来自人的声音当中的“声”，是由运动所引发的，可以被解释为是“气”的冲撞导致的：承受“声”的，是“虚空”；发出“声”的（情况各不相同），流荡于天地之间的“气”（风）经由人、禽兽、昆虫之口而发出“声”；器物平时将“声”藏在自身之中，等到人使用一定的工艺技巧挤压和冲击内里的“气”，“声”就出现了。（“受声者，虚空是也；出声者，噫气之风，人与禽兽昆虫之窍是也。藏声于内，以待人巧轧之、击之而后成者，众器是也。”[4]）

---

① [明]罗钦顺：《困知记》，台北：台湾商务印书馆，1983；英文译本见 Bloom(1987：34)。

② 王充：《论衡・卷四变虚篇》，第341—342页。

③ 宋应星：《野议・论气・谈天・思怜诗》，《论气・气声一》，第64页，上海人民出版社，1976。

④ 《论气・气声九》，第79页。

在宋应星看来，人之所以能发声，是因为人让体内那些与体外之“气”（相隔离）的“气”动（了）起来。当人体内、体外的“气”力图彼此共鸣、复归其和谐的静止状态时，声就产生了。原则上，宋应星没有将人制造、发出声音的能力与乐器或者动物的相互区别。当他在详细阐释人声如何将储藏在体内的“气”塑形变成声音时，这与笛子或者其他器物发声的原理是一致的。不过，在《论气 · 气声九》当中，宋应星还是对不同声音做了进一步细分，除上文提到的“众器”需要靠人的工艺技巧挤压、打击而后发出声音以外，同为大千世界中的生命体，发声的机理却有所不同：昆虫依靠“地籁”才能发出声音，身体姿势的某个改变会让它们的声音哑然（“禀乎地籁而鸣，一移其身而声即无者，蚯蚓之鸣春，促织、寒蛩之鸣秋是也”）；人与走兽却能“肖天地之形”，身体上有足以发声的器官，无论坐卧飞走，它们都可以不借助于外力而发出声音，只是在睡觉的魂灵出窍之时无法发声；超乎人兽之上达到更高形声世界的是雷声，“形神俱妙，与道合真，有无聚散，或气或形”[①]。在宋应星看来，“声”的机理取决于持有“气”的条件以及让“气”得以交流和同步的条件与方式。紧紧密闭的“虚气”只能产生默音。如果“气”的分离完全彻底，那么“声”就根本不可能产生。例如人用手指堵住笛孔或者人暂时止住鼻孔和嘴巴的呼吸，就会发生这样的情形。（“若窒塞口鼻，外者不入而相和，内者即升于龈腭之间，默喑而已矣。”[②]）在这个过程当中，关键性的时刻是当口张开，气被释放出来。被封闭的口中之气要力图突破障碍，与外面空气中的“气”会合，这就如同笛子内部的气要通过被人的手指堵住的笛孔向外释放的情形一样。

在讨论人、气、声之相关性问题上，宋应星并没有真正去在意“闻”。对他来说，耳朵只是接纳“气”之汇集和运动的器官而已。宋应星对耳朵的理解方式与谭峭的类似：耳朵如同漏斗，能像山谷一样容纳“声”，在此

①《论气 · 气声九》，第 79 页。
②《论气 · 气声一》，第 64 页。

过程中不会对“声”进行任何主观的道德评判。(“耳非听声也,而声自投之;谷非应响也,而响自满之。耳,小窍也;谷,大窍也。”[①])“气”从“胆”中出,在身体中游走到耳朵当中(“其气系于胆,经游于耳窍”[②])。在这一点上,宋应星的观点与(宋代的)张载,也与他的同时代人王夫之的观点有所不同,后二者认为,“声”天然具有美恶之分(“声之美恶,良知生而辨之”[③])。对宋应星来说,“声”以及一般意义上的“闻”在道德上是中立的。正是事物中“应”的内在能力以及人对此的听觉感知,才赋予“声”以正面的或者负面的内涵。因此,两个“物”中的阴阳特质,或者一个“物”与一个人的阴阳特质之间,会彼此呼应或者互不呼应。如果它们的阴阳特质相互匹配,人感知到的“声”就是和谐的;如果它们的阴阳特质不相匹配,人耳感知到的“声”就是不和谐的。当外在的天地之间声响出现时,人身体器官中的精神就会感应到它们(“天地声响具,而官骸之神亦感之也”)。当天、地、人的“声”有相似的音高时,和谐才会产生。在这一认识论体系之内,音乐不可避免地被视为一种宇宙论工具,一种用以重整混乱与恢复和谐的手段,其方式便是让相互冲撞的“虚气”完好平衡地同步化。就如同我们能听到琴瑟箫管演奏音乐,优美而且流畅,让人感到舒畅和心驰神往。音乐让人的听觉器官感到愉快,与之相伴而来便是心性血气的平和。音乐能够起到教化人心的作用,绝不是无足轻重的小事!(“若夫琴瑟箫管,优焉游焉,调焉诱焉,闻性悦乐而血气之和平由之。乐以治心,岂细故哉!”[④])

在以“气”为核心的宇宙论中,如果一个人知道如何去调音或者槌鼓以获得合适的音高,也就意味着他懂得了如何让宇宙以及天人关系保持和谐。正确地应用这一原则所达到的结果,便是道德行为。这一原理简单易行,那些对此有所认识并依此行动的人,在道德上便是正直的;而那

---

① 谭峭:《化书・道化・大含》,第15页。
②《论气・气声八》,第77页。
③ 张载:《正蒙・动物篇》,第20页;王夫之的注见《张子正蒙注・动物篇》,第52页。
④《论气・气声八》,第77—78页。

些否认这些原则的人，则是不具有德性的。如果一个人能够理解呈现在“声”里的“气”的基本法则，那么他就能以最好的方式来应用“天”赐予的能力和技艺。人应该由此认识到，一个人是否能有像唱歌这样的技能取决于体内的容量，而不是取决于天赋或者能力。最优秀的歌者是那些腹腔比例合适的人。在这方面，人所能做的，无非是选择身体条件合适的孩子，并对他们进行训练。这种对人的选拔和培训，就如同在制作乐器时人要决定所用物料的形状和厚度一样。训练声音意味着将一个人的腹腔扩展到最优化的大小，此后便只需学会如何控制好将身体内“气”进行挤压与分离的过程。这就如同一位匠人首先要完全掌握钟的形制，然后学习如何以最佳方式来撞击它。这两种情形后面的原则是相同的，人所感知到的速率和动量，作用于不可见的“气”。从这个意义上来说，“声”之生成过程与在“气”的作用下可见的“物”之生成，其方式是类似的。

音量与速率

凡钟为金乐之首，其声一宣，大者闻十里，小者亦及里之余。

——《天工开物·冶铸》

冬至日是举行祭天大典的日子。整个祭天仪式要持续几个小时。司礼官冻得浑身瑟瑟发抖，如同雕像一般站在铜钟旁边，等着轮到他来履行职责。他的动作将让这个装饰华丽的礼器发出鸣响，这两个音高确立了皇帝祭天这一庄严场景的节奏。由于礼器钟壁薄，回声时间短，撞钟时必须小心操作，不然就会发出令人不愉快的声音。在中国，钟被用于道家、儒家、佛家的敬拜仪式上，它们事关万物生成，体现了一种不屈不挠的力量。许多钟的上面会以凹凸方式刻上祷文或者捐助铸钟者的名字（图 6－2）。按照宋应星的描述，铸钟时首先用石灰、三合土筑成模骨（内模），上面涂上数寸厚的牛油、黄蜡（蜂蜡），然后在油蜡上雕刻书文、物象。油蜡外面涂上数寸厚的细土与炭末调和而成的泥作为外模。

等到外模的泥土彻底干燥以后,从外面加热让油蜡熔化流出。两层泥土之间中空的部分,就是钟体的模型。当铜水被注入这样的模型之后,一件可以永久保存下来的艺术品——钟就诞生了。①

图 6-2 塑钟模 在这幅图的上半部分,有一位匠人正在牛脂上镂刻图案,下半部分图上一位匠人在“翻刻铁钟外模”。桌子上的佛像和祭祀用具表明钟的仪式性目的。

由铜或铁铸造而成的钟,构成了中国世间秩序中的恒稳因素。它们代表了精准、代表了标准音高和相对音节的恒定不变,在宇宙观意义上

① 《天工开物·冶铸》,第 213—216 页;关于铸钟的技术分析,参见 Rostoker& Bronson & Dvorak(1984:752);关于技术方面的变化,参见 Falkenhause(1993:98-125;190-193).

和社会意义上都会带来影响深远的后果。一个能以黄钟为音乐定调的王朝,便获得了统领天下的权力。铿锵的钟声向帝国的臣民传达官谕,夜间向人通报时辰,战场上指挥士兵的进退。在中国,钟被悬挂起来,没有钟舌,只是在被撞击时才会发出声音。宋应星描写了应该如何设计制作钟的外形才能让钟发出声音,这表明他认为发声是一种非自然的状态,这里面存在因果关联。他把"气"的静量(这有赖于对象的外形)、动量、运动作为构成声音的重要因素。班固(32—92)的著作表明,早在宋应星之前理论家们已经注意到,"声"的出现有赖于撞击动作、速度和力度,尽管他们当中没有人对此进行理论表述。在《白虎通德论》(1世纪)中,班固写到马车上的铃在行驶速度慢时不会发声,但是在行驶太急时,也会失去其声响。[①] 班固认为车的运动应该与宇宙的和谐韵律相符合,因此,驾车者应该调节速度以便让铃发出悦耳之声。他提出这些论点的目的在于,讨论天地万物之间的普遍联系。在班固之后几百年,谭峭认为"神"在"声"的产生中担任一个中介性的结构因素,"声"的出现是因为"形气相乘而成声。耳非听声也,而声自投之;谷非应响也,而响自满之"[②]。班固的著作属于儒家的经典性著作,宋应星应该是读到过的。谭峭的著作被收入《道藏》当中,这一道教典籍汇编虽然流布于明代,但宋应星未必会如班固的书那样去研读它们。宋应星没有因袭他们当中任何人的相关观点,而是更进一步阐释冲撞和速率,将它们看成是生成和塑造"声"的两种突出的质性。他在《论气》中解释说,强有力的撞击会产生洪亮的"声",而小心翼翼地轻轻敲击则会带来轻微的叮当声,声音大小有赖于敲击运动的速率如何:"凡以形破气而为声也,急则成,缓则否;劲则成,懦则否。"[③]

在"声"的产生当中,这些因素有着怎样至关重要的作用?宋应星采用两个例子予以说明:水从容器中流出,以及水从悬崖上流下。这里所

① Pregadio(2008:vol. 1,30-31).
② 谭峭:《化书·道化·大含》,第15页。
③《论气·气声二》,第66页。

涉及的材质是相同的,只有两个变量"冲击力"和"速率"有所不同:高山上的瀑布从百仞悬崖之上流下,猛烈地跌落在深涧当中,发出的巨大声响足以吓得听者魂飞魄散;相反,如果将罐瓮侧倒放下,将里面的水倒入沟渠当中,就听不到什么声响。水这种材质是同样的,水的流动也是相同的,而在两种情况下水发出的声响却大不相同。("高山瀑布,悬崖百仞,而激溅深涧之中,闻者惊魂丧魄,而敝瓮欹侧,覆水沟渠,不见有声。其水同,其注同,而声施异者。"[①])在这里,宋应星用"惊魂丧魄"这个俗语来强化他的观点——声响是对和谐"气"的搅动。

宋应星所关注的,是动态中的物体。他在接下来的文字当中,使用了"气势"这个概念,古克礼将这个概念翻译为"位置优势"(advantage of position)。[②] 这个术语描写了"气"的汇聚阶段:这可以是"阴气"或者"阳气"的汇聚,或者是由运动和压力造成的"气"在空间中的不平衡分布。声响的大小取决于加到"气"上的压力的大小以及"气"的聚集密度如何。"气"的不均衡性越强,声响就会越大。一旦"气"得到"势",就会生成"声";得不到"势","气"就会变得非常委顿。("气得势而声生焉。不得其势,气则绥甚。"[③])"馁甚"描写了"气"所处的一个阶段:"气"已汇聚一处,渴求在空间上的均衡分布,力图回到其原初的位置。宋应星这种以纯定性认知方式描写的内容表明,他的理念与当时欧洲古典物理学中的"能量"概念——或者说"做功的能力"这一概念,即势能与动能相结合的概念——有相似之处。不过,宋应星的概念之核心是平衡理念,与这一理念结合在一起的是"'气'均衡地分布在'虚'当中"这一观点。因此,在宋应星对世界的理解当中,运动是"气"转化的一个层面,是对于天——或曰宇宙——的秩序或者扰乱颠覆,或者遵从墨守。运动本身并非一个

---

①《论气·气声三》,第66页。

②《论气·气声三》,第68页,"惊魂丧魄"字面上意味着身体和精神上魂魄都受到严重干扰,这意味着人的健康受到严重损害,在涉及人的生死时,宋应星与张载用了同样的语汇;张载:《正蒙·动物篇》,第19页。

③ Cullen(1990:308)梳理了"气势"这一复合词在《淮南子》和《兵略》中阐明的理念。

概念。运动更多的是对某种特殊推动力的描写，这是在特殊条件下作用于“气”的推动力。于是，他的分析便顺理成章地集中于对“气”整体的拆解上，预设“气”的终极意图是获得完整性。正是出于这样的理由，对于“静”便无需给出解释。“气”回到其出发点的速率，决定“气”被移位、被搅扰的程度。因此，速率与声响的大小直接相关。

除速率以外，冲击力及其形式也会影响到声响的大小和时长。冲击的力度、将“气”与周围环境隔离之物体的大小和形式，是“气”移位和返回息止状态的因素。像水这样的流体产生的声响与非流体或者固体产生的声响不同；在“气”可以敞开流动的环境所产生的声响，与在“气”受到压缩或者密闭、无法快速恢复原初状态的环境下所产生的声响也不同。然而，所有声响的产生，都遵循同一个原则——声响是临时的、短暂的。“声”如同水和火的情形一样，波动性取决于它们是否能同与自身有补充性的另一方融合。声响是短时的，因为“气”无法保持它的“势”。同样是加工木材，有的声音嘈杂混乱，如同军阵或市井之喧嚣，有的却和谐有序，如同古乐《桑林》舞曲之优美动听。用木槌敲打木料时，用的力足以将榫卯打进去数寸，然而顷刻之间一切都归于沉寂。这难道不是因为“气”无法保持它的“势”吗？如果想要将金银割开使用，使用锤子、斧子等工具时，会发出那么大的声音；如果用剪刀和镊子来做，事情已经做完了，一点儿声响却听不到。这里面的道理也（和加工木材会发出不同声响）是一样的。（“彼同一攻木也，斤锯之声，或杂军市之喧，或合桑林之舞，至于持椎攻木，灭颖数寸，而移晷寂然，岂非势有不立哉？剖金银而效用，椎斧之下，何其砉然，而竭办剪镊之间，则功已奏，而微响未闻也，其义亦犹是也。”①）

宋应星注意到，声响的产生与消逝的关联原则，与物质的“长”与“消”之间的相关性原则相似。引起冲击力并产生声响的速度和力度，与声响的音量成正比，而与音长成反比。快速有力的动作引发的声响洪亮

①《论气·气声三》，第68页。

而短暂,因为猛然之间被扰动的“气”也要以陡然的方式回归其原初的自然状态。适度地刺激“气”能够让声响延长,尽管所有声响的存在——无论其和谐与否——都总是临时的、短暂的,从来不会比冲击力本身长出多少。宋应星以火药爆炸为例,非常形象地描写了这种情形:

> 阴阳二气,结成硝石、硫黄,此二者原有质而无质,所谓神物也,见火会合,急欲还虚而去。当其出也,努机发矢不足喻其劲与疾,虚空静气冲逼而开,至无容身地,故其响至此极也。①

(阴、阳二气结成了硝石、硫黄,这两种材料有其形质,但其中的阴阳二气却无有形质,因而它们可谓神奇之物。硝石、硫黄遇火燃烧后,其中的阴阳二气汇合一处,急欲回归其原初的虚空状态。二气在迸发之际,连弩机发射的箭也不足以来比喻其强劲与速度。虚空中的静气被强行冲撞开来,没有地方可将其容留。此时发出的声响是最大的。)

任何突然打断阴阳和谐的运动都会被人感知为“恶声”,或者说是令人不快的声响,因为这不是和谐的反应。在极端情况下,这样的声响能置人于死地,因为“气”原本的和谐所受扰乱太突然,人的“气”根本无法对付这种突发的改变。

> 惊声之甚者,必如炸炮飞火,其时虚空静气受冲而开,逢窍则入,逼及耳根之气骤入于内,覆胆隳肝,故绝命不少待也。②

(最令人惊骇的声响,必定是像炮火爆炸或烈焰升腾那样的声响。此时,虚空中的静气受到冲撞而开裂,“气”会进入到所遇的一切孔窍当中。被冲击到耳根的“气”会在骤然之间由耳朵进入体内,内脏由此受到损害,因此人不用多久就会死掉。)

在讨论这种情况时,宋应星没有对声波与压力波进行区别。他认为,人之死亡与物之毁坏都是“气”冲撞的结果。这两种情形都是因为

---

①《论气·气声七》,第75—76页。
②《论气·气声八》,第78页。

“气”的聚集达到极致，“气”之内在和谐被摧毁。与我们今天认为震动之力引发死亡的看法不同，宋应星认为巨大的冲击力构成对“气”之自然秩序的冲击，并由此带来不和谐才导致人的死亡。饶有兴味的是，在这一段文字当中，当宋应星借比喻描写声响时，他明确地以水波运动作为例证。“物”与“气”相击之后发生的情形，跟与水相击之后的情形相同。“气”与水，都很容易改变其原有状态。以石头投入水中，水面上与石头有接触的地方，不过是一个拳头的大小而已，但是水面上的波纹却依次扩展开去，纵横一丈远的地方仍未见止息。“气”荡漾开去的情形也与此相同，只不过“气”的荡漾到后来非常微弱而不能被人听到而已。（“物之冲气也，如其激水然。气与水，同一易动之物。以石投水，水面迎石之位，一拳而止，而其文浪以次而开，至纵横寻丈而犹未歇。其荡气也亦犹是焉，特微渺而不得闻耳。”①）

“易动”这一表述在此含义模糊，意指运动时出现的变动和交替变动。如果我们认可声响之出现是由于“气”之冲撞这一阐释模式，“变动”和“交替或者交换”这样的含混意指就恰到好处。宋应星明确地指出，处于活动状态中的“气”是横向展开的，因而他认识到波浪的三维性。声波与水波的关联性显而易见，但是大多数其他学者如王充等人只满足于观察到投石入静水池塘这一意象②，却并不对这类运动进行更为深入的探讨。宋应星之后的学者，如王夫之、方以智以及其子方中通（1633—1698）、黄宗羲等人，在探讨“气”与“声”的关联，或者“气”中之“声”等问题时，并没有对宋应星关于“波”的论述有所引申发挥，因为宋应星等人采用了中国传统认识论中另外一个核心概念来解释“波”，这便是遵循“刺激-反应”这一原则的“感应”理念。这也是在普遍性意义上，为什么事物彼此间会有相互呼应。事物之间的感应多寡不均，这是因为其间的

---

①《论气·气声七》，第75页。

② 王充：《论衡·变虚》：“鱼长一尺，动于水中，振旁侧之水，不过数尺，大若不过与人同，所振荡者不过百步，而一里之外，淡然澄静，离之远也。今人操行变气，远近宜与鱼等，气应而变，宜与水均。”

阴阳关系复杂多样。“感应”解释了为什么“声”会传播,为什么会有回声鸣响,为什么一口钟发出的鸣响能让另外一口钟随之震颤。

应与合

“舟中鸣鼓若竞渡,挽人从山石中闻鼓声而咸力。”

——《天工开物·舟车》

张择端的《清明上河图》(12 世纪)和朱玉(1293—1365)的《太平街景图》(图 6-3)所描绘的城市风光给后世提供了一个难得的窗口,来窥见中国匠艺劳作的日常世界。这两幅画卷都描绘了轮匠、鞋匠和洗衣妇人在雇主仆人的监工下在街上工作的情景。在古代的艺术和书面资料当中,大多数这类职业根本就没有被提及过。因此,匠人的生活和工作大多不为历史学家所见,正如在明代时他们的生活与工作也不为产品的消费者所见一样。工艺人躲在低矮的黑色大门后面做工,标明狭小店面的只有一块招牌。比如,乐器制作者集中在院子里,或者大房子的外屋里。一份关于 19 世纪的杭州的报告认为,这些房子入口处的肮脏经常非常巧妙地掩盖了大门后的华美。杭州的乐器制作者们住在宽敞的三层楼房里,四周的房子围起一个中间的天井院子。在同一屋顶下,丝弦乐器和吹管乐器的制作者们在打磨自己的作品,铁匠和铸造匠在用黄铜和红铜制鼓。[①] 任何人走进这里,都会惊讶于当时的音乐表演要求这么多样、精致的乐器,各种弦乐器有着不同的形状,比如二胡、琵琶、阮琴、古琴、扬琴。那些被派去前往购买乐器的富贵人家的管家,看到妇人们在为不同的弦乐乐器打理丝线,看到匠人师傅正在完成制作古琴的最后一道工序,正在给椭圆形的琴体上镶嵌金丝细线和象牙。漆的辛辣气味让他不

① 陆鉴三:《处处逗驻足,依依不能去:元明清杭州的旅游》,载于周峰主编《元明清名城杭州》,第 279—290 页,杭州:浙江人民出版社,1997;[清]郑沄:《杭州府志·食货卷》,第 15a 页,上海:上海古籍出版社,1995(1784)。

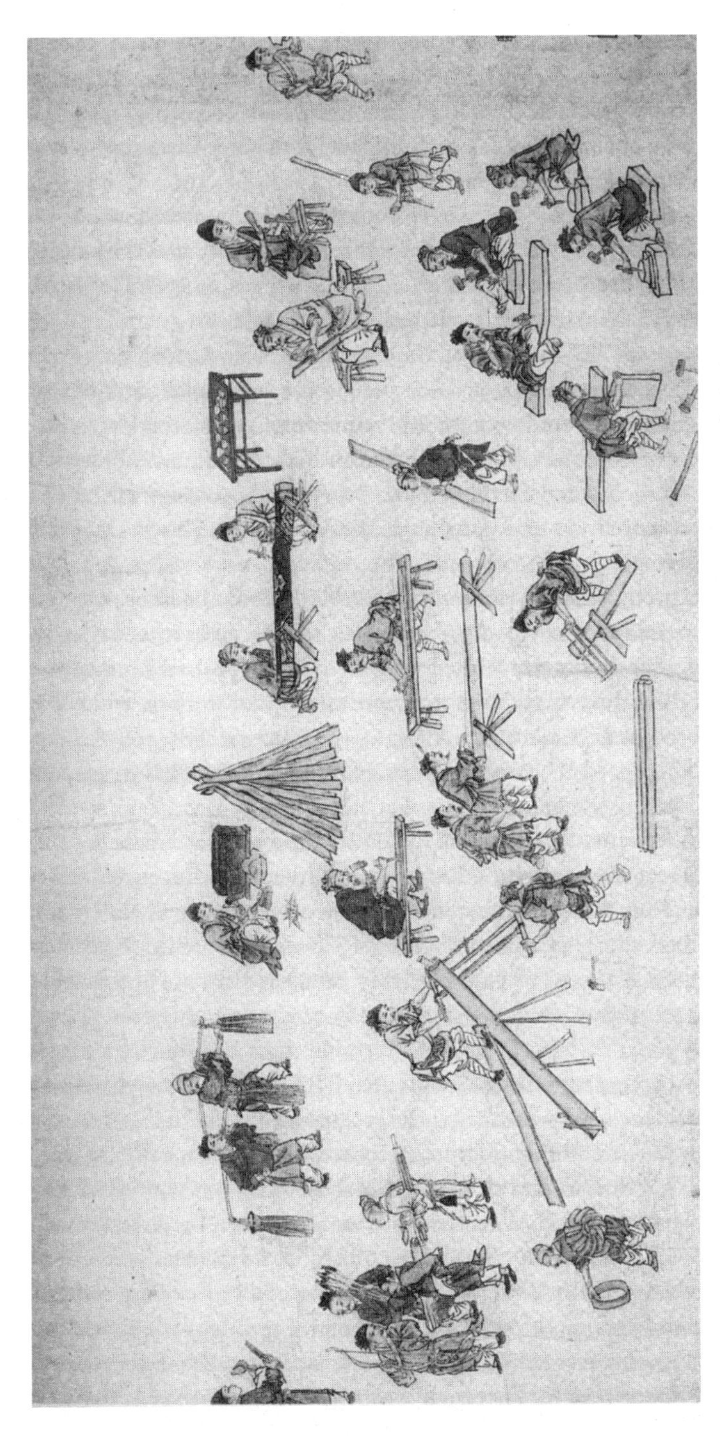

图6-3　太平街景　元代(1280-1368)。手卷,设色绢本,藏于美国芝加哥艺术研究所,收藏编号:1942.112。

由得耸了一下鼻子,这一脸严肃的管家也许不免会感到吃惊:在这样一个地狱般的地方,一位匠人如何能制作出他的主人家的家庭演奏所用的精品呢。

在美轮美奂的明代音乐交响当中,纯粹而精致的琴声一枝独秀,让那些寻找丰富内心和提升精神的人诗兴大发。文人雅士以柔曼之手精心抚琴,他们早已将琴视为启迪精神的工具。这种乐器能够带来深层感觉和形而上层面的沟通,琴的各部位以人和动物的身体部位来命名。琴上的13个徽位用的是珠母、玉、象牙等材料,指代着历法中的月份(包括闰月13个月)。底板上两个出音孔代表着“阴”和“阳”,它们分别被命名为“凤沼”和“龙池”。① 琴的面板一般由梧桐木制成,象征着天;底板由梓木制成,象征着地。当人在抚琴之时,这个乐器展示了宇宙的结构;在它的琴体里,中国人世界观中三个最为重要的因素融为一体了。②

正是出于这个原因,明代的中国文人学者对琴尊崇有加,他们记录琴的历史,搜集相关的琴谱。文人们也在户外置身于大自然的环境当中来演奏这一独奏乐器:在山间、在园林;在遮风蔽日的亭子里,在象征长寿的青松下;在恬淡的月光里,在缭绕的圣香烟霭中。有的学者如沈括作了这样的记录:正常情况下,借助于剪纸人,两张琴的基音弦与泛音弦会发生和谐共振。(“琴瑟弦皆有应声:宫弦则应少宫,商弦即应少商,其余皆隔四相应。今曲中有声者,须依此用之。欲知其应者,先调诸弦令声和,乃剪纸人加弦上,鼓其应弦,则纸人跃,他弦即不动。声律高下苟同,虽在他琴鼓之,应弦亦震,此之谓正声。”③)剪纸人被依次放在第一张琴的每个琴弦上,与此同时弹琴者来拨动第二张琴上的琴弦。哪个剪纸人开始颤动,就表明两张琴上的这两根弦在发生和谐共振。宋应星也讨论到剪纸人,将震动即纸人的颤动视为“气”的明证。他解释说,乐器对周围被搅动起来的、颤动的“气”有所反应,与第二张琴搅动起来的“气”

---

① Yung(1997:2-9).

② 黄翔鹏:《中国人的音乐和音乐学》,第一卷,第51页,济南:山东文艺出版社,1997。

③ 沈括:《梦溪笔谈·补笔谈·乐律》。

产生共鸣。从这个意义上，宋应星坚信琴乐能消解流动的“气”所带来的失调，使之重归和谐状态。“声”可以引发乐器和人的均衡震动，证实了万事万物之间具有的互联性。①

记载乐器之间共鸣共振、相互感应的现象的资料，可以一直追溯到汉代。刘向《说苑》卷第十六提到，系于马镳上的銮铃随着马前进的步伐而发出响声的时候，安装于马车横木之上的另外一个车铃也会随之发出声响。（“鸾设于镳，和设于轼。马动而鸾鸣，鸾鸣而和应，行之节也。”②）

关于物与事件之间的相互关联和相互反应，中国人的解释模式立足于“刺激-反应”这一框架，即“感应”的概念。③ 在明代，“应”或者“感应”的理念被嵌入在道德范式当中。我们几乎无法想到，宋应星对其起源的追溯会一直到其物质性的或者“自然”的起源；然而，宋应星的确这么做了。也许，促使他这么做的动机是，他有着强烈的愿望去揭开其他学者对于如何让世界变得和谐这一问题给出的错误的道德解释，去质疑学者的文化特权。这也可以解释，为什么在涉及“声”的问题上，宋应星考虑最多的是和“鸣”与“回响”。他采用对圣人引经据典的修辞方式来夯实自己的论点。宋应星认为，这些遵循“气”原理、懂得如何规范世界的圣人们在应用乐器上，能做到让彼此隔离开的、看不见的“气”相互交流。圣人们在制作乐器时，担心被隔离开的“气”不能彼此沟通互动。因此，他们把材料做得非常薄。假如金属（用于制钟）或者皮革（用于制鼓）厚上几倍，那么即便用尽全力去撞击、去锤打，乐器之内和之外的“虚气”还是不能彼此恰当地反应互动。（“制乐，圣人犹恐其气之不能达也，为之分寸焉，使金革之质，厚以数倍，即竭力撞伐而内外虚神不相应和，即有声也，不足听闻矣。”④）

在理念上，宋应星倾向于认为“气”能交会，“气”内在地倾向于在空

①《论气·气声八》，第78页。
②《说苑校证》，第384页，北京：中华书局，1987。
③《论气·气声四》，第69页。
④《论气·气声四》，第69页。

间上和时间上达成一个均衡而统一的阶段,从而让自己消散。这种理念背景让宋应星提出一个观点,即圆形乐器具有优势。这一观点与另外一个设想很精致地组合在一起,即"气"在止息状态时分布均衡。如果"气"在某一地方不均衡地高度密集,会导致产生不和谐的声响,这还不算是最坏的结果。最坏的结果是像火药那样的情形,会带来不可逆转的损坏。圆状的乐器可以保证"气"能够快速而有序地恢复到原初的均衡状态,这会产生令人感到愉悦而和谐的声响。圣人们制作的乐器之所以主要是圆形的,是因为他们了解这一"聚气涵气"的原理。乐器内里的与外面的"虚气"彼此有所反应,力图聚集在一起,达到均衡同一的状态。一旦乐器有直角(方隅),"虚气"就有可能在这个角落里流动,在另外一个角落里止息;在这里流动得快速,在那里流动得缓慢。在乐器的中心部位,"气"变得混乱,游走时变得没有系统性的规则,由此产生出来的"声"嘈杂错乱得让人无法卒听。("中虚之气之应外也,欲其齐至而均集;一有方隅,则此趋彼息,此急彼缓,纷游错乱于中,而其声不足闻矣。"①)

一个方形物体角落中"气"的不均衡汇集的这种情形,在宋应星看来可堪与大气中水和火的不均衡关系相比。大气中的水和火,只有在等量相遇时,才能消解在"虚"中。他认为,只有当"气"能扩展开去,能正确地回到其原初状态,才能保证产生令人愉悦的声响。任何能阻断"气"流动的障碍,都会对"声"有所影响。宋应星在《天工开物》中也提到"成乐器者,必圆成无焊"②,这与他在《论气》中的描写是相一致的。如果乐器是有棱角的,对乐器的敲击处就会走偏,让"气"无法以同样的方式到达其他角落("偏则三方之气不至"③)。

宋应星也从可计量关系上来讨论"虚气"。他认为,分离的"气"量彼此间的回应,取决于它们之间的比例关系,这与阴-阳力交会的情形是一样的。他坚持认为,"气"在空间的分布取决于不同的"形",有不同的回

①《论气·气声六》,第73页。
②《天工开物·锤锻》,第278页。
③《论气·气声八》,第78页;《气声六》,第73页。

应能力。正因为如此,如果冲击力太高的话,它的反响就会被分割、被粉碎。① 如果带冲击力的"气"量小,产生的"声"就会短。速率也应该被同样考虑进来。疾速运动或者对"气"的高压会产生粗糙而喧闹的声响。不过,作为"气"的一个特性,"声"的质量不能等同于阴-阳力。但是,由于"声"屈从于"气",那么"声"的所动和被动都应该沿着与"气"相同的线路,应该与宋应星发现的原则相一致。

正是出于这样的原因,宋应星在对"声"与"气"的探讨中,一以贯之将他对于"虚气"行为的理论与关于"阴阳气"生成物质世界的理念连在一起。我们可以从中看出,他以这种方式试图将自己关于阴-阳交会造成物质特性的理念与他关于声音生成的理论归置在一起。宋应星在他的理论中将可见的与不可见的世界绑在一起,来解释一个物体的不同特性对以"气"的方式生成"声"所具有的影响。他认为,物质世界中"气"的不同转化过程足以解释,某些物体的特性会阻碍两个分离着的、看不见的"气"之体相互间的交流。如果在物体中,"阴水"和"阳火"的融合还处于初始的形式,或者物体里面还有水的存留,则物体会生成一种覆盖膜,这样"气"便不再能互相交流。一旦回响的能力不复存在,"声"的生成便不可能。出于这个原因,器皿的泥坯不能发声,而烧制过的陶器则能发出和谐的声音:

> 和水埏泥而为缶坯,取火意于晴日而干燥之,水火会合,把持坯身,击其外而内不应,未有声也。速入陶穴亲火,向者结碍之情,销化而去,火精托体,土质易形,一击而清声了韵,和合众乐而无愧焉。②

(用水和土和成泥制作罐的泥坯,利用晴天太阳中的"火"来让它变得干燥,水与火会合在一起,让泥坯的形状得以坚固下来。敲击罐的外面,里面的"气"不回应,不能发出声响。快速将它放入烧制陶器的炉内

---

①《论气·气声八》,第 78 页;《气声六》,第 73 页。

②《论气·气声五》,第 71 页。

让它接近火,原来的妨碍“气”之交流的因素就消解融化而去,火精在罐体之内,土的质地形式发生了改变。这时再一敲击,就能发出清亮悦耳的声音,与众多乐器发声相比,也毫不逊色。)

这一段文字表明了宋应星对“声”的认识与我们现代对“声”的理解之间存在区别。我们可以从中看出,他所考虑到的并非震动的空气或者隔膜,而是“气”的穿透或者“气”在进一步穿透时遇到的障碍。已经晒干的泥罐当中仍然保留着水,因此,一侧的“气”无法穿透水,去与另外一侧的“气”融会、相合。因此,这无法产生声响。从宋应星的观点来看,一个物体是否能生成或者传递“气”之“声”,是一个物质如何转化、它的“阴-阳气”如何互相变化的问题。“声体”完全基于“气”的质,物体在其中所担当的角色无非是阻碍“气”的交流。物体的形状有助于或者有碍于“气”回到一个均衡的状态。因此,宋应星认为,在使用锣和鼓时(会产生不同的“声”),并非由于金属(锣)和皮革(鼓)这两种材料有不同的质。在敲钲、打鼓时,击打这两种乐器的中间部位所发出的声音为洪亮的宫、商音调,在边沿地带发出的则是低弱的角、羽音调。(“锤钲张鼓,金革非有二质也。击之枹之,其中央镗然而为宫商,其四沿砼然而为角羽。”①)

这一描写再次表明,在宋应星与“气”相关的观点中,其核心之处是关于交会的“气”的空间概念。按照宋应星的说法,“声”总是出现在源推力的对立面:“故从南击而磬北之气应之,从东击而磐西之气应之。”认为“气”在空间上脱离,但是彼此能交流的理念,作为一个认识论的概念,是简单易行而无所不包的,它允许对绝大多数声音现象做出说得过去的推测。人的声音之所以在山谷中回响,是一个“气”共鸣或者回答另外一个“气”,二者在力图合成为一个统一的整体。因为它们原本就是一体,所以“气”的不同部分彼此回应。“声”及其回声总是彼此呼应:当撞钟、击鼓之时,相分离的“气”就会“呼大而应之以大,呼小而应之以小,呼疾而

①《论气・气声六》,第73页,宋应星在这里没有将宫、商、角、羽当作音调来看待,只是用这些语汇来描述声音的质性;《考工记》里讨论了材料与声音之间的关系,指出“钟已厚则石,已薄则播”。

应之以疾也”①。

综上所述，我们可以看到的是：宋应星关于“声”与“声之生成”的论点，证实了他的“世界依据‘气’的原则来运行”这一理念。“声”与物质世界——“阴”与“阳”的互动决定其“长”与“消”——相对而立，是后者的补充和对应。对“声”的探究允许他向人们表明，“气”的原则在可见的和不可见的现象上都行之有效。他的探索，给对于“声”的研究增加了一个重要视角，完善了“气”世界的模型。宋应星用观察来补充他的理论知识。日常经验、传闻、来自医学和炼丹术的知识支持他的论点，他精心地将这些知识排列起来，用以支撑他关于“气”的假说。涉及“声”的理论中可感知的现象时，他拒绝简单地接受他那个时代的原则。他力图（或者他已经间接地提出）让人们去注意在普遍性原则中呈现的条理和秩序，即“气”的逻辑。从历史的角度看，宋应星对普遍理性的强调，热衷于将自然现象和物质效能纳入普遍性的、具有可阐释性的泛化当中，这些都并没有超出他那个时代的思想趋势。但是，他得出了与张载不同的结论。张载认为，“声”是“物”产生回应的本能，他甚至对“形”与“气”在相撞时不同方向所生成的不同之“声”加以区别，而且，张载更多地集中于这种本能与人之道德之间的相关性问题。然而，宋应星认为，“声”是一个理性问题，超出了人之道德的范围。这一观点让他与同时代人——比如王阳明的反对者吴廷翰（约 1491—1559）或者将乐、声与诗连在一起的自然哲学家王夫之——有所不同。不过，即便宋应星激烈地抨击他那个时代思想中的个别特征以及发展趋向，而且他本人也对自然进程有着令人耳目一新的洞见，然而他也并没能完全拒绝传统的概念。这并不意味着，他没能做到本意想走的那么远。为了强调“气”的原则在“成物”和事象中都具有绝对权威性，宋应星在《论气》中总结出“声”的创造性和毁灭性力量与“五行论”互相关联。“是故天生五气，以有五行，五行皆有音声。

---

①《论气·气声八》，第 78 页；《气声四》，第 69 页。

而水火之音，则寄托金土之内，此可以推五音XX已。”①

一方面宋应星并没有拒绝自身的文化理念，同时他那无所不包的视角，他试图让人之世界屈从于、绑定于一个并非靠道德来定义的普遍理性这一观点，让他有可能在全新的灯光下来考虑许多问题。对于物理学意义上的声音现象他得出了非常有意思的结论，并将这些结论分门归类到他去揭示“气”之运作的各种尝试之中。他的这些尝试方式非常全面丰富，的确是前所未有的。比如，他认为“声”在振荡中运动，“声”能达到的距离以及“声”的大小取决于“声”所具有的“势”，而“势”又取决于冲击力的强度以及参与交会的“气”的体量如何。在他看来，这仍然与“气”的任何物化展示形式相分离。从这个角度来看，宋应星这篇意在理解“气”世界的理论声音学探讨的文章，让人出乎意外地透视到中国自然哲学中的认知多样性。宋应星对于“声”的探讨，一如对“技艺”的探讨一样，都拒绝去与他身处其中的那个由“人事召致”而布满欺瞒和腐败的世界同流合污。他要强调指出：“治”就存在于“物”和自然现象当中。

---

①《论气·气声五》，第72页。

结语　退离舞台

此乾坤造化隐现于容易地面。《天工》卷末，著而出之。

——《天工开物·珠玉》

宋应星以这段结语，给他的鸿篇巨制拉下了帷幕。当观众在收拾随身物品之时，戏场的演艺人开始卷起戏偶、清理舞台。幕布被撤下，道具也收拾停当，剧场歇业打烊，一切留待后世和历史予以评说。

这本书的意图就在于去逐一揭开并展示宋应星原作品中的不同层次，去审视哪些因素影响了他探求知识的方法、技术及其在其中担当了何种角色。这是一位特立独行的学者，然而他也深入地切入了自身文化的要义。宋应星的雄辩滔滔反应了那个时代在文风上、概念上和语言上的特征；他的态度表明，17 世纪的中国人在探讨科学和技术内容时会为他们的社会政治关怀、思想关怀和实践关怀所左右。对宋应星来说，技术和工艺揭示了一种理性规制，这一规制是可以通过观察、实验和量化来分析的。宋应星的看法与其学者同人的道德范式相违，他认为在一个充满了“人事召致”的社会与政治混乱的世界里，由“天”提供的物质效能和自然现象给人带来了信任与可靠性。通过“求知”，宋应星要让人成为自身命运的把握者，但是他对匠艺并不予以认可：在宋应星将技术和匠艺置入书面话语时，做工者所知的内容无非是一种更高级的知识条理中的一个"认知对象"而已,而对更高级知识条理的描画非学者莫属。从这一角度来看,对宋应星的观点进行仔细分析便有一种很大的潜在力量,有助于去撼动那些在一些科学史重要问题上——关于知识的生成、关于实践知识与理论知识的互动、关于技术与工艺如何成为书面文献的一部分——的现有思考结构,这些现有结构因为其线性的或者整齐划一性而太过齐整。在沿着这一思路思考时,我极为谨慎地注意到,不要因为宋应星的学者身份而忽略他是一位细心的技艺观察者、一位对技术细节有所了解的人。况且,他的学者身份会提醒我们,他的观点、他对于技术的态度是特定文化和历史条件的产物。对于历史学方法来说,从这一思考线路来评判宋应星所作所为中的原创性,比去判断他的技术理解水平,或者参照今天的标准来衡量明代技术水平更为重要。这本书要让读者看到,宋应星如何去解释他那个时代的技术。只有当我们理解了他的推理方式,我们才有可能揭示出那些与中国历史上的技术以及中国人的知识生成方式有密切相关的信息。

那些内在地存在于晚明社会中的含混性,在宋应星的著作和生活中都留下了余音回响。自从童年时代起他就受到激励,要有高远的雄心,要获得令人瞩目的成就。他专心致志地研读那些受到严格限定的经典文献,而这些经典内容的有效性却一直受到争议。当成为社会政治和思想领袖这一预设角色的期望落空之时,宋应星感到极端困扰。他不再抱有幻想,他认为同人们坚持道德重要性是误入歧途,他认为世界的规制建立在对"气"原则的透彻理解之上。在这一框架之内,他将自己对于匠艺和技术的看法发展为一个学术求知问题。匠人是一位操作者,但是不能头脑明确地认识到在自己行动之下存在的原则。

宋应星对工艺的兴趣也映射了一个事实,那就是明朝若干世纪以来让学者官员承担技艺管理者的责任。他对于匠人的态度,或者更确切地说他对于匠人之社会角色与能力的无视,是他对这一时代的含混性给出的回应。一方面,国家高度推崇工艺作品,推动经济发展和农业;另一方面,却让读书人保有领袖地位,无论在政治上还是在社会上。在这种分化性氛围中，读书人不得已去在“求知”中来保卫自己的领袖地位。当宋应星提出自身作为学者的社会与政治责任诉求时，他认为自己的行动完全符合文化与传统中的理想。他没有抛弃 17 世纪的思想标准和理想，却对它们进行了细致入微的重新界定。比如，他将农作视为士绅阶层的责任，这与他的时代相符合，一如他坚持“物”的等级性序列，认为相比之下榨油不如粮食加工那么重要。然而，当他将农作与磨制玉石、建造武器放在同一本书当中时，他与同代人的步调已经不再那么一致了。宋应星以这样明确而有分量的方式，重新划定了在中国传统理念之内理论、实践、关于书面知识领域的观念这三者之间的错综交结以及它们之间的边界线。

宋应星的修辞方式以及《天工开物》的篇目编排，也表明了他对自身文化环境的顺从和操控。他引用圣王的例子来确证自己对价值等级的判断基于古代中国的宇宙观。书中篇目的编排顺序，依据的是这些主题对人世的重要性，因为这些都是构建文明的主料。正因为如此，谷物种植应该先于矿石焚炼，造船要先于酿酒，印染这一能展示“天”之秩序的技术变成了衣料获取的后续部分，正如作为“五味”之一的糖紧跟在制盐的后面。生成、改变和转化是他用来将工艺进行从前到后，或者从本及末的分类时所采取的另外一个标准。他依照诸如《淮南子》这样的文本给出的经典顺序，认为“气”的基本转化程序需要首先被理解。这也是为什么他要首先谈到“气”的转化过程，然后才去涉及谷物加工或者烧制陶器这样的复杂题目。在他看来，人们要想对焚炼矿石、熔化金属以及制作朱砂和烟墨的效果和意义有精确理解，就要透彻地理解“气”世界中根本性的宇宙观逻辑。

在我看来，宋应星在《论气》和《谈天》二文中对“气”的规则所做的更进一步阐释，是在理论上对那些展示在《天工开物》中的世界观所做的补充。我们要想理解《天工开物》中技术描写后面的概念，《论气》和《谈天》这两部作品具有根本性意义。他以“阴阳气”概念作为根基将天、人、地之间的关系理性化，详细阐释水、金、木气的精妙运行；他精通中国的自然哲学,他的举隅都采用标准图式,将天、地二气的相对而立看作不言自明的。对宋应星来说,从“易”的角度来看,不同“气”阶段之间的天然张力足以解释一切存在。正是在这些地方,宋应星更为清楚地显示自己是一位自然科学家,而不是一位实践者。他是一位充满激情的学者,置身其中的世界充满政治混乱,社会的不安定也日益加重,而他在自然过程和物质过程中追寻可靠的品性。从这一角度出发,他坚持认为“气”的世界不可能没有结构条理或者基于混乱,因为“气”本身就提供了结构。“气”具有终极有效性、“气”为变化(“易”)的唯一根基,这些理念让宋应星认为知识当中有确定性。在这一基础上宋应星认为,对世俗世界的实验和观察是知识探索的可靠方法,它们决定了书面文化当中的事实和依据。生命存在、生与死、物品与材料的生成和衰退、自然和人都是“气”规制的表达方式而已,而这一规制主宰着世界。

宋应星在尝试去提出一种普遍性的、无所不包的“气”理论时,首先依赖于现存的理论。如果现存理论不足以解释他仔细观察到的现象,他就会对理论加以扩展。宋应星经常将传统予以自然物及其转化的解释当作自己的出发点,但是他最后给出的阐释往往是非常独特的。在这方面一个非常好的例子,便是他在《论气》当中将佛教中的“尘”变成一个关键性概念,用来解释空气以及人对空气的依赖。对这种洽合性的考虑,贯穿在宋应星的全部作品当中。他也采用同样的概念方法来揭示“气”在天上以及在人之世界中的运行。他非常明确地重申自己的观点,《天工开物》这一书名中的前一半的“天工”表明他看到普遍性原则在运行;后一半的“开物”强调他对“易”这一概念坚信不疑,他在这里看到一切事情的原因和结果。《易经》中的原话,表明“开物成务”是“冒天下之道”。①我们可以推测,宋应星是按字面上的含义来接受这段引文的。他相信,人可以通过观察在“物”与“事”中发生的转化来获得知识,学会如何去正确行动。

---

①《易经·系辞上》。

因为宋应星所处时代在文化上和思想上所具有的复杂性，所以很难在中国学术中将他归类。受时代的不安定以及物质和文化世界的改变所驱动，当时的许多文人感兴趣于新的知识探索方法，宋应星的做法在当时也算司空见惯。许多有着不同背景的文人带着非常不同的目标来思考“知与行”“格物致知”“物与事”。宋应星的做法是其中的一种，他的目标是发现一个可靠的求知基础，而后让世界回到“治”的状态。他探索知识的方式是全方位的，在方法上他受到一种理念的驱动，那就是应当在书面著作中记录从“见闻”中所知的“物”与“事”。我们可以把宋应星的著作看成“笔记”，在思想传统上将他归组到同时代的“理”学家或者“气”学家那里。尤其值得一提的是，宋应星展示的观点与那些以类书式的方法来考究“物原”的学者，或者那些在形而上学意义上将自己的兴趣停靠在《易经》上的学者所持的观点非常相似。宋应星感觉到，对于去揭示真正的知识他责无旁贷，他不可以对社会关系、理念上的先入为主、政治性需求、对道德的人为评判等问题做出让步。正是在原则上的不妥协，他才将自己置于反对派的位置上；而那个时代的人们，出于焦虑已经将屈从当成常规。

从理论构成的角度看，宋应星与他那个时代“气”学家这个特殊群体格格不入，因为他尝试提供一个独一无二的、自足的体系，在“气”的基础上解释地球上所有的物与事件。历史学家李书增、孙玉杰、任金鉴在《中国明代哲学》一书中指出，宋应星在“气”与“虚”之间看到的不是因果关系，而是一种构成性关系，他认为“气”是生成“虚”的物质。[①] 不过，我认为这种观点将宋应星探究“气”的方式方法中的物质性看得太重了。实际上，宋应星认为“气”是处于持续转化过程中的世界当中的核心性基本原理。从这个角度看，“气”和“大虚”首要之举是缔造了潜在性，而不是物质存在。总而言之，宋应星的“气”理论是他理解物质世界的基础，是他选择《天工开物》中的题目及其阐释性内容的一个重要理由。对宋应

① 李书增、孙玉杰、任金鉴：《中国明代哲学》，第1441—1443页，郑州：河南人民出版社，2002。

星来说,技术上的程序展示出来的是:世界以及世界上的任何一物都立足于“气”的变化之上。

宋应星的知识修辞方式表明了一种以毫无退让为特征的个人主义。从他的政论文《野议》中我们可以看到,他不愿意加入任何哲学辩论。他将自己严格地限定于近乎纯描写,而不是对概念进行阐释。他的同代人也许将这种实用主义的方法以及由此导致的对哲学背景的忽略看成一种缺陷:在他们看来,这在哲学上和伦理学上缺少立论。从历史的角度看,宋应星的实用主义也许是他向一个文化发出挑战宣言的方式——这个文化只接受理论和伦理作为开启知识的钥匙。他确信这个文化已经产生出一些误导性的设想:关于天、人关系受道德倾向之影响,关于轮回变化或者关于命数,而且这个文化也在总体上将主宰世界的原则神秘化。在这一背景下,宋应星将道德理解为环境即风俗和习惯造成的结果。风俗与情势放在一起可以解释贫穷如何让一位农夫参加叛乱,或者一位沮丧的读书人为什么会行不道德之事。宋应星在这些问题上看到道德与“知”,即“通天道”能力的脱钩。要想将社会规整到符合道德的状态,“通天道”的知识能力正是必不可少的。出于这一理由,宋应星从总体上远离道德评判,将个体界定为天然聪慧或者天然愚蠢。读书人是那些通过观察均为“知识的对象”的自然过程、世俗活动和工艺工作来生成知识的人。匠人本身是无知的,因此在宋应星获取知识的方式方法中匠人也无关紧要。宋应星聚焦的要点是,匠艺工作是对普遍性原则的展演,所以他对匠人的社会角色根本不加考虑。宋应星将人分为两个群组——读书人和老百姓,他声称智慧和天赋只属于读书人。然而,对所有人而言,培训和经验都至为重要。在学者身上,培训可以帮助学者去深化自身的理解力;当宋应星在强调工艺训练的重要性时,他的主要关怀是去提高产品的数量和质量,并不将技艺看作是可以潜在地提高匠人社会地位的因素。从功能性和技艺的角度看,我认为宋应星之所以坚持需要技能培训,其目标在于在数量上和质量上提高相关的转化效率。

宋应星还进一步声称,因为天赋的存在总是潜在的,如果忽略培训、风俗失控，人就会被感情左右。至此，宋应星对这一时代混乱的因果阐释链得以闭合。他的同代人已经建立起风俗和习惯，在寻找道德而不是理性模式，因此他们大意地允许世界陷入颓败；他的同人在追求财富和名声，在被动地等待一个圣人般的人出现来平息这一时代的混乱，而不是通过揭示真正的求知线路，预防性地在社会构成和道德构成上进行改变。

贯穿全部的著作，宋应星都在向同人发出呼吁：不要去相信任何理念体系，而是要去相信那些精选出来的公元前 3 世纪以前的经典文献，以及那些在连贯性的“气”理解范围内可以通过归纳和推理而获得的知识。宋应星有意避开提到任何其他学者，比如张载，尽管他探究“气”的方式明显受到这位“气”思想家的影响。此外，宋应星还认为，任何基于文本的证据都应该在与俗世和常识的关联中进行严格的评判。他依据自己的原则记录各种事物的丰富细节，用词语和图像展示自己的论点。他的插图描绘了每个题目所涉及的技术性过程，有工作情景，也有详细的设备和工具示意图。如果在文化规范内对这些插图解码的话，就可以发现它们也向读者传递了重要的附加性论点。比如，出于要有说服力的考虑，织机图描绘的技术细节最为精确，因为它表征了有序安排的重要性以及达成秩序的困难性。宋应星也以规整而统一的方式将这些图像安排到文本当中。在所有篇目下，都有他对于生产过程简洁却精炼的看法，他列举了所需原材料以及对原材料的处理、每种工艺需要的工具、机械的细节和工作程序，直到最后的产品，还包括各地区的不同产品以及不同地区所特有的技艺。所有这一切都表明，真实和知识都存在于世俗世界有条不紊的程式当中，在等待真正的、有见识的学者，以具备有求知能力的心智来将它们揭示出来。

宋应星探求知识的方式方法是一种思想话语的一部分，这一话语强调在透彻研究问题时通过“见闻”所得、利用文本和实验以及个人观察作为资料所具有的重要性。从后世的角度来看，这种观察所见的真实可能深受宋应星“气”理论以及当时主宰学术讨论的话题所左右。但是，我们还是不难设想,宋应星将自己的方法视为获取知识的正确途径。宋应星和同时代很多“气”学家一样,对前人的文献持有正当的怀疑,尤其是他的学者同人那些所谓的发现,他抨击他们对关于工艺过程的内容写满了“乱注”和“妄想”。[①] 然而,他的态度不是教条主义式的。在《天工开物》关于焚炼石灰(“燔石”)、制作朱砂和烟墨(“丹青”)及珍珠、玉石(“珠玉”)的各章中,他都有选择地采用了李时珍的《本草纲目》中的内容。[②] 宋应星对有关哲学题目书面文献的不认可,比他的大多数同人都更为执拗。备受读书人尊崇的偶像朱熹,则被他认为是读死书而冥顽不化的样本,并指责他相信文献超过自己的常识。宋应星认为,朱熹的《资治通鉴纲目》

> 纲目纪六朝事有两日相承东行,与两月见西方,日夜出,高三丈。此或民听之滥,南北两朝秉笔者苦无主见耳。若果有之,则俟颖悟神明,他年再有造就而穷之。阅书君子,其毋以从何师授相诘难,则幸矣哉![③]

(《通鉴纲目》记载了六朝时期发生的一件事:两个太阳相伴自西向东运行,两个月亮出现在西边,太阳在夜间出现,三丈高。这可能是百姓的道听途说,南朝北朝的史官没有主见甄别而记录下来而已。如果真有这样的事,那么就等到我以后进一步有所造就时再去探究它。如果读者不诘问我从何处师承而来,那么我就感到十分幸运了!)

如果我们知道朱熹的《资治通鉴纲目》在明代历史学当中担当的重要角色,宋应星这一批评所涉及的范围就变得明确了。[④] 这些论点表明,宋应星深深地介入到他那个时代的话题当中。他看待知识是基于普遍性规则和条理性程式,这种做法不允许有不明确性,如两个太阳或者两个月亮。他呼吁读书人,对那些书商提供给学者的大量书籍和材料要做

---

① 《天工开物・丹青》,第 414 页。
② 见《天工开物》相应各章。
③ 《谈天・序》,第 99 页。
④ 仓修良:《朱熹资治通鉴纲目》,载于《安徽史学》,2007 年第 1 卷,第 18—24 页,此处第 19 页。

严格的评判。宋应星并非盲目地去遵循书面文献中的推测，他要求通过观察手头所有的事实来提供可靠的认证。比如，在《天工开物》的序言中，宋应星表达了他对基于文本的楚王在行船中发现奇异红花这一典故的不以为然。当楚王向周围的人询问这植物的名称时，没有人能够知道。于是，楚王派人前往孔子那里咨询。孔子回答说："此所谓萍实者也，可剖而食也，吉祥也，唯霸者为能获焉。"①

宋应星的这一代人当中，没有人看到过这种植物。事实上，没有人知道这种花是否真的存在过，但是还是有一干人在推测它在植物学上的特征，在对它的讨论中将伦理背景置入。宋应星对这种探讨不以为然，认为这种做法幼稚可笑，指责那些不放眼书本以外世界的人，对什么都会轻信。他指责某些学者同人，连眼前的桃花和李花都区分不开，居然还敢大胆地妄谈一种几千年前的植物；他非难那些连铁锅铸造都不懂的人，却敢妄谈古代祭器如何；或者某些画工，宁可喜欢画鬼魅，却不愿意去画日常的犬马（"釜之范鲜经，而侈谈莒鼎。画工好图鬼魅而恶犬马"②）。

宋应星批评同代人的学者文化脱离实际，赞赏那些致力于"博物"的学者，比如历史上与孔子同时代被称为"博物君子"的郑国子产，还有西晋的张华（232—300），他在自己的著作《博物志》当中分析了如打雷这样的自然现象以及如酿酒、制盐等题目。③ 宋应星在自己的著作中提及这些人物充分表明，他对物理世界的研究立足于中国思想传统对于自然现象和物质效能的复杂推测这一框架之内。这些关联也再一次清楚地表明，宋应星将自己视为读书人。他要强调的是，更高的知识才是他的目标，他在全部作品中都规避自己的知识与实际经验有所关联；而表明自

---

①《天工开物·序》，第2页，宋应星提到的典故见于《孔子家语·致思篇》；英文翻译版本见Kramers(1949:12).

②《天工开物·序》，第2页。

③［西晋］张华著：《〈博物志〉校证》，范宁校注，北京：中华书局，1984；英文翻译本见Greatrex(1949:50)以及该书第52—58页关于明代对张华著作的校对情况。

己知识与实际经验有关联的做法,在那些表达自己社会关怀的农书作者那里却是司空见惯的。正是出于这样的理由,他通过提及圣王来允许自己对砖瓦的釉彩以及硫黄的使用感兴趣,以此来突出知识的远古起源以及他对真理的诉求。

总而言之,宋应星例示了一个时代的特征:那个时代探求知识的方式方法不符合当下科学与技术探索的叙事。这一个案也表明,历史学家必须特别清醒地注意那些微妙的预设理念——这些理念会对思想家个人的观点以及总体上的思想发展,或者对那一时期的主要历史趋势发生影响。也许我们可以说,宋应星也是一个消费主义和商品化时代的产儿,但是他对此并不感到欢欣鼓舞,也没有产生将"物"视为纯物质对象的兴趣。当宋应星从明代历史这一后台中走出、进入到他的戏曲舞台上时我们就可以看到,要想将宋应星的著作放置到如卜正民(Timothy Brook)描绘的那个"消费世界"的日程当中,这并非易事。[①] 通过细究工艺,宋应星要提醒官员们记起自己的责任所在,那便是与普遍性原则和谐行动。就这一点而言,我们得将他和那些学者官员们清楚地区分开,后者将管理和记录技术与农业作为日常责任的一部分,或者将它们当作务实的"经世"和经济增长话题来进行热烈的讨论。他也不属于收藏鉴赏家以及新近致富者的行列,这些人沉浸在奢侈品的斑斓世界当中。宋应星的著作,也不同于那些供读者和消费者使用的鉴别手册,比如关于漆器、铜器或者瓷器,这些手册类书籍引导着学者穿越丰富的消费世界,号称能够帮助读者区分货品的好坏、好的复制品与赝品。宋应星鄙视只追求纸醉金迷,却不去追求普遍性知识的世界。在这样的思想背景下,宋应星认为商人是国家这一齿轮上的一个重要轮齿,但是他们应该知道自己的位置所在。宋应星是他那个时代中的一员,但是在关于那个时代的当下叙事中——17世纪的思想讨论被认为正在突破社会边界、对物质繁荣极度欣喜——宋应星却没有一席之地。

---

① Brook(1998:168-169).

我们也必须看到,宋应星所看重的内容也与现代读者大不相同。在对待匠人的态度上,这体现得尤为明显。尽管在他生活的明代,技艺与国家之关联的密切程度要超过任何前朝,他还是将匠人看得无关紧要。以前的研究者总是一而再、再而三地将《天工开物》这一书名阐释为一对概念:人之努力与自然,认为二者之间是结构性对立或者互补性对立。然而,在宋应星的原本舞台上,这种并置对他似乎根本不重要。没有任何迹象表明,存在一个由人的能力形成的或者由人的技艺知识打建的世界。这一书名正是宋应星对那些有德的领导者发出的信息:读书人应该履行自己的责任。实行"天工"意味着找出规制为何,并在与普遍性原则相合下治理国家。在宋应星的眼里,技艺和技术知识构成了宇宙观原则与人之行动之间的一个交叉界面。人们之所以应该去观察竖立油榨,或者将布料染成黄色或者青色时所需的多种成分,也正是出于这样的理由,而并非因为这些工艺细节本身有多么重要。宋应星从这一视角出发,将匠艺和技术包括进前现代中国书面文献及其意义当中。无论宋应星是否为中国思想家的代表,也无论在更全球性的视野中他是否特殊,一个不容置疑的事实是,他是那个时代和文化当中的一员。只有在考虑进这一背景之后,我们才能理解在他关于技术活动和科学思考的著作中提供的信息,以及宋应星的著作在科学和技术知识生成中所担当的角色。

最后我还要加上一点,本书不应该被误解为作者对《天工开物》中的技术内容有所质疑。当我将灯光照在戏台上的宋应星身上时,没有发现他那读书人的青衫上沾有任何泥土痕迹,也没有看到他将长袖卷起来准备干活儿的架势。可以肯定的是,他是一位精细观察自身周围环境的人,一位深思熟虑的学者。宋应星不符合我们当下设想中一位热衷于技艺和实用物品的人,他不是一位工程师,他并不以现代思想所认为应该如此的方式去探究技术、人的技能、工艺、自然和文化。这些都是事实,但是这些不是缺陷,而恰好是他最了不起的价值所在。宋应星的著作有幸流传到我们手中,这给我们提供了一个非同寻常的机会来研究其中蕴含的某些思想和阐释模式,它们曾经在若干世纪里被一个文化用来有成效、有效率地生成关于自然现象和物质效用的知识。在我对宋应星的研究中,这一因素占据的重要性要超出另外一些问题,比如宋应星的知识可靠程度、宋应星的著作对技术史的资料价值等。这也让我们看到,如果要想评判前现代中国科学与技术观的实际维度以及那个曾经为诸多科学和技术领域带来重要成果的知识生成传统,我们现在所采用的分类范畴和准绳并非恰当的工具。以理解他们的思维模式为路径,这有助于我们将他们关于自然的理念与我们自身的连在一起。也许更为重要的是我们能从中窥见一幅图景:知识与实践、知与行、技术与科学对一个在特定的地方,身处特定文化当中的特定之人,有着怎样的意味。这让我们从中看到,有大量历史上的个人有待于被放置在他们的时代和文化中得到关注。正是经由这些个人的理想和文化标尺,科学和技术知识向我们展示出其自身的历史;甚至我们还可以从中有更多的收益,即经由它们(科学和技术的知识)来理解历史。

余响篇　枯荣身后事

丐大业文人，弃掷案头，此书于功名进取，毫不相关也。

——《天工开物·序》

在明代，使用竹子当作造纸原料时，被劈开的竹子至少要在水里浸泡上一百天（见前图4-5）。竹瓤被剥出来，粗糙的外壳被剥下。纸浆要与石灰掺和在一起，历经煮、洗、以柴灰搅拌等程序。制作高档纸还需要加入漂白的化学成分，将纸浆漂白之后才能抄成纸张。抄纸的动作，在《天工开物》中宋应星做了这样的描写："两手持簾入水，荡起竹麻入于簾内。"[①]"入于簾内"的纸浆会被均匀摊平，对那种厚度均匀、纸表平滑的纸张，宋应星赞美有加。也许，他也曾经期望能用江山县——离他的家乡江西奉新并不远——的"茧纸"来印刷自己的大作；也许他也希望，印制自己大作使用的墨料会是松烟墨中的上品。关于松烟墨的制作，他在《天工开物·丹青》中有精细的描写，在靠尾的两节竹筒中刮取的是清烟，那才是最佳的墨料。然而，流传到我们手中的《天工开物》初刻本使用的却是普通竹纸，所用的墨也是松烟墨中的低端产品，廉价而带着光泽。宋应星会很在乎这些吗？在他的自序当中，这些似乎都显得无关紧

---

①《天工开物·杀青》，第326页。

要。实际上,他的著作能够得以付梓,这已经让他感到非常高兴了。从他的生平中我们可以看到,这种愉悦当中还不免带有仕途挫折带来的失望之阴影。他曾经讽刺自己的读书人同人,一方面根本不了解日常炊具是如何打造出来的,另一方面却去空谈年代久远、谁也未曾见到过的祭祀礼器("釜之范鲜经,而侈谈莒鼎")。在表述这一观点时,他采用的语调是尖刻而辛辣的。[①] 的确,他看到那些无知狂妄、自以为是的官员让原本治理有序的国家陷入混乱当中[②],而此时他却能有如此的机缘和好运,在朋友涂绍煃的帮助下刊印自己的著作,"其亦夙缘之所召哉!"[③]

这一章要讨论的是那些我会称之为"余音绕梁"的问题,即世人对宋应星著作的接受情况,或者更准确的说法是,后世对他的忽略。此外,这里也讨论他的著作版本流传情况,从初刻本开始到今天的各种版本。在研究他的著作流传过程时,我尤其特别关注的问题是:知识的本质内容如何被纳入到时代的需求当中,哪些因素影响了这一过程。作品中保留了创作当时的价值观,然而在作品的流传过程当中,已经写就的作品屈从于认识论时尚以及相关者个人的理念。正如一座古代桥梁,其修建之时的功用在于将河流的两岸连接起来;书面著作也和古代桥梁一样,作为一个稳定的建构在技术层面上和社会层面上将不同时代——作者的时代与读者的时代——的知识与首要关怀连在一起。然而,一个无法忽略的事实是:书和桥都是在被使用中才能存留下来,而这种使用从来都不会有完全不偏不倚的中立性。一座桥是被使用还是被放弃,取决于河流的流向是否有所改变,或者商路是否一如既往;一本书能在何时派上用场,也取决于当时的需求和理念。在某些时候,一本书只能处于边缘地位,而在另外一些时候则可能成为主流。我们还可以进一步引申这个比喻:如果一座桥已经彻底没了原初的功能,那么造桥的石头也许会被用来修建一座寺庙,或者桥身会被融入街道当中,或者桥拱变成了某个

---

①《天工开物·序》,第2页。
②《野议·士气议》,第12页。
③《天工开物·序》,第4页。

店面的门廊。一部著作的建筑部件是它的信息，如果将这些信息从原来的组建中剥离开，它们也可以被用于新的目的。我考察知识传承的角度是：从考察宋应星的著作在他的学者同人中的接受情况入手，同时也考察文人、读书人获得襄助所具有的重要意义。在随后的篇幅中，我也会考察 17 世纪末期的标志性问题：对明王朝的忠心以及在学术上对清王朝日益增加的抵抗。在这一章的最后一部分，我会对《天工开物》这本书在宋应星身后几个世纪当中的流传版本加以检视，并提供一份概览。

友谊：襄助学术活动

> 吾友涂伯聚先生，诚意动天，心灵格物，凡古今一言之嘉，寸长可取，必勤勤恳恳而契合焉。
>
> ——《天工开物·序》

用于印刷书籍的纸张，通常都是搭在双层砖墙上晾干。两墙之间会生火让墙体变热，达到烘干纸张的效果。宋应星曾经提到，纸张在北方经常被重复使用多次，这被称为“还魂纸”。在宋应星生活的南方，造纸人能很容易获取丰富的造纸原料：竹子和各种植物纤维。大量的纸被送往刻制印刷书籍的书坊。在这些书坊里，刻工们整天都在弯背弓腰埋头工作。他们以精湛的手艺将官文、学术著作或者诗文刻写在软松木或者硬枣木制成的书版上。书版的质量价格不一，这当然取决于顾客支付能力如何。宋应星在《天工开物》里描写了纸和墨的生产，因为制作纸和墨的过程涉及物质的转化，彰显了普遍性规则。正是出于这样的看问题角度，他在自己的书（《天工开物》）里忽略了书籍印刷，因为这种技艺与转化过程无涉。不过，也许他曾经作为一位顾客而兴趣盎然地关注过印刷过程，坚持要让成手匠人的技艺来将书版上的线条、图画和文字再现于纸上，他要在自己支付能力许可范围内，尽量让书制作得精美。

宋应星这一代人已经非常关注在过去几十年内日益增强的图书市场商业化，这显示了在 17 世纪中国消费者态度与生产方式改变之间的密切关系。有私人出书的机会、能够传播自己的思想——可能是出于学术的、政治的、商业上的理由,这也使得人们对学术合作有了新态度。学者们重新考虑师承关系的重要性,他们改变了学术合作习惯或者调整了学术襄助或者举荐活动的方式。在17世纪的中国,对学者的襄助可以是经济上的,也可以是学术上的。有地位的名人或者给他们的襄助对象出资,或者以自己的名声来保证受助人的著作得以出版,并以此来让作者声誉日隆。名人也可能通过写推荐语或者写序来举荐一篇文章或者一本书。在另外一些情况下,作者会干脆提及襄助者的名字,就像宋应星在《天工开物》的序言中所做的那样。

与欧洲的文化襄助一样,在17世纪的中国文化中,对学者的支持也有多重的功能。比如,绅士以及告老还乡的官员会委托文人创作剧本,以便来促进他们所推崇的社会理想和道德水准。在这些情形下谁是剧本作者并不重要,他们置身于幕后,而襄助者却会增加很多道德上的声望。[①] 总体而言,我们可以这样说:这个时代的文人官员通过在被认可的框架内襄助学术著作,来鼓励自己感兴趣的学术领域或者提升自己的社会地位。襄助行为也被用来加强政治纽带,打造思想理念上的关联。这些人有着作为政治、社会、学术领导者的复杂角色,他们把支持学术著作当作一个复杂文化过程的一部分来构建、定义和维护各种关系。给别人的著作写序或者允许别人提到自己的名字,是在复杂社会中让理念和文字作品获得可信性的一种手段,这是在建造政治的、学术的、社会网络时多重层面当中的一个。襄助人也在其他方面帮助自己的襄助对象,尤其是在安排任职或者给定学术责任时。他们会写举荐信,以便让自己的襄助对象获得更好的职位。但是在一点上,中国学者与欧洲同行形成反差:欧洲学者将学术襄助当作招募、选拔后代学者的合法手段,而明代的中国学者则要小心地避免公开将学术襄助与职位任命关联在一起。将

① Jang(1997:21).

这些问题混淆在一起，在他们看来那是腐败的标志。[①]

学术襄助在中国相当普遍，其总体上的目标在于去定义或者打造一个独立的话语框架，可堪成为官方认可的话语框架的补充或者对位。对“笔记”的襄助，表明了学者间的相互关心；资助野史、谱录或者同人从新角度校订经典著作，文人们可以展示他们在批评上的敏锐，可以加强他们的学术声望；推崇日用类书、读本和农书，富裕的名门望族可以借此展示他们的人道情怀。学术地位卑微的作者寻求获得著名哲学家或者公认专家的举荐，以此来赋予自己的著作以信誉、去增加它们的发行和流通、来抵挡攻击——如果他们的观点和理念表达得太过自由了的话。因此，学术襄助会影响到一位作者及其作品的声望，也顺理成章地会影响到它们的流通和传播。襄助行为建造和定型权力结构以及在学科共同体内人们对知识的接受情况。

宋应星有两位多年好友——涂绍煃和陈宏绪。在他大部分学术生涯中，这两位好友对他的学术活动都给予支持。这些朋友如何看待宋应星的著作？在同代人如何接受宋应星的著作这一问题上，他们的友谊有哪些影响？陈宏绪是一位藏书家，也是大明王朝的尽忠者，他在自己的作品中提到过宋应星的著作，也将宋应星的著作收到自己的书籍目录当中。不过，在这样做时他还是相当有选择性的，在他编辑的书籍目录中，他没有收进宋应星编辑的关于技艺的作品。涂绍煃出身名门世家，他曾经资助了《画音归正》(已失传)和《天工开物》的出版，这是宋应星在《天工开物》的序言中提到的。[②] 无论就经济实力还是社会地位而言，这两位朋友的家境都要比宋应星好很多。因此，他们对宋应星的帮助应当不仅限于物质方面，通过他们相对高的社会和政治地位，他们对宋应星的帮助也体现在非物质性层面上。除了生平友谊，这三位男人的共同兴趣也让他们走到一起。他们三人都热衷于军事、教育和实际事务等，这些都

① Eisenstad & Roniger(1984:173 - 184).

②《天工开物·序》，第3—4页。

是动乱时代的当务之急。但是,涂绍煃和陈宏绪对《天工开物》的出版反应如何,后代历史学家对此却找不到任何可以追踪的线索。

像涂绍煃这样的中上层官员,经常会从周围人当中选择自己的襄助对象。有时候,襄助者与受益人的社会位置相差无几,但是,在更多情况下,受益者的社会地位会低一些。襄助人与受益者往往已经是多年好友;但是,偶尔也会出现这样的情况:在襄助的过程当中,他们成了好朋友或者建立起正式的关系。宋应星与涂绍煃的相识,始于他们在一起读书参加乡试之时。他们曾经一起去白鹿书院访学,在那里准备赴京参加会试(参见第一章)。在他们的整个交往期间,涂绍煃的社会地位一直高于宋应星。他的父亲涂杰(1571年的进士)是一位颇有影响、官阶很高的朝廷御史(从一品)。涂绍煃身为长子继承家产,在仕途生涯上也步其父之后尘,在他于1645年去世以前,担任过几任州府级的御史(四品或者三品)。他和晚明时期的许多高官一样,花费很多精力来研究军事策略问题。此外,他职务范围内的责任还包括教育、开矿和铸币。所有文献资料对涂绍煃的描述,都表明他对大明王朝忠心耿耿,力图用各种各样的办法来拯救大明王朝。①

涂绍煃襄助宋应星的文献学、音韵学研究,似乎有一个明确的目的。在1623到1632年期间,他担任四川提督学政,从而对公共教育体系感兴趣。从年表上我们可以看出来,当宋应星被聘任为分宜县学教谕时,涂绍煃鼓励他去编写教学用书,这将他们二人的个人兴趣和职务责任结合到一起。这本书存留下来的,只有《画音归正》这个书名。我们可以从中看到,这本书涉及的是经典教育当中的一个重要领域。大概这本书是写给那些在宋应星任职的县学里读书的学生们,做他们的备考教材。

---

① 涂绍煃的完整传记见于[清]杨周宪、[清]赵曰冕编撰的《新建县志》,卷25,第34页,台北:成文出版社,1989(1680);在《明史》(第20册,卷233,第6083页)中他父亲的列传中也提到他的名字;涂绍煃的学生/相熟者熊文举曾经为他导师赋诗,在《雪堂先生文选》(江西省图书馆馆藏,1655)中刊印,卷15,第1—4a页,熊文举也是一位南昌的名人,赞赏涂绍煃的社会关怀,见白潢、查慎行编撰的《西江志》,卷70,第5a—b页,台北:成文出版社,1989(1720)。

年表中所记载的事件也表明，宋应星的第一个项目是有着精心的准备的。涂绍煃会对宋应星的研究予以财力方面的支持，这都是在两位朋友的意料之中之事。自1634年以后，宋应星放弃参加进士考试的念想，他似乎将自己的大量时间和涂绍煃的钱财投入到对《画音归正》的编纂和研究上。这部作品得以刊行是在1637年，当时宋应星还在担任教谕的职位，而此时的涂绍煃离开教育领域，被提升到一个军事防卫官职（“兵备道”）已经有五年之久了。

宋应星在《天工开物》的序中指出，涂绍煃对该书在财力方面的支持是对他们第一个共同项目的扩展，提到“昨岁《画音归正》，由先生而授梓；兹有后命，复取此卷而继起为之”[①]。由于《画音归正》已经失传，历史学家也往往将它忽略，以为《天工开物》对宋应星和涂绍煃两人都更为重要。也许，对于宋应星来说是如此，但是对于涂绍煃来说却未必。不过，我们可以假定涂绍煃知道宋应星一贯以来对工艺技术感兴趣，因为宋应星不可能在几个月之内搜集到编写《天工开物》所需要的材料。[②]

涂绍煃对宋应星的资助历史之所以至关重要，是因为它能够表明，涂绍煃最初所支持的，是一部关于常规学术题目的传统学术著作。宋应星在《天工开物·序》中谦卑地提到，他的朋友涂绍煃感兴趣于“格物”。正如我在第二章中提到的那样，这一源于《大学》的词汇“格物”标志着，一位学者关注在音韵、语文学的研究之外更有实用取向的知识探索形式。宋应星提到涂绍煃的句子（“吾友涂伯聚先生，诚意动天，心灵格物，凡古今一言之嘉，寸长可取，必勤勤恳恳而契合焉”）表明，他对探究事物感兴趣。我们可以从中看到，涂绍煃承认对实用的“经国之道”进行严肃而勤勉的探索有其重要性，认为在考证传统里的博学研究无法达到这一目的。因此，可以说，涂绍煃对实用问题感兴趣，在思想上与理念上他将自身定位于属于更被认可的传统，即“道学”的“格物穷理”范式，这与宋

① 《天工开物·序》，第3页。
② 潘吉星：《宋应星评传》，第249—250页。

应星大不相同。艾尔曼(Benjamin Elman)认为,在晚明时期"格物"已经成为沉浸在经典与历史当中的文人开启知识大门的钥匙。① 考虑到宋应星采用的书名与《易经》相关,从来没有采用过那些"格物"学者所乐于使用的语言,也许他所指的是,这两位朋友在探究"物"与"事"的方式上所存在的思想差异,应该是基于理念方面的差异。宋应星倾向于对"气"进行更多的研究,代表了可以被归类为"外围与反对者"这一群组成员的主要特点,这与严肃而勤勉的高官涂绍煃大不相同,后者的仕途生涯完全符合当时保守派的理想。不管是出于什么样的原因,涂绍煃没有将他慷慨的支持扩展到宋应星后来的著作当中。简而言之,他的财力支持是有选择性的。

涂绍煃的生平表明,他任职四川加深了他对实用事务和技术的兴趣,尤其是在开矿和铸币方面。基于当时政治上的情势,涂绍煃也对军事技术感兴趣。涂绍煃在这些领域里的第一手经验,也许为宋应星在《天工开物》中对开矿、武器制造、燔石有所帮助,也许宋应星与涂绍煃分享了自己搜集来的相关材料。② 然而,尽管涂绍煃是《天工开物》一书的金主,他也对类似开矿这样的题目感兴趣,他却从来没有对这位朋友的搜集记录之功表示认可。没有任何历史资料表明,在宋应星的作品刊行之后这两位朋友之间还有任何来往。也许,涂绍煃曾经很乐于襄助宋应星的文献学、音韵学研究,但是对于他的赞助带来的第二个成果即《天工开物》他并不感到特别兴奋。

宋应星有生之年遇到的另外一位重要支持者是陈宏绪(1597—1665),他对宋应星的支持更多体现在学术和思想上,而不是经济上。陈宏绪的文选《陈士业先生集》(刊行于1687年)可以表明,二人是一生的朋友,即便在《天工开物》刊刻以后他还是和宋应星保持交往,这与涂绍煃有所不同。③ 陈宏绪是一位藏书家,他对应用性知识感兴趣,在武器方

① Elman(2007:132).

② 宋应星对矿业的知识如何,请参见 Wagner(1993);Golas(1999).

③ [明]陈宏绪:《陈士业先生集》,新竹:新竹清华大学缩微胶片,1687。

面有些个人经验。他从父亲陈道亨（？—1628）手中继承下来巨大的藏书，到1637年时藏书量已经扩展到八万卷（这一时期的藏书家们计算自己的藏书时不以书的册数计算，而是以卷数来计算）。他投入大量的时间为这些珍贵的藏书编写目录。我们今天所知道的是，在他的藏书中包括了绝大多数重要的经典性和正统性的文献，同时也有一些关于灌溉、水利、植物学的著作，以及一些颇为罕见的著作，如利玛窦（1552—1610）和庞迪我（Diego de Pantoja，1571—1618）编写的西方著作翻译本。[①] 宋应星在《谈天》中提到，西人相信地是球形的；在《天工开物》中，他描写了欧洲火枪的构造。[②] 他对于西方文化和科学所知有限的信息，可能就是从这里的藏书中获取的。

陈宏绪的藏书能给宋应星提供的应该不止于书本上的知识。陈宏绪是中国为数不多的、愿意将自己的私人藏书对同人开放的藏书家，用书来吸引哲人聚会。当时有名的学者、诗人以及官员如徐世溥（1607—1657）、施润章（1618—1683）、史可法（1601—1645）等人都非常乐于接受陈宏绪的邀请。[③] 这些人都经常性地拜访陈宏绪，使用他那非同寻常的藏书。相比于有些藏书家对外人完全拒绝而言，陈宏绪算是非常好客的了。[④] 陈宏绪在自己的文字当中提到，方以智（1611—1671）——一位重要的科学问题的作者——曾经希望来拜访他。[⑤] 方以智的拜访是否成行，我们不得而知；但是，无论成行与否，我们都看不到宋应星和这些人有关联，尽管他和陈宏绪经常来往。或者他不愿意利用这位朋友的"沙龙"来让自己为人所知，并与同时代人一起来讨论自己的思想理念；或者，这些人不为他的想法所动，因而干脆将他忽略了。

---

① [明]陈宏绪：《酉阳山房藏书纪》（新竹：新竹清华大学缩微胶片，1622）；1637年陈宏绪刊刻了另外一本六卷的《续书目集》，当1645年陈宏绪在满洲入侵之际逃亡时，他的藏书被淹。

② 《谈天·日说一》，第103页；《日说三》，第105页。《天工开物·佳兵》，第400—404页。

③ [明]陈宏绪：《陈士业先生集》，第3b、14a、23b章，第9、18a章；关于陈宏绪的来访者情况，参见潘吉星《宋应星评传》，第216—219页。

④ 大多数藏书家会非常小心地限制外人看书，以免书籍被偷，请参见McDermott(2006:138).

⑤ [明]陈宏绪：《陈士业先生集》，第1章，第6页；第6章，第104页。

对藏书家来说,目录是系统化的书籍概观,被用来向同人展示自己的所有。对各种珍稀藏本的拥有,会增加学者的声誉,因而藏书家往往会将珍品藏本仔细列到藏书目录上。此外,藏书家也未必一定要在目录当中包含全部书目,而是只包括那些对他们的社会名望和学术名望产生正面效应的书籍。[①] 陈宏绪没有将《天工开物》编入他的藏书目录,这件事本身没有什么值得奇怪的。不过,令人感到困惑的是,他对宋应星的其他两部作品予以认可,甚至做了评议。这两本已经失传了的作品本质上是文选和历史研究,也许根本就未曾刊印出来,当时也只是以手稿的方式被流传。其中的第一本名为《原耗》(大约在1638年),讨论了诸如麻的生产、做鞋、经济、管理组织等题目;第二本书是《春秋戎狄解》(编写于1647年),是一本对北方部落的民族志研究。

陈宏绪对宋应星的民族志著作感到特别兴奋,也许这是基于他的政治倾向以及对大明王朝的忠心。在标为写于1644年的评议中,陈宏绪从中看到反清的材料,盛赞宋应星对于山戎、白狄、肃慎以及早期女真人的风俗和族源所做的精细研究。[②] 莫非陈宏绪编目的书籍,只关乎他自己感兴趣的题目,而《天工开物》中探讨的题目不在他的兴趣范围之内?如果真是这样的话,为什么他的目录当中列出了关于武器、农作以及军事策略的著作,而《天工开物》也都讨论了这些题目?显而易见,陈宏绪将宋应星的《天工开物》归入到另外一个类别当中。陈宏绪的笔记类著作中有两篇,名为《水利议》和《盐法议》,二者都与宋应星著作中的某些内容相似。灌溉这一话题出现在《天工开物》当中,而《野议》中有一篇,名为《盐政议》。在内容上,有些地方的确是相同的,尽管陈宏绪从来没有提到以宋应星的作品为参考资料。[③] 朋友之间的这种抄袭也司空见惯。更为有意思的一个事实是,陈宏绪之所以没有将《天工开物》编入到目录当中意味着,这部作品对于宋应星作为一位作者和学者的名声不会

① McDermott(2006:155-162).

② [明]陈宏绪:《陈士业先生集》,第4章,第16—17页;第2章,第35—36页。

③ 陈宏绪:《寒夜录》,台北:艺文印书馆,1965—1970(1637,刊刻于1650—1680)。

有什么重大的贡献,而陈宏绪也不认为,在目录中加入宋应星这部关于工艺技术的著作会增加他作为藏书家的美誉。

如果以涂绍煃和陈宏绪作为那个时代的代表,我们就可以说,当时的学者们对《天工开物》是不屑一顾的。涂、陈二人的情况也显示,他们对《天工开物》的不认可,并非由于对里面探讨的题目不感兴趣。陈宏绪搜集关于技术话题的各种文献,涂绍煃非常热衷于改进开矿技术。涂、陈二位对《天工开物》这本书及其内容有所知,这种可能性非常高。陈宏绪拒绝对该书予以评议,涂绍煃对该书的无视,只能被解释为是有意为之的做法。如果我们可以认为陈、涂二位的反应在当时有代表性的话,那么我们只好得出这样的结论:宋应星的同代人很小心地无视他的著作。

的确,我们很难断定有多少同代人知道宋应星的著作。宋应星的研究者潘吉星勾画的宋家熟人和关系密切的朋友当中,没有任何一个人曾经提到过《天工开物》。他们当中的一些人,比如刘同升(1587—1645)和诗人徐世溥(1608—1657)知道宋应星是宋应升的弟弟,在他们的生活时代,后者显然更有名。① 在1640年,当刘同升再次与宋应星得遇之后,曾经赋诗一首,此时距他们当初一起备考乡试已经过去了三十多年。他提到,宋应星曾经请他帮助自己调离汀州的任命。② 在这些提到宋应星的人当中,没有一个人承认他是一位著作者,尽管他们的学术兴趣有很多交叉之处。据我们所知,也没有哪位有名的藏书家在自己的藏书目录中收进宋应星的著作,哪怕是那些出于搜奇猎异的乐趣,尽管在17、18世纪中国的知识文化中致力于类似题目的学者多如过江之鲫。同代人对宋应星作品的这种反应,与他的社会政治地位、他的政治观点、他的著作的可获取性连在一起,这是下面三节里要讨论的问题。

---

① 徐世溥:《榆墩集》,江西省图书馆馆藏,书号3455/23,1691。

② [明]刘同升:《锦鳞诗集》,第5卷,第13章,第13页,南昌:1937;《明史》,第19册,卷216,第5710页。

定位:外围者与反对派

> 大凡天地生物,光明者昏浊之反,滋润者枯涩之仇,贵在此则贱在彼矣。
>
> ——《天工开物·珠玉》

宋应星生活在内陆之地,以他有限的财力,并不能经常旅行到海边去看到潜水者如何寻找隐藏在黑色贝壳后面的珍宝。随着明代社会对奢侈品需求的日益增多,珠贝产地往往遭遇过分开采,潜水采珠变得危险日增。在宋应星生活的时代,潜水者携带透气管和面具下水越来越深。在《天工开物》一书中,宋应星以图和文描绘了这一活动,强调找到这一罕见的自然之宝要历经的困难。宋应星没有提到,他们潜水所得的收获低得让人绝望。即便他们运气不错,能够找到光泽滋润、形状完美、符合宫廷要求的珍珠,也不得不将自己所得交给地方官府或者宫廷,并不能得到足够的补偿。大多数采珠者依靠将小珍珠卖到内地市场上,他们从中所得的收入比供应宫廷还要多一些。他们也把那些不完美的珍珠加工成珍珠粉,用于医药和美容的目的。采珠者在不见阳光的海底寻找宝物,他们的生存处境也同样处于昏暗浑浊的边缘。① 宋应星的生存处境,与采珠人有可比之处:他也生活在当时被认可的生活水准之下,过着一位教师的清苦生活。宋应星给自己的政论文章题名为《野议》表明,他认为自己的文章表达的是一位体制外之人对历史的看法,是来自"在野"的观点。② 宋应星是许多遭受不公平待遇之人当中的一个。他的这种身份,对于人们如何接受他的观点和理念,会有怎样的影响?

"在野"一词,最初所指的是那些不具有宫廷职位却编辑历史资料的人,或者那些着力于在文章中表达私人观点的人。17世纪让明代得到震

---

① Donkin(1998:165-168).

②《野议》,第3页。

撼的“党争”，给这一词汇又增加了额外的意义。“东林党”给予“在野”这一词汇以很强的道德意味，将“在野”当成与腐败的举荐行为和结党营私战斗的一部分。在这种话语下，以“在野”自居便是对自身责任的表达：保持正直和警醒，一旦意识到在某个官职上道德上衰败，那么就义无反顾地从仕途上退出来。[①] 当宋应星完成自己的出版活动之时，关于体制内（“在朝”）与体制外（“在野”）的讨论，正是学术忠诚这一话题的核心。学者们首当其冲面对的问题是：他们的尽忠对象是什么，是国家、是明代皇帝、还是道德理想？宋应星做出了自己的选择。他对社会体系的本质存有信心，想成为其中的一部分。他指责那些出于道德上的理由而离开重要的职位的人，因为这让“小人”得以代替他们，而这些人会“靡之不去”（“气之盛也，松菊在念，即郎衔数载，慨然挂冠者，有人焉；其衰也，即崇阶已及，耄期已届，军兴烦苦，指摘交加，尚且靡之不去，而直待贬章之下矣”[②]）。

他的同人们也许能理解宋应星的愤怒，但是感觉他自视太高了。宋应星算是个什么角色啊？他曾经接受了一个县学里低等的学谕职位，仕途上的这一步意味着社会上和职业上的穷途末路。马泰来（Ma Tai-loi）在他对明代教育体系的研究中指出，尽管明太祖提升了教育组织，教师的地位仍然是“不会让人嫉妒的”。只有最没有前途的人才会接受这一职位提供的低官职和低微薪水。马泰来的研究也表明，教师甚至无法得到公众的尊重。他们没有职业自豪感，经常对行政上的或者走过场的事情敷衍了事，无所事事消磨时间。他们当中不少人甚至不得不索要礼物或者违规收费，以便维持生计。其后果是，自 16 世纪中叶以来，上层官员就一直想要取消这些教谕职位。这种呼声在明思宗崇祯年间（1628—1644）更为集中，而这恰好是宋应星担任教谕期间。[③] 宋应星虽然认识到

① 葛荃：《立命与忠诚：士人政治精神的典型分析》，第二章，第 34—72 页，关于“野”的含义，见第 7—9 页，台北：星定石文化，2002。

②《野议・士气议》，第 12 页。

③ Ma(1975:13).

这个教育体系的弊端,但是他反对这样的政策。他的意见,显然是出于个人的动机。如果这个动议得以实行的话,他自己就会成为一个牺牲品。他的主张正好相反:县学教师的地位应该有更大的提升,因为只有地方学校才能发现天才,并能保证给他们提供必要的培训。① 从历史的角度看,这几乎都是"堂吉诃德式"的空想。国家在提供高等教育方面的缺失,从私人学校和书院的数量及其重要性日益增加这一点上,就可见一斑。宋应星本人也在这样的机构里受过培训。在17世纪初,当这些私人书院和学校声誉日隆之后,公立县学变得破落,不过成了摆设而已。在官府的公学里担任教师意味着没有荣誉、没有特权、没有财富。宋应星意识到,他的同人会把他接受一个教谕职位看作他为获得一个官职所做的最后的、最绝望的努力。

在那些获得了有名望职位的成功学者眼中,宋应星只是众多被抛出体制之外的落魄学者当中的一员而已。和他有同样处境的人,也有着和他一样的绝望。然而,他们会将《野议》当成一位不现实的梦想者所做的伤感反应。许多和宋应星有着同样命运的人,都以服务于国家为天职,而那些只得到了最低官职任命的人,往往会感觉受到了明显的侮辱,因为在实际上他们不得不去祈求一个官职,甚至还得为此花费钱财。从《野议》中可以看出来,宋应星非常愤怒。他意识到自己是一个体制外之人,与那些权力在握的官员们不可同日而语,永远也不会有人来询问他的意见如何。带着这样的想法,他指出《天工开物》的写作完成于"家食之问堂"②。这一说法来自于《易经》中的一段话,原本用来说服一个有道德的人来弘扬正直和美德,不要留在家里,要接受官职,"不家食吉,养贤也"③。宋应星的这一用典表明,他已经意识到自己的地位,知道自己没有被给予一个可以"在外面吃饭"的机会。与此同时,他也借此表明对一些人的谴责:这些人尽管有机会重整世界的秩序,但是他们让自己与世

①《野议·学政议》,第31—34页。
②《天工开物·序》,第4页。
③《易经·大畜》,第25—26页。

界隔绝，以此来作为自身道德高尚的表达方式。宋应星的纠结在于，他实际上所处的位置是一个“体制外”的人，然而就道德水平而言，他有资格获得“体制内”的一个位置。

包弼德(Peter K. Bol)认为，从南宋以降地方政府为学者提供了一个正当的领域，让学者可以在那里采取积极的行动。[1] 对宋应星来说，地方的舞台太无足轻重了，无法实现他那抱负远大的目标，这不值得他去花费心思。在那个危机四起的时代，那些在地方上安顿下来的学者一直都在忙于各种繁冗的管理工作。然而，在明朝末年，有大量学者拒绝服务于国家，甚至在地方上也是如此。他们可以说，自己这样做是为了表达道德上的高洁，但是他们更多地表达了俗世上个人的失望。他们将一些个人的考虑藏在自我道德辩护之下。在那些有影响的学者和政治家眼里，像宋应星这样社会地位低、政治影响无足轻重、学术影响聊胜于无的学者，无非是“光明之反”的“浑浊”而已，是整个体系中的沉渣，终将会被历史的洪水和浪潮冲刷掉。因此，宋应星的自我身份认同以及同人们对他的定位，都不利于其著作得到认可。实际上，那些置身于“光明”群体之中、忽略宋应星著作的人物，不光是那些在中国17世纪初位于社会和政治权力核心中的人物，也包括那些代表了道德理想并为之战斗的人——那些在改朝换代之际效忠明朝的人。宋应星也不属于他们当中的一员。

尽忠：道德责任

> 天生五谷以育民，美在其中，有黄裳之意焉。
>
> ——《天工开物·粹精》

在中国帝王定期举行的祭天祭祖仪式当中，酒醴是必不可少的祭品。皇帝洒酒在地上或者在酒器里，这一动作向世人表明他与“天”之间

[1] Bol(1992:301).

存在关联,因而他有统治帝国的权力。中国的酒是用稻米或者其他谷物并加上麦芽和酵母酿造出来的,从技术上而言,众所周知的"米酒"实际上是啤酒。正如宋应星在《天工开物》当中提到的那样,酒在人的生活中不可或缺,尽管耽于酒乐也会引发一些社会问题。中国古代的经典如《周礼》当中也提及,上古时代的圣王曾经将酒用于医疗的目的。宋应星强调说,祖先们亲自造酒,认可其根本性的目的。在宋应星看来,那些主张禁酒的学者同人们忽略了圣王的做法,只考虑到酒是一种娱乐手段。① 他在《天工开物》里提到不同的酵母和发酵手段,指出合适的工具非常重要,不同季节会有不同的酒类品种产出;他列出酿酒所需的原料成分以及用来改变口味的不同香草,认为"丹曲"的制作是一项了不起的发明,并提供了一份详细的制作方法说明。在宋应星的时代,他并非认识到酒对国家和社会有所裨益的第一人。实际上,明代开国皇帝朱元璋的做法就已经向人们表明,酒可以被有效地用于社会目的。朱元璋有意识地强化饮酒仪式,视饮酒仪式为增强其追随者和仆人团队感的一种手段。二百年以后,王阳明追随朱元璋的做法,将饮酒作为同人共同体当中的奖惩手段。不敬者要自罚多喝,以示惩戒;有嘉行懿德者,其作为会通过饮酒仪式而受到尊崇。② 在高层学者圈里饮酒过度也许不受待见,而高层官员和商人却经常共饮拼酒,乐此不疲。他们知道,酒杯在手建立起来的纽带关系要比没有酒杯的关系更为坚固牢靠,酒能够激发起来的忠诚感,往往是借助于词语难以达到的。

当大明王朝在统一中国将近三百年之后,晚明时期的社会秩序和政治权力开始出现日渐分崩离析的趋势。此时,"忠"成为一个重要的话题。在宋应星个人的价值体系当中,"忠"也具有核心性的地位,是激励他去关注工艺技术的一个因素。出于对国家以及对于学者之责的"忠",宋应星试图去厘清他的时代里的各种混乱。然而,别人尽忠的对象是

---

①《天工开物·曲蘖》,第422—423页。

② Poo(1999:123-151);Hauf(1996:11).

“明王朝”，而他的尽忠对象是“国”。在那些对大明王朝忠心耿耿的学者眼中——他的兄长宋应升也是其中之一，他对明朝充满激情的忠心让他得以进入这段政治史——宋应星是一位迷途者。宋应星并没有如他们一样的政治信念，因此对于这个尽忠大明的学者圈子来说，他也是一个外围人物。一些潜在的读者又因此而疏远他的著作。

就理念而言，明代的“忠”与给予皇帝以统治国家的“天命”观念密切相关。社会政治理论将统治的合法性建立在“正统”的基础之上：“正”为承嗣的道德权利，“统”为统一的政治掌控。只有一个统治家族才能获得这两份授权来统治中国。一旦一个家族获得了这一身份，学者官员在道德上就有义务为这一王朝效力、遵守其秩序规则，不管其家世背景或者族源情况如何。由于“忠”与王朝统治的合法性如此紧密地交织在一起，这就要求人们在改变“忠”的对象时要有很好的借口。由于“天命”是以持有人必须有能力保证子民福祉为条件的，因而“天命”本身也包含了这样的责任：如果一个皇朝无视这一任务，臣民就有责任放弃对它的忠心。在这种情况下，皇朝便不具有合法性，官员们便会被允许——或者必须——放弃他们的“尽忠”。“忠”不是盲目的，它要求统治者一方表现出有道德、负责任的行为。这样一来，就一定需要一种像“气”理论那样关于绝对的“天”和宇宙结构的理念，人们可以依据这一理论的构成来解释人的行动，通过一个无所不在的“天”来对人进行掌控。从这个角度出发，放弃“尽忠”可以有这样的理由：这是对“天”的力量所做的反应。

当满洲人在1636年宣布立国号为“大清”之时，他们直接冲击了明代对中国统治权的合法性，从而也引发了官员是否对其统治者“尽忠”的问题。一个关键点是，在前现代的中国，政权合法性的理念并不以族群起源为基础。因此，蛮族统治的合法性不能仅仅因为他们不是汉族就遭到否认。从道德的角度出发，理论上他们也可以像本土的汉族统治者一样赋予自己的统治以合法性：他们的领袖地位，是因为道德高出一筹。12世纪时，汉族的学者们曾经受到巨大的震撼：当时的金人（女真）占领了长江以北的地区——宋朝的半壁江山，挑战了南宋政权的合法性，并声称自己是唯一具有合法性的"天下"统治者。[1] 无论是南宋(对晚明学者来说,南宋是一个范本)还是金朝,二者都无法完成统一帝国的目标,因此二者都各自认为自己才更具备道德上的资格来进行统治。明代统治者完成了对整个帝国的政治控制,然而,当官员们开始在统治者的独裁体系中行使职责时,道德诉求便成为受到青睐的手段:官员们利用这一手段,让自己的声音上达宫廷,并能够对帝国的政策施以影响。到 17 世纪初期,其情形已经达到一种偏颇状态:一统天下的执政能力被定义为是道德性行为,而不是"道德"和"一统天下"均为政权合法性的必要因素。渐渐地,道德本身主导着讨论,在"黄裳"(皇帝)已经"失美"(不再符合官员们期待的道德标准)之时,就会导致严重的两难处境。如果在终极意义上,合法性建立在道德和伦理之上的话,那么官员们该如何为自己仍然对明朝统治者尽忠找到理由呢?如果我们相信那些传统史书记载的话,明代多数皇帝——尤其是到了明朝末年——都应该出于道德和伦理的理由而受到谴责。历史学家朱鸿林(Chu Hung-lam)认为,明代学者由此发展出一个更高的"忠"的概念,那便是对王朝制度所代表的文化价值效忠。[2] 因此,效忠与否,不光无关乎地域上的统一,也与当下统治者的德行脱离。这一选择是微妙的,因为官员们可以用"效忠"为手段对皇帝予以批评,呼吁实行理想化的"仁政"。这一"效忠"理念以及内在的关于合法性的理念意味着:如果某一时期的皇帝在道德上不符合要求,那么官员们就可以有理由阶段性地退隐或者完全放弃投身报国。这一"效忠"理想在明代通行,但是大多数读书人没有想到,不符合道德要求的统治者也现身在他们的皇帝身上。在这个意义上,明代的"忠"是一种与国家实际状态脱钩的社会政治野心,这早在明代灭亡之前已经开

---

① Chan(1984:48).

② 明世宗在位期间,在"礼义之争"即"忠"的对象究竟是皇帝个人还是王朝制度这一问题上曾经引发了一场宫廷危机,参见 Chu(1994:276);自宋代以来,有大量关于这一问题的讨论,正如读书人得为自己的晋升取得资格一样,皇帝也应该通过自身的研修努力以及遵守儒家道德让自己的权威获得有效性,参见 Kuhn(1992:377)以及 Ho(1985),第 2,5,6 章。

始，一直延续到清代好长时间。

11世纪的宋代学者也是在经历了一个分崩离析的帝国基础上，发展出对"忠"的一种抽象性感知。不过，在明代这一概念却有了全新的所及范围。最早的明代"忠"党文人圈出现在16世纪末期，他们致力于在大明朝治下让一个理想化的国度复兴。这些读书人群体，比如17世纪20年代发展起来的"复社"，力图高举明王朝的道德。不管他们的政治批评如何激烈，他们都总是在坚持王朝统治的延续性。通常，读书人不允许自己因为个人幻灭而变成政权的敌人。宋应星的兄长宋应升，就是一个典型的明王朝的"忠"党。

宋应升不屈不挠的仕途进取努力获得了认可，他被聘任为两个县的行政长官——浙江省的桐江县的县令和广东省的高凉府同知，这两个职位他都接受了。在尽职三年之后，他于1643年被晋升为广州知府（从四品）。康熙年间的恩平地方志里，盛赞宋应升道德高洁、济贫救苦、弘扬文学。地方志里对他给予这些正面评价也并不令人感到意外，因为他本人在广东任职期间也亲自参与地方志的编写和修订。1638年，他编辑了《方玉堂全集》，坦率地表达了自己对满洲人的厌恶，将自身描写为一位热忱的明代效忠者。在某种意义上，对宋应升来说，族群性还是关乎宏旨的。在谈及正义的政权这一话题时，他认为无论在怎样的条件下一个未开化的北方蛮族都无法保持正义。在明朝被战败后不久，宋应升病倒。在极度的绝望当中，他在明亡后一年多的1646年服毒自杀。[①] 他的故事表明，明代末年的学者极端看重"忠"这一问题。

① 宋应升在1637到1639年间修订并撰修了《恩平县志》，序言上的日期是1638年；明代的刊刻情况见于[清]冯师元、石台编修的《恩平县志》的序当中（台北：成文出版社，1966(1825)）；宋应升还编纂了他个人的笔记《方玉堂全集》，伍瑞隆、赵士锦和他本人于1638年（崇祯十一年）为该书作序，这本书的原稿现藏于湖南省图书馆，宋应星博物馆收藏了一份复制件，这本书在禁书的名单当中，参见孙殿起《清代禁书知见录》，第24页（上海商务印书馆，1957）；宋应升的五个儿子都拒绝在清朝出仕，宣称忠于明朝廷，参见宋立权、宋育德：《八修新吴雅溪宋氏宗谱》，第22册，第12页；吕懋先、帅方蔚编修的《奉新县志》，《人物志》（江西省博物馆收藏，1871）。

在宋应星身边的人当中,对明王朝表现出深厚眷恋的并非只有其兄长宋应升一人。他家的远亲刘同升站在“东林党”和“复社”这边,为维护明王朝而战斗;他的同人朋友涂绍煃也加入到“复社”这一政治群体。宋应星的同学、朋友涂绍煃的保明抗清活动体现在不同层面上:在 17 世纪 30 年代末期,他变得名声远播,因为他致力于开采江西的矿产资源,以便能为军队提供供给来抗击清军。刘同升和涂绍煃都盛赞宋应星的兄长对明朝忠心耿耿,但是他们从来没有以这种方式提及宋应星。① 宋应星算得上一位明代的“忠党”吗?

宋应星肯定不会喜欢满洲人的入侵。但是,如果仔细阅读宋应星的著作我们就会发现,他认为“天”给所有王朝提供了相同的条件,只有人的行为决定了事件的进程。这样一来,人和国家的命运如何,其责任完全在于人以及人的作为。因此,宋应星将自己的“忠”停靠在睿智的行为与仁慈的领袖所带来的权威上。他的“忠”是献给国家的,但是未必一定要献给明朝,因为他所把持的理想不以历史现象为基础。宋应星同代的读书人,大多还纠结于那些理想化的道德规则所具有的象征性价值,其代表正是那个尚且存在但是已经遭分解、被征服的明朝。因此,对于“忠”,宋应星有一种相当抽象的理念,他的许多同人可能并不认同他。宋应星在政治上靠边站,这很可能会吓走一些会认可并高看其著作的读者:这些人明白他为什么留在体制的外围,致力于研究那些偏僻的话题,尽管他们并不一定真正欣赏他对俗世事物的兴趣。这也包括了那些鼓励和帮助他的兄长的人,比如“复社”和“东林党”的成员。他兄长的著作在清代乾隆年间遭到禁止。书籍遭禁所带来的政治后果是,这让宋应升的著作和他的努力在历史当中得以存活下来。这样的天赐良机,是《天工开物》无缘得到的。事实上,宋应星穷其一生拒绝与反对派形成关联,同时他又抨击那些大权在握的人。这提供了一个有说服力的理由,为什

① [清]杨周宪、赵曰冕编修《新建县志》,卷 25,第 34 页,台北:成文出版社,1989(1680);也见于道光年间 1824 年崔登鳌编修的《新建县志》,卷 25,第 34 页;卷 40,第 36—37 页,北京:中国国家图书馆,藏书号 250.15/36.29,1849。

么他的全部著作都没有读者。在某种意义上，他对明朝大义所持的漠然态度，也导致了同代人忽视他作品中的技术内容。这些因素组合到一起导致的结果是，宋应星的预言不幸一语成谶，至少在他那一代如此：他的喊声没有被听到，他的书没有被阅读。

导致宋应星的著作遭遇这等命运有各种因素，然而一种可能性可以完全排除：《天工开物》一书，并没有像以前学者推测的那样遭到官方的迫害和禁止。曾经有人做过这样的推测：他的兄长宋应升的著作遭禁这一事实，对宋应星著作在接下来的一个世纪中的接受情况产生了负面影响。对于清廷来说，一石二鸟的做法——同时禁毁兄弟二人的著作——原本并非难事：他们知道宋氏家族与效忠明代的人有密切的关联，宋应星在《天工开物》中的某些地方也表达了他不要与新的满洲政权发生任何关联，他的诗歌当中也包含了一些对北方部落的批评。在某些情况下，这就给了清廷统治者以充足的理由来迫害作者，并禁止其著作的传播。[①] 但是，宋应星的著作出现在两个官修目录当中。这一事实又表明，清廷认为宋应星的政治观点无关紧要。至于宋应星对明朝的非难、他个人对尽忠于国家的阐释，清廷也丝毫不感兴趣。对于清廷来说，宋应星只是明代一位读书人而已——地位不高，有些奇怪的政治看法和意识形态上的理想。正是《天工开物》中的技术内容，才保证了这本书得以流传下来。

一物相承：《天工开物》的不同版本

> 恐后世人君增赋重敛，后代侯国冒贡奇淫，后日治水之人不由其道，故铸之于鼎。不如书籍之易去，使有所遵守，不可移易，此九鼎所为铸也。
>
> ——《天工开物·冶铸》

17 世纪的中国匠人在装订书籍上采用各种不同的技术。丝卷和纸

① 《思怜诗·怜愚诗》其十七，第 130 页。

卷早已经取代了古代的竹简。按照宋应星的说法,竹简的技术在他的时代完全不为人所知。更新的装订方法的普及——折页书的诞生,意味着丝卷和纸卷时代的寿终正寝。自 11 世纪以来,"蝴蝶装"这种节约材料和空间的版式一直是主流。装订匠人首先将纸页对折,然后在折叠后的纸边上刷上糨糊,将书页粘贴在一起。于是,折叠过的纸边形成了书脊。装订完成的书籍看似为蝴蝶张开的翅膀,于是人们用"蝴蝶装"这一描述性名称来命名这种版式。对于木版印刷,这种装订方式非常高效,因为它允许在一张木版印刷两个书页。到 15 世纪,书籍进入了"册页装"的时代:折叠的书页和前后封皮被用线装订在一起,这便是"线装"。明中叶以后,线装技术发展起来,在不同的商业印书中心传播开来。为便于流通而采用的外包装也可以因书的内容而进行调节。每册书的厚度依据书的分卷情况而有所不同,而书函的设计也有目的地与卷书相符合。人们对书籍态度的改变——如何与作为知识载体的书籍打交道、如何进行书籍的发行和保存——都与这些技术发展同步进行。

中国的读书人一直都非常看重经典著作的完备性,他们将文字刻写在石碑上,铸造在青铜鼎上,以保证所有内容都能正确无误地传递给后代。尽管如此,仍然有太多文献记录已经失传了。在流传过程中,书和手稿都不可避免地会出现抄写错误和不恰当的阐释并因此造成知识混乱,因而不得不借助于认真的语言文字辨析以及透彻的哲学分析来正本清源。① 到明代中叶,印刷业日益商业化使得读书人能够弥补这样的损失,他们可以从不同资料来源将某些著作汇编、抄写、在私人刻书坊中印制。学者们的兴趣也包括修补书籍及其装订,其目标在于将书籍当作工艺品一样来保存。许多藏书家将旧书修复工作与自己的藏书眼光和判断力结合起来,有选择地收集当时的手稿,其内容范围往往超出藏书人本人的兴趣以及学术上的必需。甚至一些无关学术内容的书籍和小册子,最后也能进入私人藏书的书架上并因此得以保存。就我们所了解的

① Hegel(1998:98 - 103).

情况，宋应星的著作从来没有成为这种收藏行为所关注的对象。他的不同政论文章被搁置在自己的家中，《天工开物》似乎也在中国17、18世纪书籍文化的灰色阴影当中隐而不见。

在讨论到清朝乾隆年间对《四库全书》的编修（1773—1782）时，许多学者会着重指出与此相关的对图书的禁毁。然而，明末学者的文字遗产似乎更多是毁于自然原因，而非清廷的禁毁。明末时期，书籍毁于大火或者战乱显得相当司空见惯。很多清初的藏书家们都曾提到，自己的或者家庭的私人藏书在战争逃难时被河水冲走。宋应星的朋友陈宏绪也是其中的不幸者之一。[①] 在大多数情况下，硕果仅存的只有为数不多的几册，或者只剩下了书籍的存目。

尽管清代禁书带来了长远的影响，但是正如司徒琳（Lynn A Struve）曾经指出的那样，只有少量书籍真的因此而失传了。事实正好相反，遭禁反倒能让人注意到一部作品，有助于其得以保存下来。司徒琳认为，"某个著作能否传世，与作者自身，还有他的直近子孙和门徒（如果有的话）以及在他离世之前和之后不久时，当时的情形如何关系密切"[②]。这也取决于人们在消费日渐增加的图书时持有的态度：他们往往是为提高自己身价而搜集物品，而不是去追求个人的兴趣。新近关于书文化的研究表明，在中国很多书都是珍稀品，而藏书家们在强化这种趋势。许多书籍尽管是印本，但是也像稿本一样稀缺，最初的印制数量非常小，而后再根据需求重印。如果一本书的木版得以保存下来，那么就随时有机会复制更多数额。就我们所知，《天工开物》有两个版本，一个付梓于1637年，另外一个也许是在1650年代，所印制的数量一如当时的普遍情况那样，大约50本。

《天工开物》第一版（"涂本"）的序表明，宋应星让这本书在1637年的4月付梓。这一版的《天工开物》，我们只发现三本保留下来至今（见

---

① ［明］陈宏绪：《陈士业先生集·序》，第3a页；关于总体情况，请参见 McDermott（2006：115－141）.

② Struve（1998：25－27）.

附录 1 中的版本概览)。尽管《天工开物》没有出现在藏书家的书籍目录中,也从来没有被同代人提及,但是,这本书似乎也得以流传了。我们有理由相信,第一版所流传的范围不止于在朋友圈子当中,这才有了 1650 年代第二版的出现。第二版的《天工开物》被修订过,书里面以"大明朝"代替了"我朝",书中的图版质量比第一版低下。[1] 现存第二版的封面题记上提到,该书由福建的私人刻书书坊"书林"杨素卿印制。在明末,福建是书籍出版的中心。福建建阳的出版商出于商业目的刻书,"集中于那些能够廉价制作、包含较少财务风险的书籍"[2]。因此,在这里印制的书籍应该已有一定的知名度,足以让出版人或者书坊负责人觉得能有潜在的销量。出版人也意识到,潜在的读者可能会不限于某一类别。第二版现存的两套书表明,该书有两个不同封面,一个是考虑到那些想要以此谋生的人为目标读者,另外一个考虑到读书人为目标读者。在第二版的一套书封面上可以读到这样的字样(图 8-1),"内载耕织造作炼采金宝一切生财备用秘传要诀";封面的上方还写着另外一个广告语:"一见奇能。"[3]从这些推广语当中可以看出,出版者是一位精明的商人,他要尽力将冷门书炒热。

杨素卿的刻书坊也许与这一地区的其他出版商并无差别,也集中于刊印医疗用书、日用类书、娱乐作品等能够在商业上获得收益的书籍。如果我们假定当时的商人在经营动机上与今日商人差异不大,那么出版商既然刊印一本书,则一定期待着能从中获得收益,否则他们就不会去刊印。在初刻版中没有这些推而广之的宣传语,这可以表明,发起刻印第二版的人更可能是书商而不是宋应星本人。我们也可以从中看出,用自己所了解的关于技术的知识去获得财富或者帮助其他人这样做,这并不是宋应星的目的。至于究竟是只有一个木版,营销语只是该版的附加

---

① 原本藏于法国国家图书馆和北京中国国家图书馆,参见潘吉星《〈天工开物〉校注及研究》,第 140—147 页。

② Chia(2002:252).

③《天工开物》第二刊刻本的两个封面图见潘吉星《〈天工开物〉校注及研究》,第 143 页。

部分，或者干脆有两个不同的木版，我们目前还无法给出有确凿依据的结论。潘吉星认为，书商可能只是在销售时换了一个扉页，因为“杨本”的现存两套在其他地方是完全一致的。

图 8－1　1650 年版《天工开物》的不同封面。右：藏于台湾“中央研究院”历史语言研究所傅斯年博物馆的扉页。图书编号：A 640 122，扉页中间有广告语。左：扉页中间没有广告语的文本，藏于巴黎的法国国家图书馆。

湖州县和江西省的书商们能将他们的刊刻本发行到全中国。有关研究表明，福建刊印的日用类书、启蒙读物、教育指南以及小说可以传播到明朝政治影响所及的任何地方。这些书商经常通过家庭纽带联结在一起，从南方的江西南昌到北方的著名图书集散地北京琉璃厂，从东部沿海的杭州到四川省的成都。刻书坊都被列在手工业登记册当中，名字都为人所知。① 贾晋珠（Lucille Chia）将各刻书坊及其网络关系的信息

① 王冶秋：《琉璃厂史话》，第 12—18 页，北京：三联书店，1963；关于地区性的小刻书商的发行网络，也可以参见 Brokaw（1996：76－78）；按照这些材料的说法，这些分支机构在财务方面都独立于母公司，不过它们都在同一市场、运输、销售网络当中。

进行了比较,发现杨素卿的刻书坊至少还刊印了另外一本书,即《春秋左传纲目订注》,估计其编纂者可能是李廷机(1542—1616)。[①] 杨素卿的书坊很可能是当时杨姓大书商遍及全国的家族企业中的一个小分支。这个家族刻书业务可以上溯到宋代,一直到清末都保持繁荣。[②] 杨氏刻书坊也和包筠雅(Cynthia J. Brokaw)研究的邹氏与马氏家族企业一样,是一个有着地方性的发行网络和刻书坊的族商,每个书坊都是由家族中的一支建立起来的。[③] 有了一个大出版商做后盾,宋应星的《天工开物》的传播范围之大,似乎还超出了原来的预想,在 17、18 世纪中国图书消费文化当中得以存留下来。

出版商的介入,是让《天工开物》得以传世的第一步。这一传世方式的特征是,人们对这部作品的认知有所改变,这部作品原本是置于与其他作品和时代思想的关联当中的,如今被剥离出来成为一个单独的作品,一本单一地记录工艺和技术的专著。然而,不管《天工开物》是以怎样的方式被推出,尽管它显得有些古怪和令人始料未及,它一定充分地引起了人们的兴趣,并让它得以保留在市场上,因为在 18 世纪时它已经流传到日本和法国。[④]

中国文人对实用知识的书面记录

对物质世界予以关注,是宋应星这一代人在学术和思想上的作为,

---

① 感谢贾晋珠(Lucille Chia)提醒我关注这些问题以及在回答我疑问时她显示出来的精干和善意。可能由李廷机编纂的《春秋左传纲目订注》见于日本内阁文库所编的《内阁文库汉籍目录》第 274 函,158 号;赵万里:《国立北平图书馆善本书目》,《经部》,第 2576 页,北平:国立北平图书馆,1933;李廷机(1542—1616)是福建南部晋江人,在 17 世纪初曾经担任大学士官职,建阳刻书著作中至少有 25 种(尤其是备考文献)被归到他的名下,他曾经因为在 1583 年的会试中获得第一名而名声大振,关于他的生平,可参见 Goodrich(1976:vol. 1:329)。

② 张秀民:《张秀民印刷史论文集》,北京:印刷工业出版社,1988;Wu(1950:213)。

③ Brokaw(1996:72, 76-77),这篇文章表明一个发行网络具有的小范围;也请参见包发生:《四堡雕版印刷业情况调查》,载于《连城文史资料》,1993 年第 18 卷,第 73 页。

④《天工开物》大约在 1742 年到达法国,具体日期不详,1771 年在日本此书被重印,更多细节请看附录 1。

他们努力去面对新情形：物质世界的重要性日益增加，社会的和政治的稳定性日益减少。宋应星的所作所为，是当时知识人活动的一个组成部分。从历史的角度，这可以被看成是在这一思想趋势下保留和发扬传统的努力。当满洲的统治者们力图将自己的统治扩展到由忠于前代遗产的读书人来掌握的领域时，对《天工开物》一书持有的不同看法就展现在政治舞台上了。当读书人还在迟疑不定、还徘徊在抱守过去与适应变化了的新时代之间举棋不定之时，清代的统治者康熙、雍正和乾隆皇帝已经决定要积极地推进文化建设，启动了汇编大型典籍遗产的工程。比如，《古今图书集成》(1725 年完成，1726 年印刷)的编纂者们对原著的改进，体现在用精致的、有装饰性的图画来取代原本的图画，同时也对书中的技术性内容和细节进行调整以适应当下的要求。在陈梦雷(1650—大约 1741)以及继其之后的蒋廷锡(1669—1732)的主持下，清中叶的学者们剔除了宋应星著作中与技术描写相随的理念内容。他们将宋应星的著作放置于更大的文献背景下，仔细地剥掉他所作的序文以及 18 篇文字中的篇首题记。这些做法表明，他们当时对于宋应星的思想理念完全不予考虑。在中国关于农作与农艺学、水利与农械改造众多文献的大背景下，宋应星将农业和手工业放在同一著作当中，这也明显地让清代学者感到难以应对。因此，他们对《天工开物》重新进行编排，将其内容分置在两个重要的、有影响的框架之下，即在“考工”和“农书”类别之下。清代学者在做这样的重新编排时，完全无视一点：宋应星原本是要拒绝让自己的著作有这样的归属的。对于宋应星尝试着在中国的学术文化中重新划定“农作”与“技艺”之间认识论边界与道德边界的做法，清代学者明显地不以为然。

陈梦雷周围的政府官员依据这一传统框架，采用“考工典”的结构对那些他们认定为不属于农作范围内的技术内容进行重新编排，以便让这些内容得以进入类书当中。他们的这一做法，不光延续了传统框架，也反映出始于明代的对于“考工典”的总体兴趣。14 世纪初，在明代统治文化进行政治性磋商时，“考工典”类下的文献成了很方便的参考点。贯穿于整个16和17世纪,“考工典”成为关于“实学”与国家治理实践讨论的一部分。官员们引用这些文献,强调工具和技术对国家与社会在整体意义上以及在控制特定领域方面所具有的重要性。① 在16世纪以前,读书人很少将“考工典”类的文献与人们对于物质效能和自然环境研究日益浓厚的兴趣关联在一起。艾尔曼(Benjamin Elman)认为,这种关联是18世纪晚期人们处置“考工典”文献的特点(他认为,人们对“考工典”文献的兴趣,与从天主教耶稣会和新教传教士那里得到西方新知识不无关联)。的确,学者们日渐在一种新文本批评领域内来讨论“考工典”的文献,驱动学者这样做的是对其历史质性和阐释产生正当质疑。不管怎样,国家在启动编纂文献集成时,还是将“考工典”文献当作权威性的参考资料来讨论这一问题,显示了对国家来说,技艺的目的何在。

18世纪的中国学者在处理《天工开物》时,在学术上和政治上都相当有选择性:或者对它的结构进行调整,使其适合于传统的知识分类路径;或者有目的地利用其内容以适合自己的需求。将其中的一些内容归入到“考工典”下,这是在突出国家治理方面的问题;另外的一条线路,是将宋应星的著作与农书类著作归在一起。尽管宋应星自己没有做这种类别归属,满洲的官员鄂尔泰(1680—1745)还是将宋应星有着系统性描写的基本农业问题放到《钦定授时通考》里——这是一部大型的官修农书典籍,共78卷,于1742年刊行。② 在题目选择上,额尔泰还是非常传统的,他略去了很多《天工开物》中描写的活动如制车、印染。在宽泛的意义上,这些内容也有资格被归类到农书当中。在当时,农书类的范围已经被大大扩展了,尤其包括进许多农业辅助性活动如榨油、棉花的加工、交通。得到认可的农业题目在扩展,这也是晚明时期上层学者极力推动所致:他们采用这一类别归属,让自己对于酒类酿造和植物学的兴趣得到认可,将其提升为一个有益于国家和社会的任务。

---

① Elman(2010).

② Fang(1991/1943:601-603).

因此，我们可以这样说，清代学者对宋应星的著作进行了肢解和吞噬，而没有将其经典化。这表明，清代上层精英更感兴趣的是书中的文献性目的，而非其思想理念上和政治上的目的。丁文江和其他19世纪的学者，将《天工开物》整合到现代化以及民族国家的叙事话语当中。还有另外一个因素也为他们的这一做法铺垫了道路——宋应星的其他著作都被淹没了。尽管在20世纪20年代初期，已经有图书馆员告诉丁文江，宋应星的作品还有《野议》《论气》《谈天》《思怜诗》，但是直到30年代他都拒绝承认这些作品的存在。在70年代末，当中国学者告知李约瑟(Joseph Needham, 1900—1995)宋应星还著有其他作品时，李约瑟也采取了同样的态度。在20世纪，人们对宋应星著作的调用依然遵循着读者的不同品味，用以突出那些有益于当时的关怀和理想。

宋应星的方法是，利用传统和受到认可的结构，以一种新方式来组合论题。他的特别之处，不光体现在他的描述比那些官方报告中的描述要详细，而且他还将新知识领域纳入到前现代中国的著作传统当中。本书通过展示宋应星如何在自己全部著作中以一以贯之的方式生成和传承知识的情形，来拓宽理解"知识的生成和传承"这一问题的视野。本书也要让读者看到，就其致力于达到的目的和目标而言，宋应星要比那些农书作者们超前得多。他不是一位官员，无需通过了解制度结构而提升自己的管理工作，他也不是一位痴迷于各种细节与精微之处的学者。阅读宋应星的整体作品就会发现，政治论题和认识论问题才是首要的，而这些问题标志了他对技艺的兴趣。他的做法尽管特殊，然而却复杂有系统性：这是一位中国读书人为解释其周围境况所做的努力，而技术和工艺是这总体境况中的重要部分。宋应星有意识地将榨油、日常俗务如熨烫衣服、对飞矢发出的声音进行探讨等话题放在一起。在探索"物"与"事"的关系时，他把铸钟、塑像与铸造日用铁锅放在一起来讨论。因此，他让人看到匠艺、技术、物质效用所具有的全部的世俗环境，将这些内容付诸文字是对他所在的那个时代发出的一种挑战。一方面宋应星将全部问题放在"气"的框架下来解释，这使得他的著作在中国人关于自然现象的思考中占据了一个特殊位置;另一方面,让他的作品能独树一帜的因素还有,内容编排的方式方法、他对存在于技艺当中以及隐藏在“物”与“事”后面的知识所持有的理念、他对不同探索方式的精妙组合。正是在这样的背景下,《天工开物》的接受史才出现这般情形:一个总体知识设想中的一部分被从大的整体中剥离出来,而后被强行放入到另外的知识分类区域当中,而这种分类正是作者本人要着意避开的。从这种再度置入(以及错位)中,我们可以看到各种改变在发生:人们的阅读传统在改变,对《天工开物》中的认识论内容、认识论目的的接受情形,也在发生改变。

综上所述,《天工开物》作为单本书流传下来,失去了作为一个系列当中众书之一所具有的意义和功能。作为单一著作,它从 1637 年开始在中国书籍文化的灰色地带中存在了一百多年,直到 18 世纪中叶被收进几个官修的集成当中。这一时代的学者,主要考虑的是《天工开物》中的技术内容。官修集成将它从原来的关联中剥离出来,对它进行了新的编排,使之适合他们的类书体系。这种重新编排为后来者对《天工开物》的解读也铺平了道路,在 19 世纪,它被解读为一份关于农业、国家管理和技术的文献。《天工开物》没有被列入禁书名单,而后甚至还被官修集成接纳,这些事实合在一起表明:满洲的统治者认为,他的文献所带来的益处要超出他的政治立场和文本所能带来的威胁——他所能带来的威胁实在是微乎其微,几乎让人难以察觉。清代的官员不太可能完全没有注意到他在著作中对北方人的不恭之词,他兄长的书就因此遭到了禁毁。宋应星的著作之所以被收进官修集成当中,是因为里面的技术性内容。也许还有另外一个原因,宋应星给他著作所涉及的一些题目配了图,而在其他书中同样的题目却没有图。对于 18 世纪的满洲人和他们的汉人同盟者来说,到底是什么让宋应星时代的学者远离《天工开物》一书,这显得完全无所谓。《天工开物》的初刻本(“涂本”)有三套书在私人手中得以存留下来(其中两套在 18 世纪时经由传教士和商人离开了中国)。这一事实本身也表明,在前现代中国也有一个收藏书籍的亚文化,对此我们实际上还一无所知。尽管《天工开物》的出现也符合总体上的历史特征，它独特的流传历史也体现了另外一种困扰：说到底并不是由于其技术性内容，也不是外表所见的其一部分内容曾经被从总体中割裂开来，或者因为时间上的距离。这一困扰在于，宋应星拒绝承受他生活在其中的那个由“人事召致”的幻灭和堕落的世界。在他的作品整体中，我们能看到《天工开物》出现的原初形式：这是他发出的紧急呼吁中的一部分，通过去看包含在“物”与“事”的生成中的“真理”来让知识与一个人的行动合在一起。后世却认为，“事”与“物”比宋应星所求的“真理”更有保留价值，因此他们保留了《天工开物》一书，尽管这种保留偏离了原书内容中蕴含的理想以及在原有结构中所具有的特别性。宋应星著作的接受史，不光揭示了17世纪中国思想界知识生成的复杂性，它也照亮了一个独特的知识传承历史中的某些特质。

致　谢

一本书也如同一件工艺品一样，虽然其制作者要归属在某人名下，作品实际上却是很多因素共同作用的结果。在搜选原始材料、搭建写作大纲、给作品注入个性化线条和色彩的漫长过程当中，我曾经承蒙很多同事予以个人方面以及专业上的帮助，让我从他们的知识、耐心和热情中获益良多。我最先要感谢的，是那些在我学术成长的不同阶段帮助我获得技能、工具和兴趣的师长。狄特·库恩(Dieter Kuhn)激发了我研究中国的热情，启动研究《天工开物》这一项目尤其深深得益于他的鼓励和推动。他让我获得学术成长的空间。在我学术生涯的一个关键性节点上，是席文(Nathan Sivin)勉励我迈出自己的学术道路。白馥兰(Francesca Bray)的著作以及她敏锐的思想，给我提供了无穷的启发。

在我搜寻原始资料时，潘吉星教授成为我在中国的导师。他是我在学术生涯中遇到过的最与人为善、最大度无私的学者之一：他与我分享自己的笔记，耐心地和我讨论对文本的阐释。戴念祖教授也同样友好地善待我，他总是以热茶和美餐来欢迎我的拜访，让我的体力和精神同时得到滋养。当我在雕琢书稿的最初模坯之时，与许多同行们的谈话和讨论让我获益良多，在这里我无法将他们的名字一一列出。在书稿的雏形阶段，Michael Leibold 和 Anne Gerritsen 投入进很多想法；傅玛瑞

(Mareile Flitsch)和高彦颐(Dorothy Ko)帮助我突破原有的思考模式。贾晋珠(Lucille Chia)带着极大的善意提供了重要帮助。傅大为(Fu Daiwie)、祝平一(Chu Pingyi)、普鸣(Michael Puett)、傅汉斯(Hans Ulrich Vogel)、Donald Wagner、黄一农(Huang Yinong)以及艾尔曼(Ben Elman)愿意随时和我从不同角度来讨论书中的问题。Ruth Schwartz Cowan 和她在宾夕法尼亚大学科学史与科学社会学系的同事们热情地领我步入那里欣欣向荣的氛围当中。入职马普科学史研究所后,我马上开始完成这本书的最后细节工作。我非常幸运地从很多同事学者那里得到许多推动和启发,他们是:Jürgen Renn(雷恩),Matthias Schemmel(马深孟), William Boltz, Peter Damerow(戴培德),Marcus Popplow, Martin Hofmann(贺马丁),Matteo Valeriani。在出版过程中,我从 Ursula Klein, Wolfgang Levefre 以及 Lorraine Daston 那里得到很多激励。在这一期间,中国科学院自然科学史研究所的同事张柏春、田淼、孙小淳和他的团队、苏荣誉等人让我受益于他们思想之明晰、合作之热忱以及地主之谊,我对他们表示深深的谢意。在书稿成形的不同阶段,Martina Siebert 都认真审读,她带着好朋友的体贴和关怀,兼备一位资深学者的博学与审慎。Gina Partridge Grzimek 在 2006 年加入我的团队,她曾经是本书最忠实的读者,她的付出大大地提升了本书语言上的流畅性,让叙述逻辑变得更加周延。团队中的其他成员——Anna, Wan, Zhe, and Wolfgang——提供了很多幕后的帮助和支持,在绘制宋应星的旅行线路图上,Falk 做了很多工作。芝加哥大学出版社的两位匿名评审人给出的意见,是本书成形过程中最后的、至关重要的推动力。

在整个研究进程中,若干机构提供的燃料(经济支持)保证了我有一个温暖的工作坊。在德国研究会(DFG)的资助下,这一项目开始启动;后续的资助让我得以前往中国调研访查宋应星当年的生活印迹,并前往宾夕法尼亚大学访学。德国维尔茨堡大学对于我去中国台湾新竹清华大学的访学计划提供了经济资助。德国巴伐利亚州科学教育厅为杰出青年学者设立的专项资助计划以及对女性学者的特别支持计划,为我提供了参加各种学术会议,去中国大陆和台湾访学、查阅图书馆和档案馆等活动所需的经费。马克斯·普朗克学会的支持力度,让我能够将对《天工开物》的研究扩展到科学技术史这一更大范围内,离开马普科学史研究所的特殊氛围,这本书也不能得以完成,至少不会是现在这个样子。

也许我应该对 Laura, Leonie, and Noah 心怀最多歉疚,因为他们不得不在童年记忆中带上"宋应星"这个名字和他的生活世界。他们都已长成最阳光而快乐奔放的少年。当妈妈沉浸在对古代中国的思考而无心他顾时,他们也乐得享受这无人管束的好处呢。当然,还有我的丈夫 Horst,这一切他都与我分担、分享。能在人群中找到你,我如此高兴。

Karen Darling 从一开始就热情地支持这一出版计划,并以实际行动将其大力推进。Jean Eckenfels 做了大量的编辑工作,Mary Gehl 出色地监管了从手稿到成书的全部过程。苏州博物馆惠允我在书中使用它们的碑刻拓片,芝加哥艺术研究所(The Art Institute of Chicago)(尤其感谢 Elinor Pearlstein)和伍斯特艺术博物馆(Worcester Art Museum)允许我重印它们馆藏的画轴。尽管有这么多了不起的帮助,对于书中的全部阐释和结论、任何错讹和不尽善尽美之处,其责任全在我一人身上。

附录1　《天工开物》的不同版本

中文版

1."涂本":刊刻于1637年(明崇祯十年),刊刻地点为江西的奉新或者南昌。这是《天工开物》的首个刊刻本,得到了涂绍煃的资助,因此学界习惯上称之为"涂本"。全书由三册组成,印刷所用纸张为竹纸。有三套传世,分别藏于北京中国国家图书馆、日本东京的静嘉堂文库和法国巴黎国家图书馆。

2."杨本":福建书商杨素卿在明末清初完成的坊刻本,以"涂本"为底本,没有写明刊刻的年代,时间上在1640—1680年。传世的该版本有四套,正文内容相同而扉页不同:一种封面扉页上无广告语(惯称为"杨馆本",北京图书馆收藏一套),另一种封面扉页上有广告语(惯称为"杨所本",20世纪20年代辗转入藏于北平人文科学研究所,现藏于台北"中央研究院"历史语言研究所)。

3."陶本":1927年由出版家陶湘(1870—1940)刊印,石印线装本。"陶本"对书中全部插图重新加绘制版。1929年重印,收录了丁文江在

1928年写的《重印天工开物卷跋》,对民国时期学者们谋求刊行《天工开物》的过程及情况有详细说明。

4."通本":由上海华通书局于1930年出版,故称为"华通书局本",或简称为"通本",分九册线装。

5."商本":由上海的商务印书馆于1933年出版,分别收入"国学基本丛书"(又称"商国本")和"万有文库"("商万本")。

6."局本":由上海世界书局于1936年出版,故称"局本"。铅印竖排,对"陶本"进行了校勘,收录了丁文江撰写的宋应星生平。

7."华本":由上海中华书局于1959年出版,称为"华本",为"涂本"的影印本。

8.《校正天工开物》,1965年由台北世界出版社出版。

9."钟本":由广东人民出版社于1976年出版。该版本的注释者署名钟广言(故称之为"钟本"),实际上为集体化名,注释工作由广州中山大学同有关单位协作集体完成。基于"涂本",采用了"涂本"的插图。1978年5月,"钟本"由中华书局香港分局出版并海外发行。在20世纪八九十年代的西方汉学界,这是最为方便获取的版本,因而也是影响最大的版本。

20世纪90年代以后,《天工开物》得到科学史界的极大关注,各种校勘注释版本层出不穷,这里不再一一列举。

日文版

1."菅本":1771年在日本大阪由菅生堂刻印,文字上以"涂本"为底本,以"杨本"为对校,作三册或者九册线装。这是《天工开物》的第一个国外版本。"菅本"在1830年重印。

2."三枝本":1943年由东京的十一组出版部出版。该版本由两部分组成:第一部分为《天工开物》文本,是"菅本"的影印本;第二部分为三枝博音的7篇研究论文。

3.“薮内本”:1952/1953 年由东京的恒星社出版。该版本由日本著名科学史学者薮内清教授主持翻译校勘的本子,故称“薮内本”。该版本以“涂本”为底本,以其他版本为校勘参考,插图取自“涂本”。在《天工开物》文字的翻译、校释之外,另收录 11 篇专题研究论文。

4.“薮平本”:1969 年由东京平凡社出版,这是薮内清博士提供的第二个《天工开物》译本,故称“薮平本”,为《东洋文库》丛书第 130 种。

英文版

1.《天工开物》的第一个英文版于 1966 年在美国由宾夕法尼亚州州立大学出版社出版,由任以都、孙守全合作翻译并注释。该译本所取用的底本是 1959 年中华书局影印的“涂本”,插图取用“涂本”。书末有中西度量衡及时历换算等附录及索引。该英文版书名为 *Tien-kung kai-wu : Chinese technology in the seventeenth century*。Author: Sung Ying-hsing. ; E-tu Zen Sun; Chiou-Chuan Sun; Publisher: University Park and London : Pennsylvania State Univ. Press, 1966.(依据 worldcat 的文献信息)

2.《天工开物》的第二个英文版由台北的“中国文化学院”出版部于 1980 年出版。该英译本的翻译工作历时多年,由多人参加,由李乔苹(1895—1981)博士主持完成。

附录2　宋应星生平年表

时间(年)	年龄(岁)	生平重大事件
1587	出生	
1593	7	开蒙
1611	25	
1615	29	
1616	30	
1619	33	
1622	36	
1625	39	
1628	42	
1629	43	丧父(宋国林)
1631	45	
1632	46	丧母
1634	48	分宜县教谕
1636	50	首次刊刻著作
1637	51	
1640	54	
1642①	56	推官
1645	59	长兄宋应升去世
1662		
1666?	80?	去世

①《辞海》中宋应星于崇桢十七年(1644年)弃官回乡,英文原著为1642年。——译者注

参考文献

西文参考文献

[1] Allsen，Thomas T. 1997. *Commodity and Exchange in the Mongol Empire：A Cultural History of Islamic Textiles*. Cambridge：Cambridge University Press.

[2] ———. 2002. The Circulation of Military Technology in the Mongolian Empire. In *Handbook of Oriental Studies* 6，edited by Nicola Di Cosmo，265－293. Leiden：Brill.

[3] An，Yanming. 1997. Liang Shuming and Henri Bergson on Intuition：Cultural Context and the Evolution of Terms. *Philosophy East and West* 47，no. 3：337－62.

[4] Asim，Ina. 2002. The Merchant Wang Zhen，1424－1495. In *The Human Tradition in Premodern China*，edited by Kenneth J. Hammond，157－164. Wilmington：Scholarly Resources.

[5] Black，Alison Harley. 1989. *Man and Nature in the*

Philosophical Thought of Wang Fu-chih. Seattle: University of Washington Press.

[6] Bloom, Irene. 1987. *Knowledge Painfully Acquired: The K'un-chih chi by Lo Ch'in-shun*. New York: Columbia University Press.

[7] Bloor, David. 1991/1976. *Knowledge and Social Imagery*. Chicago: University of Chicago Press.

[8] Bol, Peter K. 1992. *"The Culture of Ours": Intellectual Transitions in T'ang and Sung China*. Stanford, CA: Stanford University Press.

[9] Bray, Francesca. 1984. *Agriculture. Pt. 2 of Biology and Biological Technology, vol. 6 in Science and Civilisation in China, edited by Joseph Needham*. Cambridge: Cambridge University Press.

[10] ———. 1997. *Technology and Gender: Fabrics of Power in Late Imperial China*. Berkeley: University of California Press.

[11] ———. 2007. Agricultural Illustrations: Blueprint or Icon. In *Graphics and Text in the Production of Technical Knowledge in China: The Warp and the Weft*, edited by Francesca Bray & Vera Dorofeeva-Lichtmann & Georges Métailié, 521 - 67. Leiden: Brill.

[12] ———. 2007a. The Power of Tu. In *Graphics and Text in the Production of Technical Knowledge in China: The Warp and the Weft*, edited by Francesca Bray & Vera Dorofeeva-Lichtmann & Georges Métailié, 1 - 80. Leiden: Brill.

[13] Bray, Francesca & Dorofeeva-Lichtmann, Vera & Métailié, Georges, eds. 2007. *Graphics and Text in the Production of Technical Knowledge in China: The Warp and the Weft*. Leiden: Brill.

[14] Brockey, Liam Matthew. 2007. *Journey to the East: The*

Jesuit Mission to China, 1579－1724. Cambridge MA: The Belknap Press of Harvard University Press.

[15] Brokaw, Cythia. 1991. *The Ledgers of Merit and Demerit: Social Change and Moral Order in Late Imperial China*. Princeton: Princeton University Press.

[16] ———. 1996. Commerical Publishing in Late Imperial China: The Zou and Ma Family Businesses of Sibao, Fujian. *Late Imperial China* 17, no. 1: 49－92.

[17] Brook, Timothy. 1993. *Praying for Power: Buddhism and the Formation of Gentry Society in Late-Ming China*. Cambridge MA: Harvard University and the Harvard-Yenching Institute.

[18] ———. 1998. *The Confusion of Pleasure: Commerce and Culture in Ming China*. Berkeley: University of California Press.

[19] Cabezon, José Ignacio. 2003. Buddhism and Science: On the Nature of the Dialogue. In *Buddhism and Science: Breaking New Ground*, edited by Alan B. Wallace. New York: Columbia University Press.

[20] Campany, Robert Ford. 1996. *Strange Writing: Anomaly Accounts in Early Medieval China*. Albany: State University of New York Press.

[21] Chan, Hok-lam. 1984. *Legitimation in Imperial China: Discussions under the Jurche-Chin Dynasty* (1115－1234). Seattle: University of Washington Press.

[22] Chan, Wing-tsit. 1969. *A Source Book in Chinese Philosophy*. Princeton: Princeton University Press.

[23] Chang, chun-Shu & Chang, Shelley Hsueh-lun. 1990. *Crisis and Transformation in Seventeenth-century China: Society, Culture, and Modernity in Li Yü's World*. Ann Arbor: University of Michigan

Press.

[24] Chang, Kang-I Sun. 1991. *The Late-Ming Poet Ch'en Tzu-lung: Crises of Love and Loyalism*. New Haven: Yale University Press.

[25] Chen, Cheng-Yih. 1999. A Re-visit of the Work of Zhu Zaiyu in Acoustics. In *Current Perspectives in the History of Science in East Asia*, edited by Yung Sik Kim & Francesca Bray, 125 - 142. Seoul: Seoul National University Press.

[26] Chia, Lucille. 2002. *Printing for Profit: The Commercial Publishers of Jianyang, Fujian (11th - 17th Centuries)*. Cambridge: Harvard University Asia Center for the Harvard-Yenching Institute.

[27] Ching, Julia. 2000. *The Religious Thought of Chu Hsi*. Oxford: Oxford University Press.

[28] Chiu, Pengsheng. 2007. The Discourse on Insolvency and Negligence in Eighteenth-Century China. In *Writing and Law in Late Imperial China, Crime, Conflict, and Judgment*, edited by Robert E. Hegel & Katherine Carlitz. 125 - 142. Seattle: University of Washington Press.

[29] Chow, Kai-wing. 1994. *The Rise of Confucian Ritualism in Late Imperial China: Ethics, Classics, and Lineage Discourse*. Stanford, CA: Stanford University Press.

[30] ———. 1996. Writing for Success: Printing, Examinations, and Intellectual Change in Late Ming China. *Late Imperial China* 17, no. 1: 120 - 57.

[31] Chu, Hsi & Lü, Tsu-ch'ien. 1967. *Reflections on Things at Hand: The Neo-Confucian Anthology. Translated, with notes, by Wing-Tsit Chan*. New York: Columbia University Press.

[32] Chu, Hung-lam. 1986. Ch'iu Chün's Ta-hsüeh yen-i-pu and

its Influence in the Sixteenth and Seventeenth Centuries. *Ming Studies* 22：1－32.

[33] ———. 1994. Review of The Chosen One：Succession and Adoption in the Court of Ming Shizong，by Carney T. Fischer. *Harvard Journal of Asiatic Studies* 54，no. 1：266－77.

[34] Clunas，Craig. 1991. *Superfluous Things：Culture and Social Status in Early Modern China*. Cambridge：Polity Press.

[35] ———. 1996. *Fruitful Sites：Garden Culture in Ming Dynasty China*. London：Reaktion Books.

[36] Crisciani，Chiara. 1990. History，Novelty，and Progress in Scholastic Medicine. *Osiris*，*2nd ser*. 6：118－39.

[37] Cua，Antonio S. 1982. *The Unity of Knowledge and Action：A Study in Wang Yang-ming's Moral Psychology*. Honolulu：University of Hawai'i Press.

[38] Cullen，Christopher. 1990. The Science/Technology Interface in Seventeenth-Centruy China：Song Yingxiang 宋应星 on Qi 气 and Wuxing 五行. *Bulletin of the School of Oriental and African Studies* 53，no. 2：295－318.

[39] ———. 1996. *Astronomy and Mathematics in Ancient China：The Zhoubi suanjing*. Cambridge：Cambridge University Press.

[40] Cutter，Robert Joe. 1984. Cao Zhi's（192－232）Symposium Poems. *Chinese Literature：Essays，Articles，Reviews* 6，no. 1/2：1－32.

[41] Dardess，John W. 1996. *A Ming Society：T'ai-ho County，Kiangsi，Fourteenth to Seventeenth Centuries*. Berkeley：University of California Press.

[42] Dardess，John W.. 1996a. *Blood and History in China：The*

Donglin Faction and its Repression, 1620 - 1627. Berkeley: University of California Press.

[43] Daston, Lorraine. 1998. The Nature of Nature in Early Modern Europe. *Configurations* 6, no. 2: 149 - 72.

[44] ———. 1999. Objectivity versus Truth. In *Wissenschaft als kulturelle Praxis*, 1750 - 1900, edited by Hans Erich Bödeker & Peter Hanns Reil & Jürgen Schlumbohm, 17 - 32. Göttingen: Vandenhoek und Ruprecht.

[45] Daston, Lorraine & Park, Katharine. 1998. *Wonders and the Order of Nature*, 1150 - 1750. New York: Zone Books.

[46] Dear, Peter. 1985. Totius in Verba: Rhetoric and Authority in the Early Royal Soceity. *Isis* 76, no. 2: 145 - 61.

[47] ———. 1995. Cultural History of Science: An Overview with Reflections. *Science Technology Human Values* 20, no. 2: 150 - 70.

[48] Dennis, Joseph. 2001. Between Lineage and State: Extended Family and Gazetteer Compilation in Xinchang County. *Ming Studies* 45 - 46: 69 - 113.

[49] DeWoskin, Kenneth J. 1982. *A Song for One or Two: Music and the Concept of Art in Early China*. Ann Arbor: University of Michigan Press.

[50] ———. 1994. Picturing Performance: The Suite of Evidence for Music Culture in Warring States China. In *La pluridisciplinarité en Archéologie Musicale: IVe rencontres internationales du Groupe d'études sur l'Archéologie Musicale de l'ICTM* (8 - 12 *octobre* 1990), edited by Catherine Homo-Lechner & Annie Bélis, 351 - 364. Paris: Maison des Sciences de l'Homme.

[51] Dolby, William. 1978. The Origins of Chinese Puppetry.

Bulletin of the School of Oriental and African Studies 40, no. 1: 97-120.

[52] Donkin, R. A. 1998. *Beyond Price-Pearls and Pearl-fishing: Origins to the Age of Discoveries*. Philadelphia: American Philosophical Society.

[53] Eisenstadt, Shmuel N. & Roniger, Luis. 1984. *Patrons, Clients, and Friends: Interpersonal Relations and the Structure of Trust in Society*. Cambridge: Cambridge University Press.

[54] Elman, Benjamin A. 1989. Imperial Politics and Confucian Societies in Late Imperial China: The Hanlin and Donglin Academies. *Modern China* 15, no. 4: 379-418.

[55] ——. 2000. *A Cultural History of Civil Examinations in Late Imperial China*. Taipei: SMC Publishing Inc.

[56] ——. 2005. *On Their Own Terms: Science in China*, 1550-1900. Cambridge: Harvard University Press.

[57] ——. 2007. Collecting and Classifying: Ming Dynasty Compendia and Encyclopedias (Leishu). *Extrême-Orient, Extrême-Occident, hors série* 2007: 131-53.

[58] ——. 2010. The Story of a Chapter: Changing Views of the "Artificer's Record"(Kaogong ji) and the Zhouli. In *Statecraft and Classical Learning: The Rituals of Zhou in East Asian History*, edited by Benjamin A. Elman & Martin Kern, 330-358. Leiden: Brill.

[59] Emerson, John. 1996. Yang Chu's Discovery of the Body. *Philosophy East and West* 46, no. 4: 533-66.

[60] Falkenhause, Lothar von. 1993. *Suspended Music: Chime-Bells in the Culture of Bronze Age China*. Berkeley: University of California Press.

[61] Fang, Chaoying. 1991/1943. O-er t'ai. In *Eminent Chinese of the Ch'ing Period*, edited by Arthur Hummel, 601 - 03. Taipei: SMC.

[62] Fei, Siyen. 2007. We Must be Taxed: A Case of Populist Urban Fiscal Reform in Ming Nanjing (1368 - 1644). *Late Imperial China* 28, no. 2: 1 - 40.

[63] Fogel, Joshua A. 1995. *The Cultural Dimensions of Sino-Japanese Relations: Essays on the Nineteenth and Twentieth Centuries*. Armonk, NY: M. E. Sharpe.

[64] Foucault, Michel. 1973. *The Order of Things: An Archaeology of the Human Sciences*. New York: Vintage Books.

[65] Fu, Daiwie. 1993 - 1994. A Contextual and Taxonomic Study of the "Divine Marvels" and "Strange Occurrences" in the Mengxi bitan. *Chinese Science* 11: 3 - 35.

[66] ———. Unpublished paper. When Shen Kuo Encountered the "Natural World".

[67] Fung, Yu-lan. 1959/1948. *A Short History of Chinese Philosophy. 2 vols. Edited by Derk Bodde*. New York: Macmillan.

[68] Gardner, Daniel K. 1990. Chu Hsi (Zhu Xi) and the Transformation of the Confucian Tradition. In *Learning to Be a Sage: Selections from the Conversations of Master Chu, Arranged Topically, by Chu Hsi [Zhu Xi], translated with commentary by Daniel Gardner*. 57 - 82. Berkeley: University of California Press.

[69] Gauvin, Jean Francois. 2006. Artisans, machines, and Descartes's Organon. *Hisotry of Science* 44: 187 - 216.

[70] Gilbert, William. 1633 (compiled 1600. Third edition). *Tractus, sive, physiologica nova de magnete, magneticisque corporibus et de magneete tellure: sex libris comprehensus*. Stettin

[71] Girardot, Norman J. 1983. *Myth and Meaning in Early Taoism: The Theme of Chaos (hun-tun)*. Berkeley: University of California Press.

[72] Glahn, Richard von. 1996. *Fountain of Fortune: Money and Monetary Policy in China*, 1000 - 1700. Berkeley: University of California Press.

[73] Golas, Peter. 1999. *Mining. Pt.* 13 *of Chemistry and Chemical Technology in China*, *vol.* 5 *in Science and Civilisation in China*, *edited by Joseph Needham*. Cambridge: Cambridge University Press.

[74] ———. 2007. Like Obtaining a Great Treasure: The Illustrations in Song Yingxing's The Exploitation of the Works of Nature. In *Graphics and Text in the Production of Technical Knowledge in China: The Warp and the Weft*, edited by Francesca Bray & Vera Dorofeeva-Lichtmann & Georges Métailié, 569 - 614. Leiden: Brill.

[75] Gombrich, E. H. 1980. Standards of Truth: The Arrested Image and the Moving Eye. *Critical Inquiry* 7, no. 2: 237 - 73.

[76] Goodrich, L. Carrington. 1976. *Dictionary of Ming Biography*, 1368 - 1644. 2 *vol.* New York: Columbia University Press.

[77] Greatrex, Roger. 1987. *The Bowu Zhi: An Annotated Translation*. Stockholm: Skrifter utgivna av Föreningen för Orientaliska Studier.

[78] Gulik, Robert H. van. 1939. The Lore of the Chniese Lute: An Essay in Ch'in Ideology (Continued). *Monumenta Nipponica* 2, no. 1: 75 - 99.

[79] Hackin, John & Huart, Clement & Linossier, Raymond.

1963. *Asiatic Mythology: A Detailed Description and Explanation of the Mythologies of All the Great Nations of Asia*. New York: Thomas Y. Crowell.

[80] Han, Kuo-Huang & Gray, Judith. 1979. The Modern Chinese Orchestra. *Asian Music* 11, no. 1: 1 - 43.

[81] Handlin, Joanna F. 1983. *Action in Late Ming Thought: The Reorientation of Lü K'un and Other Scholar-Officials*. Berkeley: University of California Press.

[82] Harrel, Stevan. 1987. On the Holes in Chinese Genealogies. *Late Imperial China* 8, no. 2: 53 - 77.

[83] Hartman, Charles. 1986. *Han Yü and the T'ang Search for Unity*. Princeton: Princeton University Press.

[84] ———. 2003. The Reluctant Historian: San Ti, Chu Hsi, and the Fall of the Northern Sung. *T'oung Pao* 89, no. 2: 100 - 48.

[85] Hauf, Kandice. 1996. The Community Covenant in Sixteenth Century Ji'an Prefecture, Jiangxi. *Late Imperial China* 17, no. 2: 1 - 50.

[86] Hazelton, Keith. 1986. Patrilines and the Development of Localized Lineages: The Wu of Hsiu-ning City, Hui-chou, to 1528. In *Kinship Organization in Late Imperial China*, edited by Patricia B. Ebrey & James L. Watson, 137 - 169. Berkeley: University of California.

[87] Hegel, Robert E. 1998. *Reading Illustrated Fiction in Late Imperial China*. Stanford, CA: Stanford University Press.

[88] Ho, Peng Yoke. 1985. *Li, Qi and Shu: An Introduction to Science and Civilization in China*. Hong Kong: Hong Kong University Press.

[89] Ho, Ping-ti. 1962. *The Ladder of Success in Imperial*

China: *Aspects of Social Mobility*, 1368 – 1911. New York: Columbia University Press.

[90] Huang, H. T. 2000. *Fermentation and Food Science. Pt.* 5 *of Biology and Biological Technology*, *vol.* 6 *in Science and Civilization in China*, *edited by Joseph Needham.* Cambridge: Cambridge University Press.

[91] Huang, Ray. 1981. 1587, *A Year of No Significance*: *The Ming Dynasty in Decline*. New Haven: Yale University Press.

[92] Hummel, Arthur, ed. 1991/1943. *Eminent Chinese of the Ch'ing Period* (1644 – 1912). Taipei: SMC.

[93] Hunt, Frederick Vinton. 1978. *Origins in Acoustics*: *The Science of Sound from Antiquity to the Age of Newton. With a foreword by Robert Edmund Apfel*. Ann Arbor, MI: UMI.

[94] Ivanhoe, Philip J. 1990. *Ethics in the Confucian Tradition*: *The Thoughts of Mencius and Wang Yang-ming*. Atlanta: Scholars Press.

[95] Jang, Scarlett. 1997. Form, Content, and Audience: A Common Theme in Painting and Woodblock-Printed Books of the Ming Dynasty. *Ars Orientalis* 27: 1 – 26.

[96] Janousch, Andreas. "Salt Production Methods and Salt Cults at Xiechi Salt Lake in Southern Shanxi." In *Conference paper presented at the Conference of ISHEASTM*. Baltimore, USA, 2008.

[97] Kasoff, Ira E. 1984. *The Thoughts of Chang Tsai* (1020 – 1077). New York: Cambridge University Press.

[98] Kaufmann, Walter. 1976. *Musical References in the Chinese Classics*. Detroit: Information Coordinators.

[99] Kerr, Rose & Wood, Nigel & Ts'ai, Mei-fen & Zhang, Fukang. 2004. *Ceramic Technology. Pt.* 12 *of Chemistry and*

Chemical Technology, *vol.* 5 *in Science and Civilisation in China*, *edited by Joseph Needham*. Cambridge: Cambridge University Press.

[100] Kim, Yongmin. 2003. Luo Qinshun (1465 - 1547) and His Intellectual Context. *T'oung Pao* 89, no. 4: 367 - 441.

[101] Kramers, Robert Paul. 1949. *K'ung Tzu Chia yü* (*Kong Zi jiayu*): *The School Sayings of Confucius. Introduction. Translation of Sections* 1 - 10. Leiden: Brill.

[102] Kuhn, Dieter. 1992. Family Rituals. *Monumenta Serica* 40: 369 - 85.

[103] Kuhn, Thomas S. 1970/1963. *The Structure of Scientific Revolutions*. Chicago: University of Chicago Press.

[104] Lackner, Michael & Reiman, Friedrich & Friedrich, Michael, eds. 1996. *Chang Tsai* (*Zhang Zai*): *Rechtes Auflichten*: *Cheng-meng*. *Übersetzt aus dem Chinesischen mit Einleitung und Kommentar versehen*. Hamburg: Felix Meiner Verlag.

[105] Lam, Joseph S. C. 1998. *State Sacrifices and Music in Ming China*: *Orthodoxy*, *Creativity*, *and Expressiveness*. Albany: State University of New York Press.

[106] ———. 2005. Huizong's Ritual and Musical Insignia. *Journal of Ritual Studies* 19, no. 1: 1 - 18.

[107] Le Blanc, Charles. 1992. Résonance: Une Interprétation Chinoise de la Réalité. In *Mythe et Philosophie à l'Aube de la Chine Impériale*: *Etudes sur le Huainan Zi*, edited by Charles Le Blanc & Rémi Mathieu. Montreal: Presses de l'Université de Montréal.

[108] ———. 1995. From Cosmology to Ontology through Resonance: A Chinese Interpretation of Reality. In *Beyond Textuality*: *Asceticism and Violence in Anthropological Interpretation*, edited by Gilles Bibeau & Ellen Corin, 57 - 78. Berlin:

Mouton de Gruyter.

[109] Ledderose，Lothar. 2000. *Ten Thousand Things*: *Module and Mass Production in Chinese Art*. Princeton: Princeton University Press.

[110] Lee，Jig-chuen. 1987. Wang Yang-ming，Chu Hsi，and the Investigation of Things. *Philosophy East and West* 37，no. 1：24－35.

[111] Legge，James，ed. and trans. 1960. *The Chinese Classics*: *With a Translation*，*Critical and Exegetical Notes*，*Prolegomena*，*and Copious Indexes*. 5 *vols*. Hong Kong：Hong Kong University Press.

[112] Leibold，Michael. 2001. *Die handhabbare Welt*：*Der pragmatische Konfuzianismus Wang Tingxiangs* （1474 － 1544）. Heidelberg：edition forum.

[113] Levenson，Joseph R. 1957. The Amateur Ideal in Ming and Early Ch'ing Society：Evidence from Painting. In *Chinese Thought and Institutions*，edited by John K. Fairbank，320 － 341. Chicago：University of Chicago Press.

[114] Liang，Fang-chung. 1956. *The Single-Whip Method of Taxation in China*. *Translated by Wang Yü-chu'uan*. Cambridge：Harvard University Press.

[115] Lloyd，Geoffrey & Sivin，Nathan. 2003. *The Way and the World*：*Science and Medicine in Early China and Greece*. New Haven：Yale University Press.

[116] Loewe，Michael. 1988. The Oracles of the Clouds and the Winds. *Bulletin of the School of Oriental and African Studies* 51，no. 3：500－20.

[117] Lu，Gwei-Djen & Needham，Joseph. 1980. *Celestial Lancets*：*A History and Rationale of Acupuncture and Moxa*. Cambridge：Cambridge University Press.

[118] Lufrano, Richard John. 1997. *Honorable Merchants: Commerce and Self-Cultivation in Late Imperial China*. Honolulu: University of Hawai'i Press.

[119] Ma, Tai-loi. 1975. The Local Education Officials of Ming China, 1368–1644. *Oriens Extremus* 22, no. 1: 11–28.

[120] Major, John S. 1993. *Heaven and Earth in Early Han Thought: Chapters Three, Four, and Five of the Huainanzi. Appendix by Christopher Cullen*. Albany: State University of New York Press.

[121] Major, John S. & So, Jenny F. 2000. Music in Late Bronze Age. In *Music in the Age of Confucius*, edited by Jenny F. So, 13–33. Washington D. C. : Freer Gallery of Art and Arthur M. Sackler Gallery (Smithonian Institution).

[122] Marmé, Michael. 2005. *Suzhou: Where the Goods of All the Provinces Converge*. Stanford, CA: Stanford University Press.

[123] McDermott, Joseph P. 2006. *A Social History of the Chinese Book: Books and Literati Culture in Late Imperial China*. Hong Kong: Hong Kong University Press.

[124] Millinger, James Ferguson. 1968. *Ch'i Chi-kuang, Chinese Military Official: A Study of Civil-Military Roles and Relations in the Career of a Sixteenth Century Warrior*: PhD diss., Yale University.

[125] Milne, William Charles. 1820. *A Retrospect of the first Ten Years of the Protestant Mission to China*. Malacca: Anglo-Chinese Press.

[126] Mote, Frederick W. 1999. *Imperial China* 900–1800. Cambridge: Harvard University Press.

[127] Mote, Frederick W. & Twitchett, Denis, eds. 1988. *The*

Cambridge History of China. Vols. 7 *and* 8, *The Ming Dynasty*, 1368 - 1644. Cambridge: Cambridge University Press.

[128] Needham, Joseph. 1962. *Physics. Pt. I of Physics and Physical Technology*, *vol.* 4 *in Science and Civilisation in China*. Cambridge: Cambridge University Press.

[129] ——. 1986. *Military Technology: The Gunpowder Epic. Pt.* 7 *of Chemistry and Chemical Technology*, *vol.* 5 *in Science and Civilisation in China*. Cambridge: Cambridge University Press.

[130] Owen, Stephen. 1992. *Readings in Chinese Literary Thought*. Cambridge, MA: Council on East Asian Studies.

[131] Peterson, Willard J. 1979. *Bitter Gourd: Fang I-chih and the Impetus for Intellectual Change*. New Haven: Yale University Press.

[132] Poo, Mu-chou. 1999. The Use and Abuse of Wine in Ancient China. *Journal of the Economic and Social History of the Orient* 42, no. 2: 123 - 51.

[133] Potter, Donald. 1976. (Biography of) Wen T'i-jen. In *Dictionary of Ming Biography*, 1368 - 1644. *Vol.* 2, edited by L. Carrington Goodrich & Chaoying Fang, 1474 - 1478. New York: Columbia University Press.

[134] Powers, Martin J. 2006. *Pattern and Person: Ornament, Society, and Self in Classical China*. Cambridge: Harvard University Asia Center.

[135] Pregadio, Fabrizio. 2005. *Great Clarity: Daoism and Alchemy in Early Medieval China*. Stanford, CA: Stanford University Press.

[136] ——, ed. 2008. *The Encyclopedia of Daoism*. New York: Routledge.

[137] Puett, Michael J. 2001. *The Ambivalence of Creation: Debates Concerning Innovation and Artifice in Early China*. Stanford, CA: Stanford University Press.

[138] Quirin, Michael. 1996. Scholarship, Value, Method and Hermeneutics in Kaozheng: Some Reflections on Cui Shu (1740 – 1816) and the Confucian Classics. *History and Theory* 35, no. 4: 34 – 53.

[139] Rawson, Jessica. 2001. The Many Meanings of the Past in China. In *Perception of Antiquity in Chinese Civilization*, edited by Dieter Kuhn & Helga Stahl, 397 – 421. Heidelberg: edition forum.

[140] ———. 2002. *Chinese Jades: From the Neolithic to the Qing*. London: British Museum Press.

[141] Rheinberger, Hans-Jörg. 1997. *Toward a History of Epistemic Things: Synthesizing Proteins in the Test Tube*. Stanford, CA: Stanford University Press.

[142] Roberts, Lissa & Schaffer, Simon & Dear, Peter, eds. 2007. *The Mindful Hand: Inquiry and Invention from the Late Renaissance to Early Industrialisation*. Amsterdam: KNAW.

[143] Robinson, David M. 2001. *Bandits, Eunuchs, and the Son of Heaven: Rebellion and the Economy of Violence in Mid-Ming China*. Honolulu: University of Hawai'i Press.

[144] Rostoker, William & Bronson, Bennet & Dvorak, James. 1984. The Cast-Iron Bells of China. *Technology and Culture* 25, no. 4: 750 – 67.

[145] Rowe, William T. 1990. Success Stories: Lineage and Elite Status in Hanyang County, Hubei, c. 1368 – 1949. In *Chinese Local Elites and Patterns of Dominance*, edited by Joseph W. Esherick & Mary Backus Rankin, 51 – 81. Berkeley: University of California Press.

[146] ———. 2001. *Saving the World: Chen Hongmou and Elite Consciousness in Eighteenth-Century China*. Stanford, CA: Stanford University Press.

[147] Rowley, George A. 1969. A Chinese Scroll of the Ming Dynasty: Ming Huang and Yang Kueifei Listening to Music. *Attribus Asiae* 31, no. 1: 5 - 31.

[148] Sakai, Tadao. 1970. Confucianism and Popular Educational Works. In *Self and Society in Ming Thought*, edited by William Theodore de Bary & et al., 331 - 66. New York: Columbia University Press.

[149] Schäfer, Dagmar. 1998. *Des Kaisers seidene Kleider: Staatliche Seidenmanufakturen in der Ming-Zeit* (1368 - 1644). Heidelberg: edition forum.

[150] Schafer, Edward H. 1952. The Pearl Fisheries of Ho-P'u. *Journal of the American Oriental Society* 72, no. 4: 155 - 68.

[151] ———. 1961. *Tu Wan's Stone Catalogue of Cloudy Forest*. Berkeley: University of California Press.

[152] Scheid, Hildegard. 1994. *Die Entwicklung der Staatlichen Seidenweberei in der Ming-Dynastie* (1368 - 1644): Master's thesis, University of Würzburg.

[153] Shapin, Steven. 1994. *A Social History of Truth: Civility and Science in Seventeenth-Century England*. Chicago: University of Chicago Press.

[154] Shapin, Steven & Shchaffer, Simon. 1985. *Leviathan and the Air Pump: Hobbes, Boyle, and the Experimental Life*. Princeton: Princeton University Press.

[155] Shapiro, Barbara J. 2000. *A Culture of Fact: England 1550 - 1720*. Ithaca: Cornell University Press.

[156] Siebert, Martina. 2006. *Pulu: Abhandlungen und Auflistungen zu materieller Kultur und Naturkunde im traditionellen China*. Wiesbaden: Harrasowitz.

[157] ———. 2006a. "Making Technology History." In*Conference paper presented at Max Planck Institute for the History of Science, From Invention to Innovation, July* 2006,

[158] Sivin, Nathan. 1968. *Chinese Alchemy: Preliminary Studies*. Cambridge: Harvard University Press.

[159] ———. 1970 - 1980. Shen Kua. In *Dictionary of Scientific Biography*, edited by Charles C. Gillispie, 369 - 393. New York: Charles Scribner's Sons.

[160] ———. 1982. Why the Scientific Revolution Did Not Take Place in China - Or Didn't It? *Chinese Science* 5: 45 - 66.

[161] ———. 1987. *Traditional Medicine in Contemporary China: A Partial Translation of Revised Outline of Chinese Medicine* (1972) *with an Introductory Study on Change in Present-day and Early Medicine*. Ann Arbor: Center for Chinese Studies, University of Michigan.

[162] ———. 1995. Wang Hsi-Shan. In *Science in Ancient China: Researches and Reflections*, 1 - 28. V. Aldershot, Hampshire: Variorum.

[163] ———. 2009. *Granting the Seasons: The Chinese Astronomical Reform of* 1280, *With a Study of its Many Dimensions and a Translation of its Records*. New York: Springer.

[164] Sivin, Nathan & Lloyd, Geoffrey. 2003. *The Way and the World: Science and Medicine in Early China and Greece*. New Haven: Yale University Press.

[165] Smith, Kidder. 2003. Sima Tan and the Invention of

Daoism, Legalism, "et cetera". *Journal of Asian Studies* 62, no. 1: 129–56.

[166] Smith, Pamela H. 2004. *The Body of the Artisan: Art and Experience in the Scientific Revolution*. Chicago: University of Chicago Press.

[167] Sterckx, Roel. 2000. Transforming the Beasts: Animals and Music in Early China. *T'oung Pao* 136: 1–46.

[168] Struve, Lynn A. 1998. *The Ming-Qing Conflict, 1619–1683: A Historiography and Source Guide*. Ann Arbor, MI: Association for Asian Studies.

[169] Sun, E-Tu Zen & Sun, Shiou-Chuan. 1997/1966. *Chinese Technology in the Seventeenth Century: T'ien-kung k'ai-wu. Translated from the Chinese and annotated by E-Tu Zen Sun and Sun Shiou-Chuan*. Mineola, NY: Dover Publications.

[170] Sun, Laichen. 2003. Military Technology Transfers from Ming China and the Emergence of Northern Mainland Southeast Asia (c. 1390–1527). *Journal of Southeast Asian Studies* 34, no. 3: 495–517.

[171] Sun, Xiaochun & Kistemaker, Jacob. 1997. *The Chinese Sky during the Han: Constellating Stars and Society*. Leiden: Brill.

[172] Tong, James W. 1991. *Disorder under Heaven: Collective Violence in the Ming Dynasty*. Standford, CA: Stanford University Press.

[173] Tsai, Shih-shan Henry. 1996. *The Eunuchs in the Ming Dynasty*. Albany: State University of New York Press.

[174] Tu, Wei-ming. 1976. *Centrality and Commonality: An Essay on Chung-yung*. Honolulu: University Press of Hawai'i.

[175] ———. 1984. The Continuity of Being: Chinese Visions of

Nature. In *On Nature*, edited by Leroy S. Rouner, 113 - 116. Notre Dame, IN: University of Notre Dame Press.

[176] Volkmar, Barbara. 2007. *Die Fallgeschichten des Arztes Wan Quan* (1500 - 1585?): *Medizinisches Denken und Handeln in der Ming Zeit*. München: Elsevier Urban & Fischer.

[177] Wagner, Donald. 1993. *Iron and Steel in Ancient China*. Leiden: Brill.

[178] ———. 2003. Chinese Blast Furnaces from the 10th to the 14th Century. *Historical Metallurgy* 37, no. 1: 25 - 37.

[179] ———. 2007. Song Yingxing's Illustrations of Iron Production. In *Graphics and Text in the Production of Technical Knowledge in China: The Warp and the Weft*, edited by Francesca Bray & Vera Dorofeeva-Lichtmann & Georges Métailié, 615 - 32. Leiden: Brill.

[180] Wakeman, Frederic E. Jr. 1975. *The Fall of Imperial China*. New York: Free Press.

[181] ———. 1986. China and the Seventeenth-Century Crisis. *Late Imperial China* 7, no. 1: 1 - 26.

[182] ———. 1998. Boundaries of the Public Sphere in Ming and Qing China. *Daedalus* 127, no. 3: 167 - 89.

[183] ———. 2009. Localism and Loyalism during the qing Conquest of Jiangnan: The Tragedy of Jiangyin. In *Telling Chinese History: A Selection of Essays*, edited by Lea H. Wakeman, ? -? Berkeley: University of California Press.

[184] Waley-Cohen, Joanna. 2006. *The Culture of War in China: Empire and the Military under the Qing Dynasty*. New York: I. B. Tauris and Co.

[185] Waltner, Ann. 1983. Review Essay: Building on the Ladder

of Success: The Ladder of Success in Imperial China and Recent Work on Social Mobility. *Ming Studies* 17: 30 - 36.

[186] Wang, Yang-ming. 1963. *Instructions for Practical Living and Other Neo-Confucian Writings. Translated by Wing-tsit Chan.* New York: Columbia University Press.

[187] Ward, Julian. 2001. *Xu Xiake* (1587 - 1641): *The Art of Travel Writing*. Richmond: Curzon.

[188] Weatherford, Jack. 2004. *Genghis Khan and the Making of the Modern World*. New York: Crown Publishers.

[189] Wills, John E. Jr. 1994. *Mountain of Fame: Portraits in Chinese History*. Princeton: Princeton University Press.

[190] Wu, K. T. 1950. Ming Printing and Printers. *Harvard Journal of Asiatic Studies* 13: 203 - 260.

[191] Xi, Zezong. 1981. Chinese Studies in the History of Astronomy, 1949 - 1979. *Isis* 72, no. 3: 456 - 470.

[192] Yong, Huang. 2006. A Neo-Confucian Conception of Wisdom: Wang Yangming on the Innate Moral Knowledge (liangzhi). *Journal of Chinese Philosophy* 33, no. 3: 393 - 408.

[193] Yoshida, Tora. 1993. *Salt Production Techniques in Ancient China: The Aobo tu. Translated and revised by Hans Ulrich Vogel*. Leiden: Brill.

[194] Yung, Bell, ed. 1997. *Celestial Airs of Qntiquity: Music of the Seven-String Zither of China*. Madison, WI: A-R Editions.

[195] Zhang, Wei-hua. 1992. Music in Ming Daily Life, as Portrayed in the Narrative "Jin Ping Mei". *Asian Music* 23, no. 2: 105 - 34.

[196] Zhang, Yunming. 1986. Ancient Chinese Sulphur Manufacturing Processes. *Isis* 77, no. 3: 487 - 97.

[197] Zhao, Jie. 2000. Ties That Bind: The Craft of Political Networking in Late Ming Chiang-nan. *T'oung Pao* 86, no. 1-3: 136-64.

[198] Zhao, Zhongwei. 2001. Chinese Genealogies as a Source for Demographic Research: A Further Assessment of Their Reliability and Biases. *Population Studies* 55, no. 2: 181-93.

日文参考文献

[1] 内阁文库:《改订内阁文库汉籍分类目录》,东京:内阁文库,1971。

[2] 冈登贞治:《染色精义》,大阪:东洋图书,1950。

[3] 小川省吾:《近世色染学纲要》,东京:工业图书,1936。

[4] 生驹晶:《明初科舉合格者の出身に關する一考察》,载于《山根幸夫教授退休纪念明代史论丛》,东京:汲古书院,1990。

中文参考文献

[1]《礼记·乐记》,天津:天津古籍书店影印。

[2]《书经》,天津:天津古籍书店影印,1988。

[3]《易经》,天津:天津古籍书店影印,1988。

[4][春秋]老子著:《老子新编校识》,王垶编释,沈阳:辽沈书社,1990。

[5][春秋]孔子著:《论语》,北京:中国社会科学出版社,2003。

[6][春秋]左丘明著:《国语》,上海:上海古籍出版社,1978。

[7][春秋]左丘明著:《左传》,天津:天津古籍出版社,1988。

[8][西汉]刘向著:《〈说苑〉校正》,向宗鲁校正,北京:中华书局,1987。

[9] [西汉]刘安著:《淮南子》,长春:吉林人民出版社,1999。

[10] [西汉]司马迁著:《史记》,北京:中华书局,1969。

[11] [东汉]王充著:《〈论衡〉析诂》,郑文校注,成都:巴蜀书社,1999。

[12] [东汉]班固著:《白虎通德论》,杭州:浙江人民出版社,1984。

[13] [东汉]班固著:《汉书》,[唐]颜师古校注,香港:香港中华书局,1970。

[14] [西晋]陈寿著:《三国志》,香港:中华书局,1971。

[15] [西晋]张华著:《〈博物志〉校证》,范宁校注,北京:中华书局,1984。

[16] [南朝]范晔著:《后汉书》,李贤等校对,北京:中华书局,1973。

[17] [唐]刘禹锡著:《刘宾客嘉话录》,台北:台湾商务印书馆,1966。

[18] [唐]张鷟著:《朝野佥载》,台北:台湾商务印书馆,1966。

[19] [唐]王谠著:《唐语林:附校勘记》,北京:中华书局,1985。

[20] [北宋]张载著:《张载集・正蒙》,章锡琛校注,北京:中华书局,1978。

[21] [北宋]朱熹著:《晦庵先生朱文公文集》,台北:台湾商务印书馆,1980。

[22] [北宋]朱熹著:《御批〈资治通鉴〉纲目》,台北:台湾商务印书馆,1983—1986。

[23] [北宋]朱熹著:《孟子集注》,天津:天津古籍书店影印本,1988。

[24] [北宋]朱熹著:《朱子语类》,[北宋]黎靖德编辑,北京:中华书局,1986。

[25] [北宋]杜绾著:《云林石谱》,北京:中华书局,1985。

[26] [北宋]沈括著:《浑仪议》,载于中华书局编辑部主编《历代天文律历等志汇编》,北京:中华书局,1975。

[27] [北宋]沈括著:《〈梦溪笔谈〉校正》,胡道静校正,上海:上海古籍出版社,1958/1960/1987。

[28][北宋]王安石著:《王文公集》,上海:上海人民出版社,1974。

[29][北宋]苏东坡著:《东坡志林》,北京:中华书局,1981。

[30][南宋]郑樵著:《通志・艺文略》,[清]汪启淑校注,香港:香港大学图书馆馆藏,1749。

[31][南宋]郑樵著:《通志・二十略》,王树民编校,北京:中华书局,1995。

[32][南宋]马祖常:《石田文集》,台北:商务印书馆,1976。

[33][五代]谭峭著:《化书》,丁祯彦、李似珍点校,北京:中华书局,1996。

[34][元]王祯著:《农书》,王毓瑚校对,北京:农业出版社,1981。

[35][元]脱脱等编撰:《宋史》,北京:中华书局,2000。

[36]《明实录・怀宗实录》,台北:"中央研究院"历史语言研究所,1962—1966。

[37]《复社档案》,北京:中国国家图书馆馆藏档案。

[38][明]陈宏绪著:《酉阳山房藏书纪》,新竹:新竹清华大学缩微胶片,1622。

[39][明]陈宏绪著:《陈士业先生集》,新竹:新竹清华大学缩微胶片,1687。

[40][明]陈宏绪著:《寒夜录》,台北:艺文印书馆,1965—1970(1637)。

[41][明]方以智著:《物理小识》,台北:台湾商务印书馆,1981。

[42][明]方以智著:《方以智全书》,上海:上海古籍出版社,1988。

[43][明]兰陵笑笑生著:《张竹坡批评〈金瓶梅〉》,[明]张竹坡评点、王汝梅等校点,济南:齐鲁书社,1991。

[44][明]刘同升著:《锦鳞诗集》,南昌:1937。

[45][明]刘泽溥、[明]高博九编撰:《亳州志》,北京:中国国家图书馆珍本收藏库,1656。

[46][明]吕维祺著:《明德先生文集》,济南:齐鲁书社,1997。

[47] [明]罗颀著:《物原》,台北:台湾商务印书馆,1966。

[48] [明]罗钦顺著:《困知记》,台北:台湾商务印书馆,1983。

[49] [明]邱濬著:《大学衍义补》,台北:台湾商务印书馆,1983—1986。

[50] [明]申时行、[明]李东阳编撰:《大明会典》,台北:新文风出版公司,1976(1511/1587)。

[51] [明]宋应星著:《野议·谈天·论气·思怜诗》,上海:上海人民出版社,1976。

[52] [明]宋应星著:《天工开物》,广州:广东人民出版社,1976。

[53] [明]宋应星著:《天工开物》,钟广言注释,香港:中华书局,1989。

[54] [明]谈迁著:《国榷》,张宗祥校编,北京:古籍出版社,1958。

[55] [明]佟世男、[明]宋应升编撰:《恩平县志》,天津:天津图书馆古籍复制,1984(1478/1640)。

[56] [明]王夫之著:《船山全集》,长沙:岳麓书社,1988。

[57] [明]王夫之著:《张子正蒙注》,北京:中华书局,1956。

[58] [明]王夫之、[明]黄宗羲著:《梨州船山五书》,台北:世界书局,1974。

[59] [明]王世懋著:《闽部疏》,上海:上海古籍出版社,2002。

[60] [明]王廷相著:《王氏家藏集》,台北:伟文图书出版社,1976。

[61] [明]王锡阐著:《晓菴新法》,台北:台湾商务印书馆,1965。

[62] [明]熊文举著:《雪堂先生文选》,南昌:江西省图书馆馆藏,1655。

[63] [明]徐光启著:《农政全书》,台北:台湾商务印书馆,1983—1986(1639)。

[64] [明]徐霞客著:《徐霞客游记》,褚绍唐、吴应寿校注,上海:上海古籍出版社,1987。

[65] [明]张居正著:《张居正著四书集注》,台北:台湾商务印书馆,

1983—1986。

[66] [明]张居正等编:《明实录・世宗实录》,黄彰健校注,台北:“中央研究院”历史语言研究所,1966。

[67] [明]张履祥著:《补(沈氏)农书》,北京:中华书局,1956(1658)。

[68] [清]白潢、[清]查慎行编修:《西江志》,台北:成文出版社,1989(1720)。

[69] [清]冯师元、[清]石台编修:《恩平县志》,台北:成文出版社,1966(1825)。

[70] [清]李寅清、[清]夏琮鼎、[清]严升伟编修:《分宜县志・中国地方志集成・江西府县志》,南京:江苏古籍出版社,1996(1871)。

[71] [清]吕懋先、[清]帅方蔚编修:《奉新县志》,南昌:江西省博物馆收藏,1871。

[72] [清]毛德琦编撰:《白鹿书院志》,台北:成文出版社,1989(1718)。

[73] [清]唐英著:《唐英集》,张发颖、刁云展编,沈阳:辽沈书社,1991。

[74] [清]徐鼒著:《小腆纪传》,北京:中华书局,1958。

[75] [清]杨周宪、[清]赵曰冕编修:《新建县志》,台北:成文出版社,1989(1680)。

[76] [清]阮元、[清]陈昌齐编修:《广东通志》,上海:上海古籍出版社,1934(1864)。

[77] [清]张廷玉等著:《明史》,北京:中华书局,1991(1736)。

[78] [清]郑达撰:《野史无文》,北京:中华书局,1962。

[79] [清]郑沄编修:《杭州府志》,上海:上海古籍出版社,1995(1784)。

[80] [清]钟泰编修:《亳州志》,台北:成文出版社,1985(1894)。

[81] [清]朱琰著:《陶说》,上海:上海古籍出版社,1995—2000。

[82] 包发生:《四堡雕版印刷业情况调查》,载于《连城文史资料》

1993年第18卷,第70—82页。

[83] 蔡文鸾、林育兰编修:《分宜县志·1683年·中国方志丛书—华中地方752》,台北:成文出版社,1989。

[84] 仓修良:《朱熹资治通鉴纲目》,载于《安徽史学》2007年第1卷,第18—24页。

[85] 柴继光:《关于宋应星〈天工开物〉中的"池盐"部分一些问题的辨识》,载于《盐业史研究》1994年第1卷,第30—32页。

[86] 常福元:《李自成陕北史事研究》,兰州:甘肃人民出版社,2006。

[87] 陈鼓应:《本草纲目通释》,北京:学苑出版社,1992。

[88] 陈鼓应、辛冠洁、葛荣晋:《明清实学思潮史》,济南:齐鲁书社,1989。

[89] 陈久金、杨怡:《中国古代的天文与历法》,台北:台北商务印书馆,1993。

[90] 陈娟娟:《丝绸史话》,北京:中华书局,1980。

[91] 崔登鳌:《新建县志》,北京:中国国家图书馆,藏书号250.15/36.29,1849。

[92] 戴念祖:《中国声学史》,石家庄:河北教育出版社,1994。

[93] 戴念祖:《中国物理学史大系·声学史》,长沙:湖南教育出版社,2001。

[94] 戴念祖等:《中国物理学史大系·光学史》,长沙:湖南教育出版社,2000。

[95] 邓广铭:《岳飞传》,北京:三联书店,1955。

[96] 邓洪波:《中国书院章程》,长沙:湖南大学出版社,2000。

[97] 范金民:《明清江南商业的发展》,南京:南京大学出版社,1998。

[98] 傅大为、雷祥麟:《梦溪里的语言与相似性:对〈梦溪笔谈〉中"人命运的预知"及"神奇""异事"二门的研究》,载于《清华学报(台湾)》1994年第3卷,第31—60页。

[99] 葛荣晋:《中国实学思想史》,北京:首都师范大学出版社,1994。

[100] 葛荃:《立命与忠诚:士人政治精神的典型分析》,台北:星定石文化,2002。

[101] 郭金海:《明代南京城墙砖铭文略论》,载于《东南文化》2001年第1卷,第75—78页。

[102] 郭书春:《贾宪〈黄帝九章算经细草〉初探》,载于《自然科学史研究》1988年第7卷,第328—334页。

[103] 郭树森:《试论宋应星对元气本体论的丰富和发展》,载于《江西社会科学》1984年第1984/5卷,第118—123页。

[104] 何兆武:《论宋应星的思想》,载于《中国史研究》1978年第2期,第149—160页。

[105] 胡道静:《中国古代的类书》,北京:中华书局,1982。

[106] 胡寄窗:《中国经济思想史简编》,上海:上海立信会计出版社,1997。

[107] 户幸民:《试论宋应星的自然哲学思想》,载于《江西社会科学》1982年第5期,第69—76页。

[108] 黄明同:《从〈论气〉看宋应星的自然观》,载于《华南师范大学学报(社会科学版)》1982年第4期,第24—28,34页。

[109] 黄翔鹏:《中国人的音乐和音乐学》,济南:山东文艺出版社,1997。

[110] 江晓原:《天学外史》,上海:上海人民出版社,1999。

[111] 李绍强、徐建青:《中国手工业经济通史:明清卷》,福州:福建人民出版社,2004。

[112] 李书增、孙玉杰、任金鉴:《中国明代哲学》,郑州:河南人民出版社,2002。

[113] 梁方仲:《一条鞭法》,载于《中国近代经济史研究集刊》1936年第4卷。

[114] 缪启愉:《〈齐民要术〉导读》,成都:巴蜀书社,1988。

[115] 刘宝楠、刘恭冕、宋翔凤:《论语正义》,北京:中华书局,1990。

[116] 刘殿爵、陈方正、何志华:《曹植集逐字索引》,香港:香港中文大学出版社,2001。

[117] 刘军、莫福山、吴雅芝:《中国古代的酒与饮酒》,台北:台湾商务印书馆,1998。

[118] 刘叶秋:《历代笔记概述》,北京:中华书局,1980。

[119] 陆鉴三:《处处逗驻足,依依不能去:元明清杭州的旅游》,载于周峰主编《元明清名城杭州》,杭州:浙江人民出版社,1997。

[120] 陆世仪:《明季复社纪略》,载于陈力主编《中国野史集粹(第一卷)》,成都:白石书社,2000。

[121] 潘吉星:《明代科学家宋应星》,北京:科学出版社,1981。

[122] 潘吉星:《〈天工开物〉校注及研究》,成都:巴蜀书社,1989。

[123] 潘吉星:《宋应星评传》,南京:南京大学出版社,1990。

[124] 钱超尘:《王清任研究集成》,北京:中医古籍出版社,2002。

[125] 宋立权、宋育德:《八修新吴雅溪宋氏宗谱》,藏于宋应星博物馆,1934。

[126] 孙殿起:《清代禁书知见录》,上海:商务印书馆,1957。

[127] 王靖宪:《中国历代绘画:故宫博物院藏画集》,北京:人民美术出版社,1978。

[128] 王冶秋:《琉璃厂史话》,北京:三联书店,1963。

[129] 王咨臣、熊飞:《宋应星学术著作四种》,南昌:江西人民出版社,1988。

[130] 韦庆远:《张居正和明代中后期政局》,广州:广东高等教育出版社,1999。

[131] 伍国栋:《中国音乐》,上海:上海外语教育出版社,1999。

[132] 夏明华:《荆州古城勒名砖与物勒工名》,载于《江汉考古》2003年第87卷,第66—72页。

[133] 徐世溥:《榆墩集》,南昌:江西省图书馆馆藏,书号3455/23,1691。

[134] 杨维增:《宋应星思想研究诗集诗文译注》,广州:中山大学出版社,1987。

[135] 杨中杰:《佛经邻虚尘——最终基本粒子、真空及量子之源》,载于《佛经与科学》2006 年第 7 卷,第 34—45 页。

[136] 张晖:《宋代笔记研究》,武昌:华中师范大学出版社,1993。

[137] 张立文:《宋明理学逻辑结构的演化》,台北:三民书局,1994。

[138] 张岂之:《儒学·理学·实学·新学》,西安:陕西人民教育出版社,1994。

[139] 张秀民:《张秀民印刷史论文集》,北京:印刷工业出版社,1988。

[140] 赵万里:《国立北平图书馆善本书目》,北平:国立北平图书馆,1933。

[141] 周桂钿:《中国古人论天》,北京:新华出版社,1993。

中西文对照人名列表

西文名字	中文名字
Bloor, David	大卫·布卢尔
Bol, Peter K.	包弼德
Boyle, Robert	罗伯特·玻意耳
Bray, Francesca	白馥兰
Brokaw,Cynthia J.	包筠雅
Brook, Timothy	卜正民
Chia, Lucille	贾晋珠
Chow, Kai-Wing	周启荣
Chu, Hung-lam	朱鸿林
Crawford, Robert	罗伯特·克劳福德
Cullen, Christopher	古克礼
Dardess, John W.	窦德士
Damerow, Peter	戴培德

续　表

西文名字	中文名字
Daston，Lorraine	罗薐・达斯顿
Dear，Peter	彼得・迪尔
Dennis，Joseph	戴思哲
Elman，Benjamin A.	艾尔曼
Flitsch，Mareile	傅玛瑞
Fogel，Joshua A.	傅佛果
Fu，Daiwie	傅大为
Gilbert，William	吉尔伯特
Handlin，Joanna	韩德琳
Hazelton，Keith	贺杰
Hoffmann，Martin	贺马丁
Hooke，Robert	罗伯特・胡克
Huang，Ray	黄仁宇
Kistemaker，Jacob	雅各布・基斯特梅柯
Ko，Dorothy	高彦颐
Kuhn，Dieter	狄特・库恩
Kuhn，Thomas	托马斯・库恩
Le Blanc,Charles	白光华
Lufranco，Richard John	陆冬远
Ma，Tai-loi	马泰来
Milne，William C.	美魏茶
Mote，Frederick W.	牟复礼
Needham，Joseph	李约瑟
Newton，Isaac	牛顿
Pantoja，Diego de	庞迪我
Powers，Martin J.	包华石
Puett,Michael	普鸣
Renn，Jürgen	雷恩
Ricci，Matteo	利玛窦
Roberts，Lissa	丽莎・罗伯兹
Robinson，David M.	大卫・罗宾逊
Rowe，William T.	罗威廉
Schäfer，Dagmar	薛凤

续　表

西文名字	中文名字
Schemmel, Matthias	马深孟
Shaffer, Simon	西蒙·谢弗
Shapin, Steven	斯蒂文·夏平
Sivin, Nathan	席文
Smith, Pamela H.	帕梅拉·H. 史密斯
Struve, Lynn A.	司徒琳
Tong, James W.	汤维强
Vogel, HansUlrich	傅汉斯
Wakeman, Frederic E. Jr.	魏斐德
Wedgewood, Josiah	韦奇伍德

译者后记

明代学者宋应星的《天工开物》记录了18种技术工艺，被认为是中国科学技术史上的举足轻重之作。对这本书资料价值的重视和凸显，往往使研究者剥离了《天工开物》一书与其作者宋应星之间、与宋应星的其他著作之间的关联。薛凤(Dagmar Schäfer)的近著《工开万物——17世纪中国的知识与技术》(*The Crafting of the 10000 Things: Knowledge and Technology in Seventeenth-Century China*, The University of Chicago Press, 2011)则着力于将宋应星的这部"名著"与作者在同一时间内完成，却不甚为人所知的其他著作(《野议》《论气》《谈天》)放在一起，梳理并展示各著作之间思想理念的关联，将宋应星的著述活动在晚明时代的大舞台上予以定位。这一科学史上的个案研究生动地表明，知识——哪怕是与身体力行实践关联最为密切的工艺技术知识——之生成、表述、传播、被接受(或者不被接受)的过程，都深深地嵌入在当事人(作者与读者)置身其中的社会、文化、思想理念以及价值观构成的整体性关联当中。作为知识承载的一种形式，一本书是这一复杂体系的产物；与此同时，透过一本书在不同读者群中的遭逢际遇，我们察觉不同时代与社会、文化差异的思想敏感性会得到磨砺。

《工开万物》这部研究中国17世纪知识产出的学术著作本身也是一

个饶有兴味的个案。芝加哥大学出版社推出的英文版中呈现的知识及其表述方式,将使用英语为工作语言的学者定位为目标读者。英语读者——无论科学史领域,还是东亚研究领域——对它做出了非常正面的回应:该书在2011年出版后,2012年荣获美国科学史学会的“菲茨奖”(Pfizer Award),2013年荣获美国亚洲研究学会的“列文森著作奖”(Joseph Levenson Book Prize)。二者都是获得学术界高度赞誉和认可的奖项。如今,江苏人民出版社“海外中国研究丛书”系列即将推出该书的中文版。移栽于另一种语言的水土当中,它是否还会像原生状态那样枝繁花茂?作为参与挪移搬运工作、要对中文版行文表述负责的译者,此时我们难免感到诚惶诚恐。感谢“海外中国研究丛书”主编刘东教授的信任,将这本书的翻译工作托付给我们;薛凤教授本人对中文译本的重视,让这本书的中文版变成了译者与作者深度合作的成果:她不仅为我们争取到了翻译资助,还定期与译者会面讨论翻译中涉及的内容问题以及语言表述风格。薛凤的助手、马普科学史研究所的张超楠给予我们极大的帮助,她不光全面协调整个工作的进展、帮助我们查阅所需资料,还和其他同事一起对我们的译文初稿做审校,让我们得以纠正许多错讹之处。在这里,我们向所有提供过帮助的人深表谢忱!不过,作为译者,我们对译文中的任何缺陷承担全部责任。

本书的英文版在介绍明代科举制度、匠作制度等背景性知识时,采用了让人一目了然的图表形式。考虑到中国读者普遍具备这些历史知识常识,我们在中文译本中将这几张图表略去。出于同样的理由,书后附录中的中国历史分期年表以及明代年号与西历年代的对应表也略掉。关于《天工开物》各版本情况的附录,英文版以出版年代为线索列举,中文版则以不同语言的版本为线索进行了重新编排。英文版的索引部分主要目的在于帮助读者找到与某些词语相对应的中文语汇,中文读者并无这种需要,因此我们没有再编制索引。宋应星的《野议》《论气》《谈天》等长文都是本书研究中非常重要的立论之根据,但是并不如《天工开物》那样有诸多容易获得的注释版本。因此,在涉及这些文本时,我们都将宋应星的原文呈现出来。为了保持阅读的连贯性，我们通常将宋应星的原文放在正文之后的括号内；在不会造成阅读障碍的地方，我们则直接采用宋应星的原文。

翻译学术著作既要求有大块时间花在语言的移译上，同时也需要具备相关的专业知识。足以集二者于一身的译者，实为难求。因此，为了找到速度进展与质量保证之间的最佳平衡点，我们尝试一种互补型分工合作模式：将英语移译成汉语的行文工作由吴秀杰承担，白岚玲负责检查、考订所涉文献的知识性内容以及文字润色。在整个工作期间，两位译者之间在文字用词上的斟酌磋商，译者与作者之间的各种探讨、学术观点和知识上的互动与交流，都是充满愉悦和富有成效的过程。德国马普科学史研究所邀请中国传媒大学文法学部的白岚玲教授于 2015 年寒假期间来柏林做访问学者，这不仅为本书的翻译工作提供了最佳框架条件，也为进一步学术交流奠定了基础。

还有一点，也许也有必要在这里提及一下：这本书中蕴含的知识，其生成过程一直伴随着多种语言之间的转换。第一道转换，便是从明代的文人语言到现代汉语的转换，这是每一位从事古典汉学研究外国学者都要经历的首个门槛。薛凤的母语是德语，她在德国古典汉学研究的框架下入手研究宋应星。不难想象，在知识获取和思想提炼过程中，她不可避免地会采用自己的母语德语为思维语言，也就是说将宋应星的文字和思想转换成德语。在以语言文字呈现研究成果这一最后阶段，她采用的则是第三种（或者说第四种）语言——英语。书中有很多内容非常浓缩的表述，同时也不乏充满文学性的灵动修辞。在写作风格上，作者乐于在学术叙述中采用一些文学意象来引发适当的联想。每个论题单元前恰到好处的“引子”语句，都来自宋应星的各种著作篇目当中。作者在学术写作上的文学匠心，从中可以窥见一斑。但愿我们在译文中能或多或少地捕捉到原作中的“灵光”（aura），帮助我们将译文从学术翻译中常有的呆板滞涩之绑缚中挣脱出来。

最后，我们也感谢江苏人民出版社王保顶老师的耐心和宽容，他总是快速而及时地回应我们的询问,给出富有建设性的意见,对我们延迟交稿也保持了宽容和耐心;在译稿校对期间,责任编辑史雪莲女士的认真、高效和友好,给我们的整个翻译过程画上了一个愉快的句号。

译者谨记

2015 年 5 月

“海外中国研究丛书”书目

1. 中国的现代化 [美]吉尔伯特·罗兹曼 主编 国家社会科学基金“比较现代化”课题组 译 沈宗美 校
2. 寻求富强:严复与西方 [美]本杰明·史华兹 著 叶凤美 译
3. 中国现代思想中的唯科学主义(1900—1950) [美]郭颖颐 著 雷颐 译
4. 台湾:走向工业化社会 [美]吴元黎 著
5. 中国思想传统的现代诠释 余英时 著
6. 胡适与中国的文艺复兴:中国革命中的自由主义,1917—1937 [美]格里德 著 鲁奇 译
7. 德国思想家论中国 [德]夏瑞春 编 陈爱政 等译
8. 摆脱困境:新儒学与中国政治文化的演进 [美]墨子刻 著 颜世安 高华 黄东兰 译
9. 儒家思想新论:创造性转换的自我 [美]杜维明 著 曹幼华 单丁 译 周文彰 等校
10. 洪业:清朝开国史 [美]魏斐德 著 陈苏镇 薄小莹包伟民 陈晓燕 牛朴 谭天星 译 阎步克 等校
11. 走向21世纪:中国经济的现状、问题和前景 [美]D·H·帕金斯 著 陈志标 编译
12. 中国:传统与变革 [美]费正清 赖肖尔 主编 陈仲丹 潘兴明 庞朝阳 译 吴世民 张子清 洪邮生 校
13. 中华帝国的法律 [美]D·布朗 C·莫里斯 著 朱勇 译 梁治平 校
14. 梁启超与中国思想的过渡(1890—1907) [美]张灏 著 崔志海 葛夫平 译
15. 儒教与道教 [德]马克斯·韦伯 著 洪天富 译
16. 中国政治 [美]詹姆斯·R·汤森 布兰特利·沃马克 著 顾速 董方 译
17. 文化、权力与国家:1900—1942年的华北农村 [美]杜赞奇 著 王福明 译
18. 义和团运动的起源 [美]周锡瑞 著 张俊义 王栋 译
19. 在传统与现代性之间:王韬与晚清革命 [美]柯文 著 雷颐 罗检秋 译
20. 最后的儒家:梁漱溟与中国现代化的两难 [美]艾恺 著 王宗昱 冀建中 译
21. 蒙元入侵前夜的中国日常生活 [法]谢和耐 著 刘东 译
22. 东亚之锋 [美]小R·霍夫亨兹 K·E·柯德尔 著 黎鸣 译
23. 中国社会史 [法]谢和耐 著 黄建华 黄迅余 译
24. 从理学到朴学:中华帝国晚期思想与社会变化面面观 [美]艾尔曼 著 赵刚 译
25. 孔子哲学思微 [美]郝大维 安乐哲 著 蒋弋为 李志林 译
26. 北美中国古典文学研究名家十年文选乐黛云 陈珏 编选
27. 东亚文明:五个阶段的对话 [美]狄百瑞 著 何兆武 何冰 译
28. 五四运动:现代中国的思想革命 [美]周策纵 著 周子平 等译
29. 近代中国与新世界:康有为变法与大同思想研究 [美]萧公权 著 汪荣祖 译
30. 功利主义儒家:陈亮对朱熹的挑战 [美]田浩 著 姜长苏 译
31. 莱布尼兹和儒学 [美]孟德卫 著 张学智 译
32. 佛教征服中国:佛教在中国中古早期的传播与适应 [荷兰]许理和 著 李四龙 裴勇 等译
33. 新政革命与日本:中国,1898—1912 [美]任达 著 李仲贤 译
34. 经学、政治和宗族:中华帝国晚期常州今文学派研究 [美]艾尔曼 著 赵刚 译
35. 中国制度史研究 [美]杨联陞 著 彭刚 程钢 译

36. 汉代农业:早期中国农业经济的形成 [美]许倬云 著 程农 张鸣 译 邓正来 校
37. 转变的中国:历史变迁与欧洲经验的局限 [美]王国斌 著 李伯重 连玲玲 译
38. 欧洲中国古典文学研究名家十年文选乐黛云 陈珏 龚刚 编选
39. 中国农民经济:河北和山东的农民发展,1890—1949 [美]马若孟 史建云 译
40. 汉哲学思维的文化探源 [美]郝大维 安乐哲 著 施忠连 译
41. 近代中国之种族观念 [英]冯客 著 杨立华 译
42. 血路:革命中国中的沈定一(玄庐)传奇 [美]萧邦奇 著 周武彪 译
43. 历史三调:作为事件、经历和神话的义和团 [美]柯文 著 杜继东 译
44. 斯文:唐宋思想的转型 [美]包弼德 刘宁 译
45. 宋代江南经济史研究 [日]斯波义信 著 方健 何忠礼 译
46. 一个中国村庄:山东台头 杨懋春 著 张雄 沈炜 秦美珠 译
47. 现实主义的限制:革命时代的中国小说 [美]安敏成 著 姜涛 译
48. 上海罢工:中国工人政治研究 [美]裴宜理 著 刘平 译
49. 中国转向内在:两宋之际的文化转向 [美]刘子健 著 赵冬梅 译
50. 孔子:即凡而圣 [美]赫伯特·芬格莱特 著 彭国翔 张华 译
51. 18世纪中国的官僚制度与荒政 [法]魏丕信 著 徐建青 译
52. 他山的石头记:宇文所安自选集 [美]宇文所安 著 田晓菲 编译
53. 危险的愉悦:20世纪上海的娼妓问题与现代性 [美]贺萧 著 韩敏中 盛宁 译
54. 中国食物 [美]尤金·N·安德森 著 马孆、刘东 译 刘东 审校
55. 大分流:欧洲、中国及现代世界经济的发展 [美]彭慕兰 著 史建云 译
56. 古代中国的思想世界 [美]本杰明·史华兹 著 程钢 译 刘东 校
57. 内闱:宋代的婚姻和妇女生活 [美]伊沛霞 著 胡志宏 译
58. 中国北方村落的社会性别与权力 [加]朱爱岚 著 胡玉坤 译
59. 先贤的民主:杜威、孔子与中国民主之希望 [美]郝大维 安乐哲 著 何刚强 译
60. 向往心灵转化的庄子:内篇分析 [美]爱莲心 著 周炽成 译
61. 中国人的幸福观 [德]鲍吾刚 著 严蓓雯 韩雪临 吴德祖 译
62. 闺塾师:明末清初江南的才女文化 [美]高彦颐 著 李志生 译
63. 缀珍录:十八世纪及其前后的中国妇女 [美]曼素恩 著 定宜庄 颜宜葳 译
64. 革命与历史:中国马克思主义历史学的起源,1919—1937 [美]德里克 著 翁贺凯 译
65. 竞争的话语:明清小说中的正统性、本真性及所生成之意义 [美]艾梅兰 著 罗琳 译
66. 中国妇女与农村发展:云南禄村六十年的变迁 [加]宝森 著 胡玉坤 译
67. 中国近代思维的挫折 [日]岛田虔次 著 甘万萍 译
68. 中国的亚洲内陆边疆 [美]拉铁摩尔 著 唐晓峰 译
69. 为权力祈祷:佛教与晚明中国士绅社会的形成 [加]卜正民 著 张华 译
70. 天潢贵胄:宋代宗室史 [美]贾志扬 著 赵冬梅 译
71. 儒家之道:中国哲学之探讨 [美]倪德卫 著 [美]万白安 编 周炽成 译
72. 都市里的农家女:性别、流动与社会变迁 [澳]杰华 著 吴小英 译
73. 另类的现代性:改革开放时代中国性别化的渴望 [美]罗丽莎 著 黄新 译
74. 近代中国的知识分子与文明 [日]佐藤慎一 著 刘岳兵 译
75. 繁盛之阴:中国医学史中的性(960—1665) [美]费侠莉 著 甄橙 主译 吴朝霞 主校
76. 中国大众宗教 [美]韦思谛 编 陈仲丹 译
77. 中国诗画语言研究 [法]程抱一 著 涂卫群 译
78. 中国的思维世界 [日]沟口雄三 小岛毅 著 孙歌 等译

79. 德国与中华民国　[美]柯伟林 著　陈谦平 陈红民 武菁 申晓云 译　钱乘旦 校
80. 中国近代经济史研究:清末海关财政与通商口岸市场圈　[日]滨下武志 著　高淑娟 孙彬 译
81. 回应革命与改革:皖北李村的社会变迁与延续韩敏 著　陆益龙 徐新玉 译
82. 中国现代文学与电影中的城市:空间、时间与性别构形　[美]张英进 著　秦立彦 译
83. 现代的诱惑:书写半殖民地中国的现代主义(1917—1937)　[美]史书美 著　何恬 译
84. 开放的帝国:1600 年前的中国历史　[美]芮乐伟・韩森 著　梁侃 邹劲风 译
85. 改良与革命:辛亥革命在两湖　[美]周锡瑞 著　杨慎之 译
86. 章学诚的生平及其思想　[美]倪德卫 著　杨立华 译
87. 卫生的现代性:中国通商口岸卫生与疾病的含义　[美]罗芙芸 著　向磊 译
88. 道与庶道:宋代以来的道教、民间信仰和神灵模式　[美]韩明士 著　皮庆生 译
89. 间谍王:戴笠与中国特工　[美]魏斐德 著　梁禾 译
90. 中国的女性与性相:1949 年以来的性别话语　[英]艾华 著　施施 译
91. 近代中国的犯罪、惩罚与监狱　[荷]冯客 著　徐有威 等译　潘兴明 校
92. 帝国的隐喻:中国民间宗教　[英]王斯福 著　赵旭东 译
93. 王弼《老子注》研究　[德]瓦格纳 著　杨立华 译
94. 寻求正义:1905—1906 年的抵制美货运动　[美]王冠华 著　刘甜甜 译
95. 传统中国日常生活中的协商:中古契约研究　[美]韩森 著　鲁西奇 译
96. 从民族国家拯救历史:民族主义话语与中国现代史研究　[美]杜赞奇 著　王宪明 高继美 李海燕 李点 译
97. 欧几里得在中国:汉译《几何原本》的源流与影响　[荷]安国风 著　纪志刚 郑诚 郑方磊 译
98. 十八世纪中国社会　[美]韩书瑞 罗友枝 著　陈仲丹 译
99. 中国与达尔文　[美]浦嘉珉 著　钟永强 译
100. 私人领域的变形:唐宋诗词中的园林与玩好　[美]杨晓山 著　文韬 译
101. 理解农民中国:社会科学哲学的案例研究　[美]李丹 著　张天虹 张洪云 张胜波 译
102. 山东叛乱:1774 年的王伦起义　[美]韩书瑞 著　刘平 唐雁超 译
103. 毁灭的种子:战争与革命中的国民党中国(1937—1949)　[美]易劳逸 著　王建朗 王贤知 贾维 译
104. 缠足:"金莲崇拜"盛极而衰的演变　[美]高彦颐 著　苗延威 译
105. 饕餮之欲:当代中国的食与色　[美]冯珠娣 著　郭乙瑶 马磊 江素侠 译
106. 翻译的传说:中国新女性的形成(1898—1918) 胡缨 著　龙瑜宬 彭珊珊 译
107. 中国的经济革命:二十世纪的乡村工业　[日]顾琳 著　王玉茹 张玮 李进霞 译
108. 礼物、关系学与国家:中国人际关系与主体性建构 杨美慧 著　赵旭东 孙珉 译　张跃宏 译校
109. 朱熹的思维世界　[美]田浩 著
110. 皇帝和祖宗:华南的国家与宗族　[英]科大卫 著　卜永坚 译
111. 明清时代东亚海域的文化交流　[日]松浦章 著　郑洁西 等译
112. 中国美学问题　[美]苏源熙 著　卞东波 译　张强强 朱霞欢 校
113. 清代内河水运史研究　[日]松浦章 著　董科 译
114. 大萧条时期的中国:市场、国家与世界经济　[日]城山智子 著　孟凡礼 尚国敏 译　唐磊 校
115. 美国的中国形象(1931—1949)　[美] T. 克里斯托弗・杰斯普森 著　姜智芹 译
116. 技术与性别:晚期帝制中国的权力经纬　[英]白馥兰 著　江湄 邓京力 译

117. 中国善书研究 [日]酒井忠夫 著 刘岳兵 何英莺 孙雪梅 译
118. 千年末世之乱:1813年八卦教起义 [美]韩书瑞 著 陈仲丹 译
119. 西学东渐与中国事情 [日]增田涉 著 由其民 周启乾 译
120. 六朝精神史研究 [日]吉川忠夫 著 王启发 译
121. 矢志不渝:明清时期的贞女现象 [美]卢苇菁 著 秦立彦 译
122. 明代乡村纠纷与秩序:以徽州文书为中心 [日]中岛乐章 著 郭万平 高飞 译
123. 中华帝国晚期的欲望与小说叙述 [美]黄卫总 著 张蕴爽 译
124. 虎、米、丝、泥:帝制晚期华南的环境与经济 [美]马立博 著 王玉茹 关永强 译
125. 一江黑水:中国未来的环境挑战 [美]易明 著 姜智芹 译
126. 《诗经》原意研究 [日]家井真 著 陆越 译
127. 施剑翘复仇案:民国时期公众同情的兴起与影响 [美]林郁沁 著 陈湘静 译
128. 华北的暴力和恐慌:义和团运动前夕基督教传播和社会冲突 [德]狄德满 著 崔华杰 译
129. 铁泪图:19世纪中国对于饥馑的文化反应 [美]艾志端 著 曹曦 译
130. 饶家驹安全区:战时上海的难民 [美]阮玛霞 著 白华山 译
131. 危险的边疆:游牧帝国与中国 [美]巴菲尔德 著 袁剑 译
132. 工程国家:民国时期(1927—1937)的淮河治理及国家建设 [美]戴维·艾伦·佩兹 著 姜智芹 译
133. 历史宝筏:过去、西方与中国妇女问题 [美]季家珍 著 杨可 译
134. 姐妹们与陌生人:上海棉纱厂女工,1919—1949 [美]艾米莉·洪尼格 著 韩慈 译
135. 银线:19世纪的世界与中国 林满红 著 詹庆华 林满红 译
136. 寻求中国民主 [澳]冯兆基 著 刘悦斌 徐硙 译
137. 墨梅 [美]毕嘉珍 著 陆敏珍 译
138. 清代上海沙船航运业史研究 [日]松浦章 著 杨蕾 王亦诤 董科 译
139. 男性特质论:中国的社会与性别 [澳]雷金庆 著 [澳]刘婷 译
140. 重读中国女性生命故事 游鉴明 胡缨 季家珍 主编
141. 跨太平洋位移:20世纪美国文学中的民族志、翻译和文本间旅行 黄运特 著 陈倩 译
142. 认知诸形式:反思人类精神的统一性与多样性 [英]G. E. R. 劳埃德 著 池志培 译
143. 中国乡村的基督教:1860—1900江西省的冲突与适应 [美]史维东 著 吴薇 译
144. 假想的"满大人":同情、现代性与中国疼痛 [美]韩瑞 著 袁剑 译
145. 中国的捐纳制度与社会 伍跃 著
146. 文书行政的汉帝国 [日]富谷至 著 刘恒武 孔李波 译
147. 城市里的陌生人:中国流动人口的空间、权力与社会网络的重构 [美]张骊 著 袁长庚 译
148. 性别、政治与民主:近代中国的妇女参政 [澳]李木兰 著 方小平 译
149. 近代日本的中国认识 [日]野村浩一 著 张学锋 译
150. 狮龙共舞:一个英国人笔下的威海卫与中国传统文化 [英]庄士敦 著 刘本森 译 威海市博物馆 郭大松 校
151. 人物、角色与心灵:《牡丹亭》与《桃花扇》中的身份认同 [美]吕立亭 著 白华山 译
152. 中国社会中的宗教与仪式 [美]武雅士 著 彭泽安 邵铁峰 译 郭潇威 校
153. 自贡商人:近代早期中国的企业家 [美]曾小萍 著 董建中 译
154. 大象的退却:一部中国环境史 [英]伊懋可 著 梅雪芹 毛利霞 王玉山 译
155. 明代江南土地制度研究 [日]森正夫 著 伍跃 张学锋 等译 范金民 夏维中 审校
156. 儒学与女性 [美]罗莎莉 著 丁佳伟 曹秀娟 译

157. 行善的艺术:晚明中国的慈善事业 [美]韩德林 著 吴士勇 王桐 史桢豪 译
158. 近代中国的渔业战争和环境变化 [美]穆盛博 著 胡文亮 译
159. 权力关系:宋代中国的家族、地位与国家 [美]柏文莉 著 刘云军 译
160. 权力源自地位:北京大学、知识分子与中国政治文化,1898—1929 [美]魏定熙 著 张蒙 译
161. 工开万物:17 世纪中国的知识与技术 [德]薛凤 著 吴秀杰 白岚玲 译
162. 忠贞不贰? ——辽代的越境之举 [英]史怀梅 著 曹流 译
163. 内藤湖南:政治与汉学(1866—1934) [美]傅佛果 著 陶德民 何英莺 译
164. 他者中的华人:中国近现代移民史 [美]孔飞力 著 李明欢 译 黄鸣奋 校
165. 古代中国的动物与灵异 [英]胡司德 著 蓝旭 译
166. 两访中国茶乡 [英]罗伯特・福琼 著 敖雪岗 译
167. 缔造选本:《花间集》的文化语境与诗学实践 [美]田安 著 马强才 译
168. 扬州评话探讨 [丹麦]易德波 著 米锋 易德波 译 李今芸 校译
169.《左传》的书写与解读 李惠仪 著 文韬 许明德 译
170. 以竹为生:一个四川手工造纸村的 20 世纪社会史 [德]艾约博 著 韩巍 译 吴秀杰 校
171. 东方之旅:1579—1724 耶稣会传教团在中国 [美]柏理安 著 毛瑞方 译
172. "地域社会"视野下的明清史研究:以江南和福建为中心 [日]森正夫 著 于志嘉 马一虹 黄东兰 阿风 等译
173. 技术、性别、历史:重新审视帝制中国的大转型 [英]白馥兰 著 吴秀杰 白岚玲 译
174. 中国小说戏曲史 [日]狩野直喜 张真 译
175. 历史上的黑暗一页:英国外交文件与英美海军档案中的南京大屠杀 [美]陆束屏 编著/翻译
176. 罗马与中国:比较视野下的古代世界帝国 [奥]沃尔特・施德尔 主编 李平 译
177. 矛与盾的共存:明清时期江西社会研究 [韩]吴金成 著 崔荣根 译 薛戈 校译
178. 唯一的希望:在中国独生子女政策下成年 [美]冯文 著 常姝 译
179. 国之枭雄:曹操传 [澳]张磊夫 著 方笑天 译
180. 汉帝国的日常生活 [英]鲁惟一 著 刘洁 余霄 译
181. 大分流之外:中国和欧洲经济变迁的政治 [美]王国斌 罗森塔尔 著 周琳 译 王国斌 张萌 审校
182. 中正之笔:颜真卿书法与宋代文人政治 [美]倪雅梅 著 杨简茹 译 祝帅 校译
183. 江南三角洲市镇研究 [日]森正夫 编 丁韵 胡婧 等译 范金民 审校
184. 忍辱负重的使命:美国外交官记载的南京大屠杀与劫后的社会状况 [美]陆束屏 编著/翻译
185. 修仙:古代中国的修行与社会记忆 [美]康儒博 著 顾漩 译
186. 烧钱:中国人生活世界中的物质精神 [美]柏桦 著 袁剑 刘玺鸿 译
187. 话语的长城:文化中国历险记 [美]苏源熙 著 盛珂 译
188. 诸葛武侯 [日]内藤湖南 著 张真 译
189. 盟友背信:一战中的中国 [英]吴芳思 克里斯托弗・阿南德尔 著 张宇扬 译
190. 亚里士多德在中国:语言、范畴和翻译 [英]罗伯特・沃迪 著 韩小强 译
191. 马背上的朝廷:巡幸与清朝统治的建构,1680—1785 [美]张勉治 著 董建中 译
192. 申不害:公元前四世纪中国的政治哲学家 [美]顾立雅 著 马腾 译
193. 晋武帝司马炎 [日]福原启郎 著 陆帅 译
194. 唐人如何吟诗:带你走进汉语音韵学 [日]大岛正二 著 柳悦 译

195. 古代中国的宇宙论 [日]浅野裕一 著 吴昊阳 译
196. 中国思想的道家之论:一种哲学解释 [美]陈汉生 著 周景松 谢尔逊 等译 张丰乾 校译
197. 诗歌之力:袁枚女弟子屈秉筠(1767—1810) [加]孟留喜 著 吴夏平 译
198. 中国逻辑的发现 [德]顾有信 著 陈志伟 译
199. 高丽时代宋商往来研究 [韩]李镇汉 著 李廷青 戴琳剑 译 楼正豪 校
200. 中国近世财政史研究 [日]岩井茂树 著 付勇 译 范金民 审校